21世纪重点大学系列教材

# ASP.NET Web 程序设计

祁长兴　主编

孙笑微　张晓芬　尹伟静　等编著

机械工业出版社

本书系统地介绍了利用 ASP.NET 进行 Web 程序设计的基础知识，注重提高读者利用所学知识解决实际问题的能力。本书共 12 章，从 Microsoft Visual Studio 2012 下载安装开始，全面阐述了 HTML 和 JavaScript，样式，母版与主题，网站导航，ASP.NET 语法基础，网站环境配置，ASP.NET 对象应用，控件的使用，Web 数据库编程和错误处理，最后通过一个综合案例为读者演示了利用 ASP.NET 开发交互式 Web 系统的思路、方法和步骤。本书注重知识的实用性，内容丰富，知识系统性强，每章配有大量例题和一个案例以提高读者开发实际 Web 项目的能力，同时在每章最后配有习题，方便读者深入学习。

本书面向零基础的 Web 程序设计学习者，可以作为高等学校计算机及相关专业本科生的教材，同时也可以作为广大 Web 程序设计者的自学参考用书及培训教材。

本书配套授课电子课件，需要的教师可登录 www.cmpedu.com 免费注册、审核通过后下载，或联系编辑索取（微信：15910938545，电话：010-88379753）。

## 图书在版编目（CIP）数据

ASP.NET Web 程序设计 / 祁长兴主编；孙笑微等编著．—北京：机械工业出版社，2013.8（2021.3 重印）
21 世纪重点大学系列教材
ISBN 978-7-111-43160-2

Ⅰ.①A… Ⅱ.①祁… ②孙… Ⅲ.①网页制作工具－程序设计－高等学校－教材 Ⅳ.①TP393.092

中国版本图书馆 CIP 数据核字（2013）第 209765 号

机械工业出版社（北京市百万庄大街 22 号　邮政编码 100037）
　　责任编辑：郝建伟
　　责任印制：常天培
北京盛通商印快线网络科技有限公司印刷
2021 年 3 月第 1 版·第 8 次印刷
184mm×260mm · 22.5 印张 · 558 千字
9901—10900 册
标准书号：ISBN 978-7-111-43160-2
定价：59.00 元

| 电话服务 | 网络服务 |
| --- | --- |
| 客服电话：010-88361066 | 机　工　官　网：www.cmpbook.com |
| 　　　　　010-88379833 | 机　工　官　博：weibo.com/cmp1952 |
| 　　　　　010-68326294 | 金　书　网：www.golden-book.com |
| 封底无防伪标均为盗版 | 机工教育服务网：www.cmpedu.com |

# 出 版 说 明

　　随着我国信息化建设步伐的逐渐加快，对计算机及相关专业人才的要求越来越高，许多高校都在积极地进行专业教学改革的研究。

　　加强学科建设，提升科研能力，这是许多高等院校的发展思路。众多重点大学也是以此为基础，进行人才培养。重点大学拥有非常丰富的教学资源和一批高学历、高素质、高科研产出的教师队伍，通过多年的科研和教学积累，形成了完善的教学体系，探索出人才培养的新方法，搭建了一流的教学实践平台。同学科建设相匹配的专业教材的建设成为各院校学科建设的重要组成部分，许多教材成为学科建设中的优秀成果。

　　为了体现以重点建设推动整体发展的战略思想，将重点大学的一些优秀成果和资源与广大师生共同分享，机械工业出版社策划开发了"21世纪重点大学系列教材"。本套教材具有以下特点：

1）由来自于重点大学、重点学科的知名教授、教师编写。

2）涵盖面较广，涉及计算机各学科领域。

3）符合高等院校相关学科的课程设置和培养目标，在同类教材中，具有一定的先进性和权威性。

4）注重教材理论性、科学性和实用性，为学生继续深造学习打下坚实的基础。

5）实现教材"立体化"建设，为主干课程配备了电子教案、素材和实验实训项目等内容。

　　欢迎广大读者特别是高校教师提出宝贵意见和建议，衷心感谢计算机教育工作者和广大读者的支持与帮助！

机械工业出版社

# 前 言

ASP.NET 是 Microsoft 公司于 2002 年推出的新一代体系结构——.NET Framework 的一部分，可用于动态创建带有服务器端代码的 Web 页面。相比于以前的版本，ASP.NET 4.5 在支持网页开发方面，不但在编辑 HTML 文件与 CSS 样式表单上有长足的进步，而且支持编辑最新的 HTML5 与 CSS3，协助开发者使用最新的网页开发技术设计网站。Visual Studio 2012 是微软公司推出的最新、最流行的 Windows 平台应用程序开发环境，对于 Web 开发，Visual Studio 2012 提供了一系列的开发模板、更优秀的发布工具和对新标准（如 HTML5 和 CSS3）的全面支持，体现了 ASP .NET 的最新优势。

对于一个使用 ASP.NET 进行 Web 程序设计的初学者，尤其是计算机相关专业的学生来说，需要学习的内容实在太多，而通过各种书籍资料获取的知识和技能又很难系统地理清和把握。本书编者将对计算机专业本科学生的教学经验和相关技术的项目实践经验相结合，从易到难，从简到繁，循序渐进地介绍了在微软 Visual Studio 2012 平台上，利用 ASP.NET 技术进行 Web 程序设计的相关知识和技巧。书中各章采用理论和实例相结合的方式讲解相关知识点，之后配以实际应用的案例来加深对知识的掌握。并且在最后一章，通过一个综合案例的学习，提高读者应用所学知识进行实践的能力，达到理论与实践相结合，知识与应用相结合的目标。

本书共分为 12 章。

第 1 章 ASP.NET 与 Visual Studio 开发平台，介绍 Visual Studio 2012 的下载安装，开发环境以及创建简单 Web 程序的方法和步骤。

第 2 章 HTML 和 JavaScript，介绍 HTML 语法和常用标记，以及 JavaScript 脚本在页面中的使用方法。

第 3 章 样式，介绍样式的概念、使用方法，以及如何进行页面布局。

第 4 章 母版与主题，介绍利用主题、外观和母版页技术设计并维护具有相同风格网页的方法。

第 5 章 网站导航，介绍站点导航控件和站点地图的使用方法，同时简单介绍了 XML 文件。

第 6 章 ASP.NET 语法基础，主要介绍 ASP.NET 语法和开发语言 C#的基础语法知识。

第 7 章 网站环境配置，介绍开发 ASP.NET 应用程序时需要的配置文件和网站环境的设置方法。

第 8 章 ASP.NET 对象应用，介绍 ASP.NET 提供内置对象的常用属性和使用方法。

第 9 章 控件的使用，介绍常用 HTML 控件与服务器控件的常用属性和使用方法。

第 10 章 Web 数据库编程，介绍使用 ADO.NET 技术进行数据库程序设计的方法和常用技巧。

第 11 章 错误处理，介绍常见的错误类型，Web 纠错防御的一些措施、方法、策略和原则。

第 12 章 综合案例：公众养老服务网上预订系统，介绍了整个案例的设计实现过程，以及相关程序设计的技术和技巧。

为配合教学需要，本书提供了配套的教学课件，全书所有例题的源程序，习题参考答案以及参考的实验内容。读者可以与出版社联系或到相关服务网站上下载。

本书由祁长兴担任主编，祁长兴、孙笑微、张晓芬、尹伟静、夏辉等编著，李妙妍参与了电子教案 PPT 等电子资源的制作，魏栩参与部分章节例题程序的测试工作。

全书由周传生、马佳琳主审，祁长兴负责全书的总体策划以及稿件的最终统稿以及定稿。

在本书编写过程中，得到了沈阳师范大学软件学院的领导和同行教师的关心和指导，刘杰教授，李航博士以及从事相关专业教学的教师为本书的编写工作提供了有益的帮助和支持，提出了宝贵的意见，在此一并致以谢意。

由于编者的水平和时间所限，书中难免存在错误之处，欢迎读者批评指正。

编　者

# 目　录

出版说明
前言
## 第1章　ASP.NET 与 Visual Studio 开发平台 ... 1
### 1.1　安装与配置 ... 1
1.1.1　下载和安装.NET Framework ... 1
1.1.2　安装 Microsoft Visual Studio 2012 ... 3
1.1.3　Microsoft SQL Server Express Edition 的下载与安装 ... 5
1.1.4　IIS 的安装与配置 ... 8
### 1.2　Visual Studio 集成开发环境 ... 11
1.2.1　集成开发环境简介 ... 11
1.2.2　MSDN 与帮助 ... 12
1.2.3　定制开发环境 ... 14
1.2.4　内置 Web 服务器的使用 ... 15
### 1.3　创建 ASP.NET 的应用程序 ... 16
1.3.1　创建 Web 站点 ... 17
1.3.2　编写 ASP.NET 应用程序 ... 18
1.3.3　编译和运行程序 ... 19
1.3.4　在 IIS 上部署开发好的 Web 站点程序 ... 21
### 1.4　案例：创建一个简单的 Web 站点 ... 22
1.4.1　案例设计 ... 22
1.4.2　案例开发步骤 ... 22
1.4.3　案例部署 ... 23
### 1.5　习题 ... 24
## 第2章　HTML 和 JavaScript ... 25
### 2.1　HTML ... 25
2.1.1　HTML 基本语法 ... 25
2.1.2　文字段落标记 ... 27
2.1.3　图像标记 ... 30
2.1.4　超级链接标记 ... 31
2.1.5　表格标记 ... 33
2.1.6　表单与控件 ... 34
2.1.7　框架的使用 ... 39
### 2.2　JavaScript ... 43
2.2.1　JavaScript 概述 ... 43
2.2.2　在网页中使用 JavaScript ... 45
2.2.3　浏览器对象 ... 46
2.2.4　JavaScript 在前端的应用 ... 55
### 2.3　案例：使用 HTML 和 JavaScript 实现表单注册 ... 63
2.3.1　案例设计 ... 63
2.3.2　案例实现 ... 63
### 2.4　习题 ... 65
## 第3章　样式 ... 67
### 3.1　CSS 技术 ... 67
3.1.1　CSS 的概念 ... 67
3.1.2　CSS 常用的引用方式 ... 68
3.1.3　样式表的嵌套使用 ... 71
3.1.4　CSS 属性 ... 73
3.1.5　滤镜 ... 74
### 3.2　页面布局 ... 79
### 3.3　案例：使用样式表美化页面 ... 83
3.3.1　案例设计 ... 83
3.3.2　案例开发步骤 ... 84
3.3.3　案例部署 ... 84
### 3.4　习题 ... 86
## 第4章　母版与主题 ... 90
### 4.1　母版页 ... 90
4.1.1　母版页的概念 ... 90
4.1.2　创建母版页与内容页 ... 90
4.1.3　母版页的配置 ... 94
### 4.2　通过程序设置母版页 ... 94
### 4.3　从内容页访问母版页的内容 ... 97

| 4.3.1 | 使用 FindControl()方法 | 98 |
| 4.3.2 | 使用 MasterType 指令 | 99 |

4.4 在内容页响应母版页控件事件 …… 101
4.5 主题 …… 102
    4.5.1 相关概念 …… 103
    4.5.2 创建使用主题 …… 103
    4.5.3 通过程序动态指定主题 …… 106
    4.5.4 禁用主题 …… 109
4.6 案例：使用母版页和主题创建一个 ASP.NET 网站 …… 110
    4.6.1 案例设计 …… 110
    4.6.2 案例实现 …… 112
4.7 习题 …… 116

## 第 5 章 网站导航 …… 118

5.1 站点地图 …… 118
    5.1.1 XML 文件介绍 …… 118
    5.1.2 XML 文件建立站点地图 …… 122
5.2 导航控件 …… 123
    5.2.1 TreeView 控件 …… 124
    5.2.2 Menu 控件 …… 127
    5.2.3 SiteMapPath 控件 …… 130
    5.2.4 SiteMapDataSource 控件 …… 131
5.3 习题 …… 133

## 第 6 章 ASP.NET 语法基础 …… 134

6.1 ASP.NET 语法 …… 134
    6.1.1 标签 …… 134
    6.1.2 注释 …… 135
    6.1.3 Page 指令 …… 135
    6.1.4 Import 指令 …… 136
6.2 C#基础 …… 137
    6.2.1 变量与类型 …… 137
    6.2.2 操作符与表达式 …… 150
    6.2.3 控制语句 …… 155
6.3 案例：求指定范围内所有奇数的和及偶数的和 …… 160
    6.3.1 案例设计 …… 160
    6.3.2 案例实现 …… 161
6.4 习题 …… 162

## 第 7 章 网站环境配置 …… 168

7.1 配置文件的作用 …… 168
7.2 Web.config 配置 …… 169
    7.2.1 身份验证与授权 …… 169
    7.2.2 其他配置 …… 173
    7.2.3 配置项在程序中的应用 …… 175
7.3 Global.asax …… 176
    7.3.1 Application 的事件 …… 177
    7.3.2 Session 的事件 …… 178
    7.3.3 错误处理 …… 180
7.4 案例：利用配置文件实现 Web 站点安全保护模块 …… 182
    7.4.1 案例设计 …… 182
    7.4.2 案例实现 …… 183
7.5 习题 …… 184

## 第 8 章 ASP.NET 对象应用 …… 186

8.1 Response 对象 …… 186
    8.1.1 属性和方法 …… 186
    8.1.2 输出信息 …… 187
    8.1.3 页面跳转 …… 189
    8.1.4 创建 Cookie …… 190
8.2 Request 对象 …… 191
    8.2.1 属性和方法 …… 191
    8.2.2 读取客户端浏览器信息 …… 192
    8.2.3 读取表单传递的数据 …… 193
    8.2.4 读取查询字符串信息 …… 194
    8.2.5 读取 Cookie 数据 …… 195
    8.2.6 读取服务器端的环境变量 …… 195
8.3 Server 对象 …… 196
    8.3.1 属性与方法 …… 196
    8.3.2 HTML 编码解码 …… 198
    8.3.3 URL 编码解码 …… 199
8.4 Page 对象 …… 199
    8.4.1 Page 对象的常用属性和方法 …… 199
    8.4.2 Page 对象的常用事件 …… 202
    8.4.3 Web 页面生命周期 …… 204
8.5 程序状态对象 …… 203
    8.5.1 Cookie 对象 …… 204
    8.5.2 Application 对象 …… 206
    8.5.3 Session 对象 …… 209

VII

8.6 案例：一个简单的在线聊天室……215
   8.6.1 案例设计……215
   8.6.2 案例实现……215
8.7 习题……219

# 第9章 控件的使用……221
9.1 HTML控件与服务器控件……221
9.2 控件的共有属性……222
9.3 常用的服务器控件……223
   9.3.1 标准服务器控件……223
   9.3.2 验证控件……256
9.4 控件的常用事件……271
9.5 案例：使用控件编写程序……272
   9.5.1 案例设计……272
   9.5.2 案例实现……274
9.6 习题……274

# 第10章 Web数据库编程……277
10.1 ADO.NET技术……277
10.2 Sql Server Express数据库连接方法……279
10.3 数据库操作的基本SQL命令……283
10.4 数据访问……285
   10.4.1 数据源控件……285
   10.4.2 SQLDataSource控件……286
   10.4.3 Gridview控件……289
   10.4.4 DetailsView控件……292
   10.4.5 FormView控件……294
   10.4.6 数据绑定……296
10.5 数据库开发操作技巧……297
   10.5.1 使用ADO.NET操作数据库……297
   10.5.2 使用Command对象更新记录……299
   10.5.3 使用DataSet数据集更新记录……300
10.6 案例：数据绑定控件和数据源控件的使用……301
   10.6.1 案例设计……301
   10.6.2 案例实现……301
10.7 习题……301

# 第11章 错误处理……303
11.1 错误类型……303
   11.1.1 语法错误……303
   11.1.2 逻辑错误……303
11.2 防御性处理……304
11.3 错误处理的方法……305
   11.3.1 查找错误……305
   11.3.2 调试跟踪……308
11.4 异常处理……309
   11.4.1 异常类……309
   11.4.2 异常处理语句……312
11.5 常用策略与方法……317
11.6 习题……321

# 第12章 综合案例：公众养老服务网上预订系统……323
12.1 系统需求……323
12.2 Web系统设计……323
   12.2.1 系统实现功能模块设计……323
   12.2.2 数据库ER设计……324
   12.2.3 数据表设计……326
   12.2.4 数据关系图……327
12.3 Web系统实现……328
   12.3.1 公共模块……328
   12.3.2 系统登录页面……335
   12.3.3 用户进入系统页面……340
   12.3.4 服务机构进入系统页面……347
12.4 习题……351

**参考文献**……352

# 第1章 ASP.NET 与 Visual Studio 开发平台

ASP.NET 是 Microsoft 公司于 2002 年推出的新一代体系结构——.NET Framework 的一部分，可用于动态创建带有服务器端代码的 Web 页面。它是 ASP（Active Server Page）的后续版本，秉承了 ASP 的许多优点，又在此基础上做了很大改变。它建立在公共语言运行库（CLR）和.NET 类库（CL）之上，在 ADO.NET 技术的支持下，可以在服务器上部署和创建 Web 应用的框架和应用模式。

ASP.NET 采用面向对象、基于组件和事件驱动的组件编程技术，为 Web 应用的设计和开发提供了更简单、快捷的方法，它的特性体现如下。

1）多语言支持——可以使用 20 多种编程语言在.NET 平台上编写 Web 应用程序，如 Visual C#、Visual Basic.NET 等。

2）增强的性能——Web 页面源代码被编译执行，利用提前绑定、即时编译、本地优化和缓存技术来提高性能。

3）类和命名空间——该机制使 Web 应用程序的编写更加便捷和规范。

4）服务器控件——使 Web 页面的编制任务大大简化。

5）支持 Web 服务——可以将不同厂商、不同硬件环境、不同语言编写的 Web 程序集成在一起，从而扩展 Internet 上的各类分布式 Web 资源的利用。

6）更高的安全性——除了支持 Windows 身份验证方法外，还提供 Passort 和 Cookies 两种不同类型的身份验证方法和基于角色的安全模式。

7）代码分离技术——Web 页面的界面布局和程序控制逻辑（脚本代码）可以分别设计和存储，可以提高 Web 页面的设计效率以及代码的可阅读性、可调试性与可维护性。

8）易于配置和管理——使用基于文本、分层次的配置系统，所有的配置信息存放在 Web.config 文本文件内，所有 Web 应用程序都会继承 Web.config 文件中的默认配置，从而易于服务器端环境和 Web 应用程序的设置。

Visual Studio 是 Microsoft 公司推出的一种流行的 Windows 平台应用程序开发环境，它和.NET Framework 无缝集成，使得它成为 ASP.NET 程序开发的最理想的工具。

## 1.1 安装与配置

在计算机原有操作系统的基础上，通过安装 Microsoft Visual Studio 2012（简称 VS2012）、IIS 7.0、Microsoft SQL Server 2012 Express Edition 等软件（或者组件），建立 ASP.NET 运行和开发的基本环境。

### 1.1.1 下载和安装.NET Framework

.NET Framework 是由 Microsoft 公司开发的为实现敏捷软件开发、快速应用开发以及平台无关性和网络透明化的软件开发平台。

**1．.NET Framework 介绍**

.NET Framework 提供了整个开发框架的基础，即公共语言运行时（Common Language Runtime，CLR）以及基础类库。在开发技术方面，.NET Framework 提供了全新的数据库访问技术 ADO.NET、网络应用开发技术 ASP.NET 和 Windows 编程技术 Win Forms。在开发语言方面，.NET Framework 提供了 VB、VC++、C#、Jscript 等多种语言支持，而 Visual Studio .NET 则是全面支持.NET 的开发工具。

Microsoft .NET 给开发人员带来了一种全新的开发框架，而 CLR 则处于这个框架的最底层，是整个框架的基础。开发人员对于所谓的 C 运行时、VB 运行时、Jave 虚拟机这些概念已经非常熟悉了，而公共语言运行时则为多种语言提供了一种统一的运行环境。另外它还提供了更多的功能和特性，比如统一和简化的编程模型，用户不必迷惑于 Win32 API 和 COM；避免了 DLL 的版本和更新问题（常称为 DLL 地狱），从而大大简化了应用程序的发布和升级；多种语言之间的交互，甚至可以在 VB 中使用 C++编写的类；自动的内存和资源管理等。Microsoft .NET 正是基于公共语言运行时，实现了开发人员梦寐以求的功能。

**2．下载和安装 .NET Framework**

为了支持 ASP.NET 脚本，必须安装.NET Framework，可以从 Microsoft 公司的网站下载。.NET Framework 1.1 支持 ASP.NET 1.1，.NET Framework 2.0 支持 ASP.NET 2.0 等。在一些软件开发工具的安装包中也可以获得.NET Framework，比如在 Visual Studio 的安装包中会携带.NET Framework 组件，所以在安装 Visual Studio 的同时会将.NET Framework 组件一并安装上。此外从 Windows Server 2003 操作系统开始也内置了相应版本的.NET Framework，因此如果不需要较高版本的.NET Framework 支持的话，便不需要重新安装.NET Framework。

Visual Studio 2012 所要求的.NET Framework 的最低版本是.NET Framework 4.5，由于 Windows 8 和 Windows Server 2012 操作系统中内置了.NET Framework 4.5，因此，在这些操作系统上不必单独安装.NET Framework 4.5，而在较低版本的 Windows 操作系统中则需要重新安装.NET Framework 4.5。.NET Framework 的安装过程比较简单，和 Microsoft 公司的许多其他软件一样，只需根据安装向导提示完成安装即可。下面以.NET Framework 4.5 为例介绍它的安装过程。

1）打开.NET Framework 4.5 的安装程序。

2）接受许可条款，再安装，如图 1-1 所示。

3）等待安装，如图 1-2 所示。

4）安装完毕，如图 1-3 所示。

图 1-1  接受许可条款

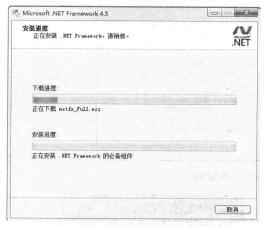 

图 1-2　安装进度画面　　　　　　　　图 1-3　安装完毕画面

## 1.1.2　安装 Microsoft Visual Studio 2012

Visual Studio 2012 继承了 Microsoft 软件的优点，不需要用户过多干涉，就可以根据安装向导轻松地完成安装工作。但是安装 Visual Studio 2012 需要满足最基本的系统要求，由于 Visual Studio 2012 需要利用新版 Windows 的核心功能，因此其系统要求为 Windows 7 或更高版本。

**1．安装 Visual Studio 2012 的系统要求**

（1）支持的操作系统

1）Windows 7 SP1（x86 和 x64）。

2）Windows 8（x86 和 x64）。

3）Windows Server 2008 R2 SP1（x64）。

4）Windows Server 2012（x64）。

（2）硬件要求

1）1.6 GHz 或更快的处理器。

2）1 GB RAM（如果在虚拟机上运行，则为 1.5GB）。

3）10 GB 的可用硬盘空间。

4）5400 RPM 硬盘驱动器。

5）以 1024 x 768 或更高的显示分辨率运行的支持 DirectX 9 的视频卡。

**2．Visual Studio 2012 的安装过程**

1）在 Microsoft 公司官方网站下载 Visual Studio 2012 简体中文旗舰版（下载网址：http://www.microsoft.com/visualstudio/11/en-us/downloads）。

2）虚拟光驱加载或者双击安装图标开始安装，如图 1-4 所示。

3）首先选择安装位置，单击"下一步"出现如图 1-5 所示界面。

4）选择要安装的组件，界面如图 1-6 所示。

5）等待安装，界面如图 1-7 所示。

6）安装完毕，重新启动，出现如图 1-8 所示界面。

图 1-4 双击安装图标开始安装

图 1-5 选择安装位置　　图 1-6 选择安装组件

图 1-7 等待安装　　图 1-8 安装完毕，重新启动

重新启动后，完成安装。

### 1.1.3 Microsoft SQL Server Express Edition 的下载与安装

Microsoft SQL Server Express Edition 是 Microsoft 公司开发的 SQL Server 数据库管理系统的其中一个版本，这个版本是免费并且可以自由发布的（但需经注册）。它是可以和商用程序一起使用的小型数据库管理系统，继承了 SQL Server 的大多数功能与特性，如 Transact-SQL、SQL CLR 等，适合在小型网站或小型桌面应用程序开发时使用。通过与 Microsoft Visual Studio 集成，SQL Server Express 简化了基于数据的应用程序开发过程。Microsoft SQL Server Express Edition 可以到 Microsoft 公司的官方网站下载，下面介绍 Microsoft SQL Server 2012 Express Edition 的安装过程。

1) 双击安装文件 setup.exe，如图 1-9 所示，相继出现图 1-10，图 1-11 所示界面，进入 SQL Server 安装中心。

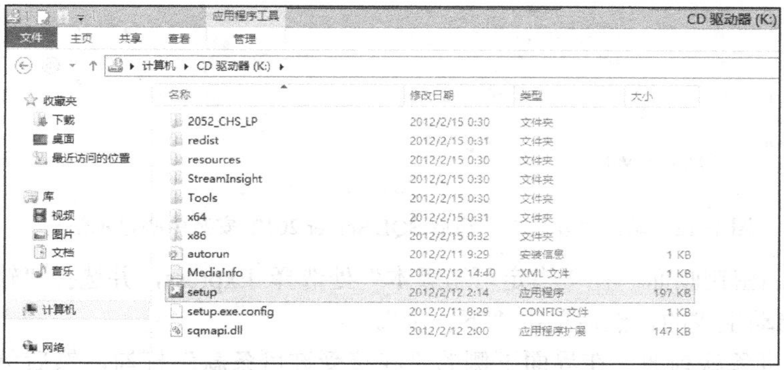

图 1-9　Microsoft SQL Server 2012 镜像安装包目录

图 1-10　双击"setup.exe"后提示信息

图 1-11　SQL Server 2012 安装中心

2）单击左侧的"安装"后，单击"全新 SQL Server 独立安装或向现有安装添加功能"，如图 1-12 所示。

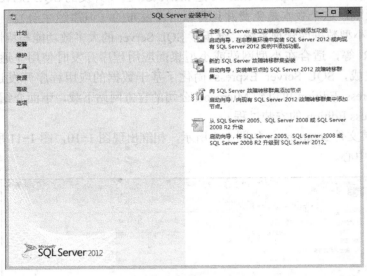

图 1-12　单击"安装"按钮后 SQL Server 2012 安装中心显示信息

3）出现产品密钥画面，在"指定可用版本"处选择 Express，并选择"输入产品密钥"选项，密钥是自动生成的，然后单击"下一步"。

4）出现许可条款画面，在界面下侧的"我接受许可条款"打勾，然后单击"下一步"按钮，如图 1-13 所示。

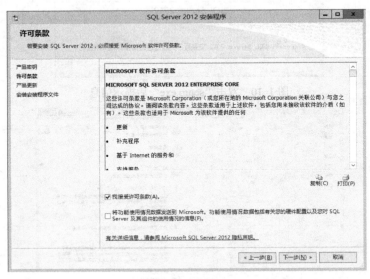

图 1-13　接受 Microsoft 软件许可条款

5）出现安装程序支持文件，单击"安装"按钮，如图 1-14 所示。

6）按照窗口左侧的安装进度进行安装，除非有特别需要的配置，否则按照默认安装设置即可，如图 1-15 所示。

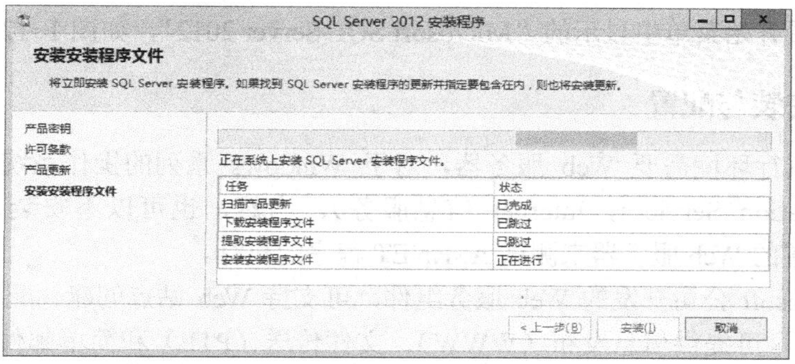

图 1-14　安装程序支持文件

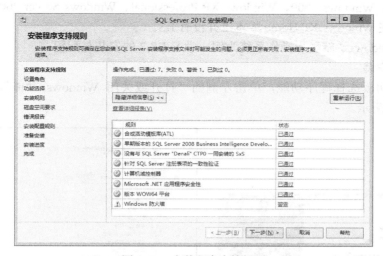

图 1-15　安装程序支持规则

7）出现完成画面，单击"关闭"按钮，此时 SQL Server 2012 安装完成，如图 1-16 所示。

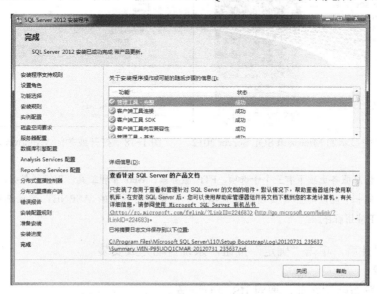

图 1-16　SQL Server 2012 安装已成功完成

8)最后查看开始菜单中显示的"Microsoft SQL Server 2012",如图 1-17 所示。

## 1.1.4 IIS 的安装与配置

ASP.NET 执行环境需要 Web 服务器,对于 Windows 系列的操作系统来说,就是 IIS(Internet Information Services,Internet 信息服务)。当然,也可以不安装 IIS,直接使用 Visual Studio 内置的 Web 服务器来测试 ASP.NET 程序的执行。

IIS 是 Microsoft 公司开发的 Web 服务组件,可支持 Web 站点创建、配置和管理以及其他 Internet 功能,可提供信息发布(WWW)、文件传送(PTP)和简单邮件传输(SMTP)等服务。IIS5.0 以上版本支持 ASP 和 ASP.NET 服务。IIS 最初是 Windows NT 版本的可选包,随后内置在 Windows 2000、Windows XP Professional、Windows Server 2003 等操作系统一起发行,但在 Windows XP Home 版本上并没有 IIS。

下面以 Windows 7 旗舰版操作系统为例,学习 IIS 7 的安装与配置。

### 1. IIS 的安装

进入控制面板选择程序功能,单击左侧的"打开或关闭 Windows 功能",进入安装界面,如图 1-18 所示。

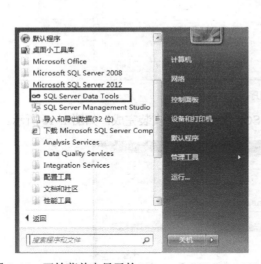

图 1-17 开始菜单中显示的 Microsoft SQL Server 2012　　图 1-18 打开或关闭 Windows 功能界面

> Internet 信息服务选项下有三个子选项,FTP 服务器、Web 管理工具、万维网服务。其中万维网服务选项下有一个应用程序开发功能子选项,一定要把其下面的 ASP.NET 选项选中,因为要部署 ASP.NET 应用程序。

选定相关组件后,单击"确定"按钮,系统自动完成安装。

### 2. IIS 配置

在使用 IIS 发布网站之前,要对 IIS 进行配置。

(1) 安装完 IIS，打开 IIS 管理器，如图 1-19 所示。

图 1-19　IIS 管理器界面

打开方式："控制面板"→"管理工具"→"Internet 信息服务（IIS）管理工具"，或从命令行输入命令 inetmgr.exe，即可直接打开管理器界面。

(2) 更改应用程序池设置

安装完 IIS 以后，默认的应用程序池为 DefaultAppPool，托管管道模式为集成，标识是 ApplicationPoolIdentity，应用程序数量 1，指的就是默认网站。

1）在应用程序池，单击右键→"添加应用程序池"，进入添加页面，添加应用程序池界面如图 1-20 所示，名称选择 Classic.NET AppPool，版本选择.NET Framework v4.0.30319，托管管道模式选择经典；选择立即启动，单击"确定"按钮即可。

图 1-20　添加应用程序池界面

  📖 在 IIS 中，.NET Framework 4.5 的 CLR 还是 4.0 版的，因此可以选择的是.NET Framework v4.0.30319。

2）为默认网站修改应用程序池。

选择 DefaultAppPool，单击右键选择"查看应用程序"，进入应用程序界面，选择"根应用程序"，单击右键选择"更改应用程序池"，界面如图 1-21 所示。

图 1-21 更改应用程序池界面

选择新建的 Classic.NET AppPool,单击"确定"按钮,就把默认网站应用程序的归属放在新的应用程序池里了。

(3) 修改 Classic.NET AppPool 属性,终止 DefaulAppPool 运行。

选择 Classic.NET AppPool,单击右键选择"应用程序池默认设置",界面如图 1-22 所示。

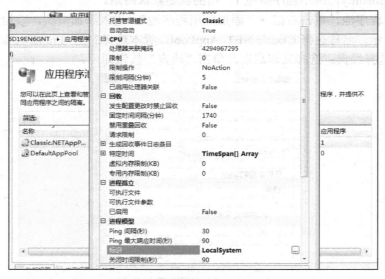

图 1-22 应用程序池默认设置界面

修改托管管道模式:由 Integrated 改为 Classic。

修改标识:由 ApplicationPoolIdentity 改为 LocalSystem。把 32 位的值改为 true。

安装完 IIS 之后,就可以用记事本程序或其他文本编辑器来编辑 ASP.NET 应用程序,然后用 IIS 来运行 ASP.NET 应用程序。可以看出,在 ASP.NET 程序设计开发阶段使用 IIS 来测试和运行程序的过程比较烦琐。而使用 ASP.NET 应用程序的专门开发工具 Visual Studio 是最理想的选择。

## 1.2 Visual Studio 集成开发环境

Visual Studio 是 Microsoft 公司推出的开发环境，是目前最流行的 Windows 平台应用程序开发环境。它可以用来创建 Windows 平台下的 Windows 应用程序和网络应用程序，也可以用来创建网络服务、智能设备应用程序和 Office 插件。目前已经开发到 11 版本，也就是 Visual Studio 2012。同时，开发 ASP.NET 的 Web 应用也是 Visual Studio 的主要功能。

### 1.2.1 集成开发环境简介

**1．Visual Studio 2012 的技术优势**

Visual Studio 2012 的技术优势体现在如下几个方面。

（1）全新的外观和感受

Visual Studio 2012 的界面经过了重新设计，简化了工作流程，并且提供了访问常用工具的捷径。工具栏经过了简化，减少了选项卡的混乱性，可以使用全新快速的方式找到代码。

（2）开发 Windows 8 程序

Visual Studio 2012 专为开发 Windows 8 程序内置了一系列名为 Windows Store 的项目模板。开发者可以使用这些模板创立不同类型的程序，包括 blank app（使用 xaml），grid app（使用 xaml），split app（使用 xaml），class library（为 Windows Store app 开发使用），Windows runtime component，还有单元测试库（为 Windows Store app 开发使用）。Visual Studio 2012 自带了一个平板模拟器，平板模拟器允许开发者无需真实设备，即可在 Visual Studio 中测试开发的 Windows 8 程序。

（3）网页开发功能升级

对于 Web 开发，Visual Studio 2012 也提供了新的模板、更优秀的发布工具和对新标准（如 HTML5 和 CSS3）的全面支持。此外，还可以利用 Page Inspector 在 IDE 中与正在编码的页面进行交互，从而更轻松地进行调试。对于移动设备来说，可以使用优化的控件针对手机、平板电脑以及其他小屏幕来创建应用程序。

（4）云功能

针对以前个人维护服务器所耗费的巨大成本，Visual Studio 2012 增加的云环境可以利用动态增加存储空间和计算能力的功能，快速访问无数虚拟服务器。Visual Studio 2012 提供了新的工具将应用程序发布到 Windows Azure（包括新模板和发布选项），并且支持分布式缓存，维护时间更少。

（5）为重要业务做好准备

在 SharePoint 开发中，有很多重要的改进，包括新设计工具、模板以及部署选项。可以利用为 SharePoint 升级的应用生命周期管理功能，如性能分析、单元测试和 IntelliTrace。在 Visual Studio 2012 中内置了 LightSwitch，该工具使用户只需编写少量代码就可以创建业务级应用程序。

（6）灵活敏捷的流程

Visual Studio 2012 可以为团队提供更快、更智能工作的工具。利用 Team Foundation Server，可以根据自己的步调采用效率更高的方法，同时还不会影响现有工作流程，而且还可以让整个组织参与开发测试的全过程，通过新的方法让利益相关方、客户和业务团队成员跟踪项目进度，并提出新的需求和反馈。

**2. ASP.NET 4.5 新特性**

Visual Studio 2012 是一套完整的开发工具集，用于生成基于团队的企业级的 ASP.NET Web 应用程序、XML Web Services、桌面应用程序和移动应用程序。Visual Basic、Visual C# 和 Visual C++全都使用相同的集成开发环境（IDE），利用此 IDE 可以共享工具且有助于创建混合语言解决方案。另外，这些语言利用了.NET Framework 的功能，通过此框架可简化基于团队的企业级解决方案的设计、开发和部署。

ASP.NET 4.5 在支持网页开发方面，不但在编辑 HTML 文件与 CSS 样式表单上有长足的进步，而且支持编辑最新的 HTML5 与 CSS3，协助网页程序设计师善用最新的网页开发技术设计网站。它的新特性表现在如下方面。

- 支持新的 HTML5 窗体类型。
- 在 Web 窗体中支持 Model Binders 模型绑定器，它是支持将控件直接绑定到 Model 模型的数据访问方法，并自动对输入的数据做类型转换。
- 客户端支持独立文件的 JavaScript 验证。
- 支持基于 IE 9.0 的 JavaScript 的功能写作提示（Intellisense）。
- 通过打包压缩和精简脚本来改进网页性能。
- 集成 AntiXSS 库，防止 XSS 跨站脚本攻击。
- 支持 WebSockets 协议。
- 支持异步读取和写入 HTTP 请求与响应。
- 支持异步模块和处理程序。
- ScriptManager 控件支持（CDN）内容分布式网络回退。
- 支持开发适合智能手机与平板电脑浏览的网页。
- 支持适用于各种 SQL Server 数据库的 Universal Provider。
- 支持更弹性的 Request Validation。
- 支持将网站使用的 Javascript 程序文件与 CSS 样式文件打包成单一的文件，以缩短文件下载速度，改善网页浏览效率的打包处理技术。

### 1.2.2 MSDN 与帮助

MSDN（MicroSoft Developer Network）是 Microsoft 公司面向软件开发者的一种信息服务。Visual Studio 2012 的"帮助"选项可以让使用者了解产品的新功能，也可以查找各种疑难问题。

**1. MSDN**

MSDN 实际上是一个以 Visual Studio 和 Windows 平台为核心整合的开发虚拟社区，包括技术文档、在线电子教程、网络虚拟实验室、微软产品下载（几乎全部的操作系统、服务器程序、应用程序和开发程序的正式版与测试版，还包括各种驱动程序开发包和软件开发包）、Blog、BBS、MSDN WebCast、与 CMP 合作的 MSDN 杂志等一系列服务。

很多人误认为 MSDN 是联机帮助文件和技术文献的集合。但事实上，这两者只占MSDN 庞大计划的一小部分。

其中产品下载、在线电子教程、MSDN 杂志和技术紧急电话支援是要付费的，其余基本免费。当然，MSDN 杂志可以通过微软公司的网站免费观看或者下载。MSDN 涵盖了所有可以被开发扩充的平台和应用程序，用户接触到的最多关于 MSDN 的信息是来自于 MSDN Library。MSDN Library 就是通常人们眼中的 MSDN，涵盖了微软全套可开发产品线的技术开发文档和科技文献（部分包括源代码），也包括发过刊的 MSDN 杂志节选和部分经典书籍的节选章节。

MSDN 在线和 MSDN 订阅是人们访问 MSDN Library 的两种不同的方式，除了一个通过 Internet 访问，另一个通过 CD 访问之外，MSDN 在线和 MSDN 订阅所涵盖的内容也不完全一样。图 1-23 显示这两种方式的覆盖范围之间的相似与相异之处。

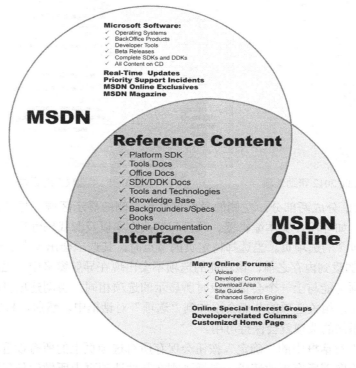

图 1-23　MSDN 和 MSDN 在线覆盖范围之间的相似与相异之处

真正意义上的 MSDN 指的是 MSDN Subscription（MSDN 订阅）。这是一种付费订阅服务，可以将微软几乎所有可开发软件以开发为目的使用，包括各种操作系统和应用程序，还有各种企业服务器，MSDN Library 也是订阅的一部分。同时可以得到微软公司的紧急电话技术支持服务以及使用 MSDN Blog。

MSDN 由低级到高级有三种订阅版级别：Library（库）、Professional（专业）和 Universal（通用），每种都包含不同的特性。上一级别的订阅版包含下一级别的订阅版的所有特性，以及附加特性。

**2．帮助**

正如 Microsoft 公司发布的其他软件一样，Visual Studio 2012 也有帮助选项，通过帮助选项可以了解产品的新功能、查找各种疑难问题、链接到帮助与支持的网站、通过 MSDN

论坛与各种学者讨论问题,还可以观看简短的说明演示视频、通过示例进行快速学习,如图 1-24 所示。

### 1.2.3 定制开发环境

利用 Visual Studio 2012 中工具菜单的"选项"对话框,可以根据自己的需要配置集成开发环境(IDE)。例如,建立项目的默认保存位置,改变窗口的默认外观和行为,以及创建常用命令的快捷方式,如图 1-25 所示。

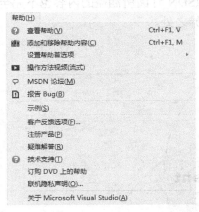
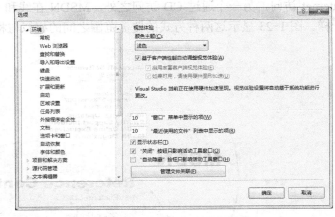

图 1-24  Visual Studio 2012 帮助选项　　　　　图 1-25  "选项"对话框

"选项"对话框分成两部分:左侧的导航窗格和右侧的显示区域。导航窗格中的树控件包括文件夹节点,如环境、文本编辑器、项目和解决方案以及源代码管理。展开任意文件夹节点可以列出它包含的选项页。当选择特定页的节点时,其选项会出现在显示区域中。

在 IDE 功能加载到内存之前,该功能的选项不会出现在导航窗格中。因此开始新的会话时,所显示的选项可能与上一个会话结束时所显示的选项相同。当创建项目或运行使用特定应用程序的命令时,相关选项的节点会添加到"选项"对话框中。然后,只要 IDE 功能保留在内存中,这些添加的选项就会保持可用。

单击"选项"对话框中的"确定"按钮会保存所有选项页上的所有设置。单击任何页上的"取消"按钮将取消所有更改请求,包括刚刚在其他选项页上所做的任何更改。只有在关闭并重新打开 Visual Studio 后,对选项设置的某些更改(例如,在"选项"对话框→"环境"→"字体和颜色"上所做的更改)才会生效。

【例 1-1】 请将 IDE 中的所有文本的字体改成隶书,大小改成 15。

步骤如下:
1)在菜单栏中,选择"工具"→"选项"。
2)在选项列表中选择"环境"→"字体和颜色"。
3)在显示其设置列表中,选择"环境字体",如图 1-26 所示。
4)在字体列表中,选择"隶书"。
5)在大小列表中,选择文本大小为"15",然后单击"确定"按钮。

效果图如图 1-27 所示。

图 1-26 环境和字体

图 1-27 环境字体设置效果

## 1.2.4 内置 Web 服务器的使用

当在 Visual Studio 中开发 Web 项目时,需要 Web 服务器才能测试或运行这些项目。利用 Visual Studio,可以使用不同的 Web 服务器进行测试,包括 IIS Express、Internet Information Services(IIS)或内置 Visual Studio 开发服务器。可以将其中任何一种服务器用于基于文件的 Web 应用程序项目。对于基于文件的网站项目,可使用 IIS Express 或内置 Visual Studio 开发服务器。本节介绍各 Web 服务器以及如何选择用于测试的服务器。

表 1-1 提供了用来在 Visual Studio 中选择 Web 服务器的摘要指南。

表 1-1 Web 服务器使用比较

| Web 服务器 | 何 时 使 用 |
| --- | --- |
| IIS Express | 适用于以下情况:目标 Web 服务器为 IIS 7,但不希望(或不能)使用完全版本的 IIS 7。这需要 Visual Studio 2010 Service Pack 1,并且 IIS Express 必须单独安装。IIS Express 承载网站的方式与 IIS 7 承载网站的方式非常类似 |

(续)

| Web 服务器 | 何时使用 |
|---|---|
| Visual Studio 开发服务器 | 适用于以下情况：正在使用现有项目，或者网站以早期版本的 IIS（如 IIS 6）为目标，而且测试环境与生产环境的密切匹配并不十分重要。此服务器选项在 Visual Studio 中是默认的。但是，Visual Studio 开发服务器在一个与完全版 IIS 不同的安全环境中运行，可能不会显示在部署到生产版本的 IIS 时可能出现的错误 |
| IIS | 适用于以下情况：要使用与运行活动站点的服务器环境最为接近的服务器环境来测试 Web 应用程序，而且可以在开发计算机上安装和使用 IIS。但是，相对于使用 IIS Express 或 Visual Studio 开发环境，配置调试和其他任务要更加复杂。要求以管理员身份运行 Visual Studio |

  如果使用 IIS Express 或 Visual Studio 开发服务器，则建议先在目标 IIS 服务器上测试应用程序，然后再将它部署到活动站点。

**1．内置 Web 服务器介绍**

  默认情况下，Visual Studio 2012 对网站项目和 Web 应用程序项目使用 Visual Studio 开发服务器。但也可以改为使用 IIS Express 或 IIS 作为 Web 服务器。Visual Studio 开发服务器是在 Windows 操作系统（包括 Home Edition 版本）上本地运行的 Web 服务器。与 IIS Express 一样，它专门用于在本地计算机上运行 ASP.NET，不会处理针对其他计算机的请求。此外，它也不会提供应用程序范围外的文件。在 Web 程序发布之前 Visual Studio 开发服务器可以用于本地测试。但是，如果即将发布到的生产服务器是 IIS 7 或 IIS 的更高版本，则应使用 IIS Express，因为它在功能上更接近于 IIS 7。

**2．为 Web 应用指定 Web 服务器**

  在 Visual Studio 2012 的开发环境中，可以使用项目属性为 Web 应用程序指定 Web 服务器，步骤如下：

  1）在解决方案资源管理器中，右键单击 Web 应用程序项目的名称，然后单击"属性"。

  2）在属性窗口中单击"Web 选项卡"。

  3）若要选择 Visual Studio 开发服务器，则在服务器下，单击"使用 Visual Studio 开发服务器"。

  4）若要将一个特定端口号用于 Visual Studio 开发服务器，则选择"特定端口"，然后输入该端口号。默认情况下，选择"自动分配端口"选项，并显示已分配的应用程序的端口号。

## 1.3 创建 ASP.NET 的应用程序

  Visual Studio 2012 是构建 ASP.NET Web 页面的集成开发环境，实现了在同一个环境下编辑、编译、执行、调试、发布等操作，极大地提高了开发效率。图 1-28 显示了在 Visual Studio 2012 开发环境中可以使用的窗口和工具。

  图 1-28 显示了默认窗口和窗口位置。利用"视图"菜单，可以显示其他窗口，并根据自己的偏好对这些窗口执行重新排列和调整大小操作。如果已对窗口排列做出更改，则显示的内容将与此图不一致。

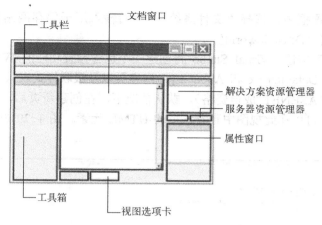

图 1-28 VS2012 开发环境中的默认窗口

- 工具栏。提供用于格式化文本、查找文本等命令。一些工具栏只有在设计视图下才可用。
- 解决方案资源管理器。显示网站中的文件和文件夹。
- 文档窗口。显示在视图选项卡窗口中处理的文档。单击选项卡可以实现在文档间切换。
- 属性窗口。允许更改页、HTML 元素、控件及其他对象的设置。
- 视图选项卡。展示同一文档的不同视图。设计视图是一种近似 WYSIWYG（所见即所得）的编辑界面。源视图是 HTML 编辑器。拆分视图可同时显示文档的设计视图和源视图。如果要在设计视图中打开网页，需在工具菜单上，单击"选项"，选择"HTML 设计器"节点，然后更改"起始页位置"选项。
- 工具箱。提供可以拖到页上的控件和 HTML 元素。工具箱元素按常用功能分组。
- 服务器资源管理器/数据库资源管理器。用于显示数据库连接。如果未显示服务器资源管理器，可以在视图菜单上单击"服务器资源管理器"或"数据库资源管理器"。

## 1.3.1 创建 Web 站点

下面来创建一个简单的文件系统网站。在文件系统网站项目中，可以将应用程序的文件保存在本地硬盘的一个文件夹中或局域网的一个共享位置。由于不需要 Internet Information Services（IIS）来创建或测试文件系统网站项目，因此文件系统网站项目很适合在计算机上进行本地开发。开发的基本步骤如下。

1）打开 Visual Studio 2012。
2）在文件菜单上单击"新建网站"，将显示新建网站对话框。
3）在已安装的模板下，单击"Visual C#"，然后选择"ASP.NET Web 窗体网站"。

创建网站项目时需要指定一个模板。每个模板创建包含不同文件和文件夹的 Web 项目。在本次创建中，将基于 ASP.NET Web 窗体网站模板创建网站，该模板用于创建 ASP.NET 网站中常用的文件和文件夹。

> 选择模板之前必须选择.NET Framework 版本，因为选择的.NET Framework 版本将决定可用的模板。如果需要.NET Framework 4 之前的版本，则必须安装.NET Framework 3.5。

4）在 Web 位置框中，选择"文件系统"，然后输入用于保存网站页面的文件夹的名称。如输入文件夹名"D:\Helloworld"。

5）单击"确定"按钮。Visual Studio 将创建一个包含预置功能的 Web 项目，这些功能面向布局（母版页、Default.aspx 和 About.aspx 内容页以及级联样式表）、Ajax（客户端脚本文件）和身份验证（ASP.NET 成员资格）。默认情况下，在创建新页后，Visual Studio 会在源视图中显示该页，可以在此视图中查看该页的 HTML 元素。图 1-29 显示了一个网页的源视图。

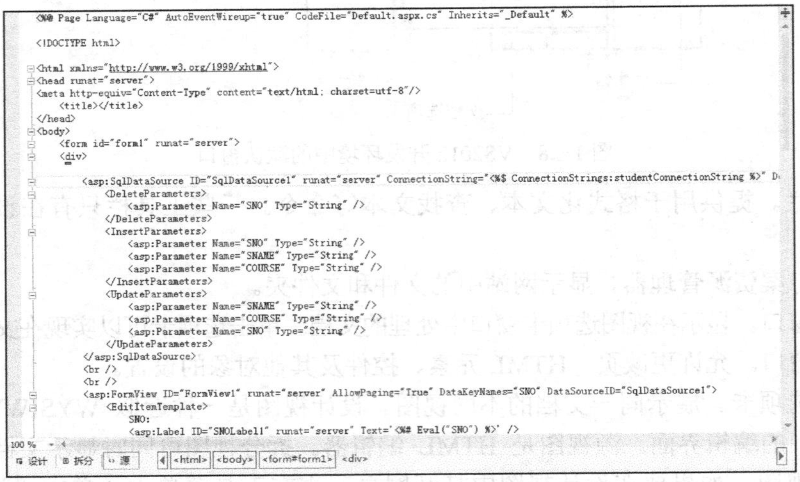

图 1-29 网页的源视图

## 1.3.2 编写 ASP.NET 应用程序

（1）创建一个新的 ASP.NET Web 窗体页

使用 ASP.NETWeb 窗体网站项目模板创建新网站时，Visual Studio 会添加一个名为 Default.aspx 的 ASP.NET 页（Web 窗体页）。可以使用 Default.aspx 页作为网站的主页。但是在本次创建过程中，将创建并应用一个新页。

（2）将页面添加到网站

1）关闭 Default.aspx 页。右键单击显示该文件名的选项卡，然后单击"关闭"按钮。

2）在解决方案资源管理器中，右键单击网站（例如，D:\Helloworld），然后单击"添加新项"按钮。

3）显示"添加新项"对话框。图 1-30 显示了"添加新项"对话框示例。

4）在模板列表中，选择"Web 窗体"。

5）在名称框中输入"FirstWebPage"。

在同一网站中可以使用不同的编程语言。创建网站项目时会指定基于所选项目模板的默认语言。但是，每次为网站创建新页或组件时，都可以为该页或组件选择编程语言。

6）单击"添加"按钮。Visual Studio 即会创建一个新页并将其打开。此时 Visual Studio 将创建两个文件。第一个文件 FirstWebPage.aspx 将包含页的文本和控件，并在编辑器中打开。另一个文件 FirstWebPage.aspx.cs 是代码文件。

图 1-30 "添加新项"对话框

（3）向页中添加静态文本

在文档窗口的底部，单击设计选项卡以切换到设计视图。此时，页上没有任何文本或控件，因此页是空白的（用于勾勒出矩形轮廓的虚线除外，此矩形表示页上的 div 元素）。单击由虚线勾勒出的矩形内部，输入"欢迎使用 Visual Studio 2012"。切换到源视图，可以看到通过在设计视图中输入创建的 HTML。在此阶段，该页看起来类似普通的 HTML 页，唯一区别在于该页顶部的<%@ Page %>指令。

（4）添加控件

1）单击设计选项卡切换到设计视图，将插入的指针放置在先前添加的文本之后，按几次〈Enter〉键留出一些空间，从工具箱的标准选项卡中，将三个控件拖动到页上：TextBox 控件、Button 控件和 Label 控件。

2）将插入指针放在文本框前，并输入"输入您的姓名："。此静态 HTML 文本是 TextBox 控件的标题。可以在同一页上混合放置静态 HTML 和服务器控件。

3）选择 Button 控件，并在属性窗口中将其 Text 属性设置为"显示名称"。

（5）对 Button 控件编程

1）切换到设计视图。

2）双击 Button 控件。Visual Studio 会在编辑器的单独窗口中打开 FirstWebPage.aspx.cs 文件。文件包含按钮的 Click 事件处理程序。

3）通过添加下面代码完成 Click 事件处理程序（用 C#语言编写）。

```
Label1.Text = TextBox1.Text + ", welcome to Visual Studio!";
```

该程序读取用户在文本框中输入的名称，然后在 Label 控件中显示该名称。

### 1.3.3 编译和运行程序

在生成并运行 Web 窗体页前，需要先编译 ASP.NET Web 应用程序项目。编译 Web 应用程序后，就可以运行其中包含的页。可以利用三种方法生成应用程序并运行 Web 窗体页，如表 1-2 所示。

表 1-2　不同方法比较

| 方　　法 | 说　　明 |
| --- | --- |
| 使用调试器 | 启动默认浏览器并加载指定的起始页。在调试器中运行页可以逐行扫描代码，并利用其他分析工具对运行时信息进行调试。如果 Visual Studio 发现关键文件已更改，将在启动包含指定起始页的浏览器之前生成项目 |
| 不用调试器 | 允许以在开发工具上下文以外的一般运行状况运行代码，这样这些工具不会提供可用的运行时信息。如果 Visual Studio 发现关键文件已更改，将在启动包含指定起始页的浏览器之前生成项目 |
| 在浏览器中查看 | 编译项目并打开从"解决方案资源管理器"中选择的 Web 页。项目被编译并在 Visual Studio 内的默认浏览器中运行 |

  📖 在运行 Web 应用程序时，它在名为 ASP.NET 的特定本地用户上下文内执行，以确定应用程序是否具有访问资源的权限。

**1．使用调试器生成并运行 Web 窗体页**

1）在解决方案资源管理器中，右键单击 Web 窗体页，然后单击"设为起始页"。

2）在调试菜单上单击"启动"，该命令指示 Visual Studio 在调试器中运行 ASP.NET Web 应用程序。

3）若要停止运行窗体并返回到设计模式，应关闭浏览器或者在调试菜单上单击"停止调试"。

  📖 〈F5〉是启动的键盘快捷键，〈Shift+F5〉是停止调试的键盘快捷键，〈Ctrl+F5〉是开始执行（不调试）的键盘快捷键。

**2．不用调试器生成并运行 Web 窗体页**

1）在解决方案资源管理器中，右键单击 Web 窗体页，然后单击"设为起始页"。

2）在调试菜单上单击"开始执行（不调试）"。Visual Studio 保存项目中的所有文件，然后生成项目。项目的起始页在默认浏览器中启动。

3）若要停止运行窗体并返回到设计模式，需关闭浏览器或者在调试菜单上单击"停止调试"。

**3．在浏览器中查看生成并运行 Web 窗体页**

1）在解决方案资源管理器中，右键单击要预览的 Web 窗体页，并单击"在浏览器中查看"。

2）Visual Studio 生成 ASP.NET Web 应用程序，并在默认浏览器中启动指定的起始页。此页在 Visual Studio 环境中被标记为"预览"。

3）若要停止运行预览，需关闭预览页。

上面的程序进行运行后的界面如图 1-31 所示。

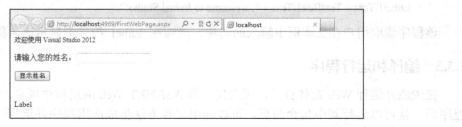

图 1-31　运行界面

输入姓名后，单击"显示姓名"按钮，出现如图 1-32 所示界面。

图 1-32　输入姓名后界面

## 1.3.4　在 IIS 上部署开发好的 Web 站点程序

文件系统网站通常只用于开发，以便单个开发人员可以在自己的计算机上创建和测试 ASP.NET 网页。在大多数情况下，应该将文件系统网站的文件部署到运行 IIS 的服务器上。可以使用 Visual Studio 中的复制网站或发布网站工具来部署文件系统网站的文件。如果用来开发文件系统网站项目的计算机还承载着生产 Web 服务器，可以选择创建指向应用程序位置的 IIS 虚拟目录，从而将文件作为活动网站公开。

**1．发布网站**

1）在生成菜单上单击"发布网站"，出现发布网站对话框。

2）在目标位置框中输入"d:\CompiledSite"。

> 目标文件夹及其子文件夹中的所有数据都将被删除。

对于此网站，将发布到本地文件夹。如果要使用 HTTP 或 FTP 发布到远程网站，则需要在目标位置框中指定远程服务器的 URL。

3）清除"允许更新此预编译站点"。

此选项指定将所有程序代码编译为程序集，但页面和用户控件（.aspx、.ascx 和.master 文件）按原样复制到目标文件夹中，并且可作为文本文件进行更新而无需对项目进行预编译。在此处将不选择该选项。

4）单击"确定"按钮。Visual Studio 预编译网站的内容，并将输出写入指定的文件夹，输出窗口显示进度消息。如果编译时发生错误，输出窗口中会报告该错误。如果发布过程中发生错误，需要修复这些错误，然后重复此过程。

**2．创建一个指向目标文件夹的 IIS 虚拟目录**

1）打开 Internet Information Services（IIS）管理器对话框。

2）在连接窗格中，展开服务器名称，然后展开站点。

3）右键单击默认网站，然后选择"添加虚拟目录"，此时将出现添加虚拟目录对话框。

4）在别名框中，输入"CompiledWebSite"。

5）在物理路径框中，输入"d:\CompiledSite"，单击"确定"按钮。

6）在 IIS 管理器的连接窗格中，右键单击新的虚拟目录，然后选择"转换为应用程序"，此时将出现添加应用程序对话框，单击"确定"按钮。

**3．浏览页面**

打开浏览器，输入 URL：http://localhost/CompiledSite/FirstWebPage.aspx，出现 FirstWebPage.aspx 的运行页面。

## 1.4 案例：创建一个简单的 Web 站点

在本例中，通过创建一个简单的 Web 站点，学习利用 Visual Studio 2012 建立 Web 程序的方法。

### 1.4.1 案例设计

创建一个简单的 Web 站点，在该 Web 站点中添加一个新的 Web 窗体和一个类，并在 Web 窗体中添加两个控件。通过单击 Button 按钮，使得 Label 控件的属性值根据设定好的值发生变化。

### 1.4.2 案例开发步骤

**1．创建文件系统网站**

1）打开 Visual Studio 2012。

2）在文件菜单中单击"新建网站"，显示新建网站对话框。

3）在已安装的模板下，单击"Visual C#"，然后选择"ASP.NET 空网站"。在 Web 位置框中选择"文件系统"，然后输入要保存网站网页的文件夹的名称，例如，输入文件夹名 "C:\WebSites"。单击"确定"按钮，Visual Studio 2012 将创建一个仅包含一个 Web.config 文件的网站项目。

**2．创建页并添加控件**

1）在解决方案资源管理器中，右键单击网站项目的名称，然后单击"添加新项"。

2）在已安装的模板下，选择"Visual C#"，然后单击"Web 窗体"，在名称框中输入 "SamplePage.aspx"，单击"添加"按钮。

3）切换到设计视图。

4）从工具箱的标准组中，将 Label 控件拖到页上。

5）从工具箱的标准组中，将 Button 控件拖到页上，放在 Label 控件旁边。

下一步将创建一个只包含一个属性的简单类的源代码，并在页的代码中使用该类。

**3．创建类**

1）在解决方案资源管理器中，右键单击网站项目的名称，指向"添加 ASP.NET 文件夹"，然后单击"App_Code"。在解决方案资源管理器中，会出现一个名为"App_Code"的新文件夹，该文件夹是一个保留的 ASP.NET 应用程序文件夹。

2）右键单击 App_Code 文件夹，然后单击"添加新项"。

3）在已安装的模板下，单击"Visual C#"，然后单击"类"。

4）在名称框中输入"TestClass"。

5）单击"添加"按钮，Visual Studio 以指定的编程语言创建一个主干类文件。

6）创建一个名为 TestProperty 的属性。

完成后，完整的类文件将类似下面这样（使用C#语言编写）：

```
using System;
public class TestClass
{    public TestClass() { }
    private string TestPropertyValue;
    public string TestProperty
    {
        get{ return TestPropertyValue; }
        set{ TestPropertyValue = value; }
    }}
```

现在可以在页中使用该类，需要注意的是不必先编译该类再使用它。

#### 4．在页中使用该类

1) 打开 SamplePage.aspx 并切换至设计视图。

2) 双击 Button 控件，为该控件创建一个 Click 处理程序。

3) 在 Click 处理程序中，创建一个 TestClass（在上一过程中创建）的实例，给 TestProperty 属性赋一个值，然后在 Label 控件中显示 TestProperty 值。

完整的代码如下所示（使用C#语言编写）：

```
protected void Button1_Click(object sender, EventArgs e)
{
    TestClass testClass = new TestClass();
    testClass.TestProperty = "Hello";
    Label1.Text = testClass.TestProperty;
}
```

#### 5．测试网站

1) 打开 SamplePage.aspx 页。

2) 按〈Ctrl+F5〉组合键，该页显示在浏览器中。

3) 单击按钮，确保文本出现在 Label 控件中。

4) 关闭浏览器。

### 1.4.3 案例部署

#### 1．发布网站

1) 在生成菜单上单击"发布网站"，出现发布网站对话框。

2) 在目标位置框中输入"c:\CompiledSite"。

3) 去除"允许更新此预编译站点"。

4) 单击"确定"按钮。

#### 2．创建一个指向目标文件夹的 IIS 虚拟目录。

1) 打开 Internet Information Services（IIS）管理器对话框。

2) 在连接窗格中，展开服务器名称，然后展开站点。

3) 右键单击默认网站，然后选择"添加虚拟目录"，此时将出现添加虚拟目录对话框。

4) 在别名框中，输入"CompiledWebSite"。

5）在物理路径框中，输入"c:\CompiledSite"，单击"确定"。

6）在 IIS 管理器的连接窗格中，右键单击新的虚拟目录，然后选择"转换为应用程序"，此时将出现添加应用程序对话框，单击"确定"按钮。

**3．浏览页面**

打开浏览器，输入下面的 URL：

http://localhost/CompiledSite/SamplePage.aspx，出现 SamplePage.aspx 页。

## 1.5 习题

**1．简答题**

1）什么是 MSDN，它包含哪些功能？

2）Visual Studio 内置服务器的作用是什么？

3）Visual Studio 2012 开发环境中主要包含哪些窗口？

4）编写 ASP.NET 应用程序的步骤是什么？

5）请对不同调试方法进行分析比较。

**2．操作题**

请自定义你的集成开发环境，将所有文本的颜色改成红色。

**3．程序设计题**

创建一个指向目标文件夹"d:\CompiledSite"的 IIS 虚拟目录。

# 第2章 HTML 和 JavaScript

HTML 是一种用来制作超文本文档的简单标记语言，Web 浏览器能够自动解释超文本文档并且按照一定的格式显示出来，但是 HTML 只能实现静态页面的设计。JavaScript 是编写在 HTML 文档中的脚本语言，在 HTML 文档中使用脚本语言，通过文档对象模型和事件驱动技术，控制装载到浏览器中的页面及其元素，可以实现动态页面的设计。

## 2.1 HTML

HTML 是超级文本标记语言（Hypertext Marked Language）的英文缩写，它是标准通用标记语言的一个应用，也是一种规范、一种标准，通过标记符号来标记显示网页中的各个部分。所有的页面都是以 HTML 格式的文件为基础，再加上其他语言工具（如 JavaScript、VBScript 等）构成。网页文件本身是一种文本文件，通过在文本文件中添加标记符，可以告诉浏览器如何显示其中的内容（如文字如何处理，画面如何安排，图片如何显示等）。用 HTML 编写的超文本文档称为 HTML 文档，它能独立于各种操作系统平台。

### 2.1.1 HTML 基本语法

HTML 文件扩展名是.html 或.htm，它们是可供浏览器解释浏览的文件格式。HTML 语言使用标记编写文件，标记符必须用"<"和">"括起来，一般以<标记名>开始，以</标记名>结束，即成对地使用标记，称之为双标记。需要说明的是，HTML 的标记是不区分大小写的。最基本的语法格式为：

    <标记>文档内容</标记>

或

    <标记 属性 1=属性值 1 属性 2=属性值 2……>文档内容</标记>

其中，"文档内容"部分就是要被这对标记施加作用的部分，各属性间无先后顺序，用空格分开，而且属性可以省略（采用默认值）。

例如：

    <u>重点内容</u>    表示文字"重点内容"用带下划线的样式显示
    <title>我的第一个网页</title>  表示当前页面的标题为"我的第一个网页"
    <table border=1 width=300px>  表格的内容</table> 表示在浏览器上显示一个表格，表格的边框线粗细为 1，表格的宽度为 300px

但也有些标记只需单独使用就能完整地表达意思，称之为单标记。常用的单标记主要有换行标记<br>、水平线标记<hr>等。

语法格式为：

```
<标记>
```
或
```
<标记 属性1=属性值1 属性2=属性值2……>
```

HTML 文档分文档头和文档体两部分，在文档头里，对这个文档进行了一些必要的定义，文档体中是要显示的各种文档信息。一个完整的 HTML 文件的基本格式如下：

```
<html>
<head>
    <title>网页的标题</title>
</head>
<body>
    文档主体，正文部分
</body>
</html>
```

<html>……</html> 用于创建 HTML 文档，在文件的最外层。<html>标记用于 HTML 文档的最前面，用来标识 HTML 文档的开始。</html>标记放在 HTML 文档的最后面，用来标识 HTML 文档的结束。

  有些网页省略<html>标记，因为.html 或.htm 文件被 Web 浏览器默认为 HTML 文档。

<head>……</head>构成 HTML 文档的文档头部分，在此标记对之间可以使用<title></title>、<meta>等标记，用来说明文件标题和文件本身的相关信息。设置有关网页的信息可以使用<meta>标记，例如网页的字符集、使用的语言、作者、日期和时间、网页描述、关键词、页面刷新等。

<head></head>标记对之间的内容是不会在浏览器的框内显示出来的。

<title>……</title>用来设置网页的标题，即在浏览器标题栏中显示的文本信息。注意：<title></title>标记对只能放在<head></head>标记对之间。

<body>……</body>是 HTML 文档的文档体部分，在此标记对之间可包含<p>…</p>、<font>…</font>、<br>、<hr>等众多的标记，它们所定义的文本、图像等将会在浏览器的框内显示出来。

【例 2-1】 创建一个简单的 HTML 网页文件。

```
<html>
<head>
<meta http-equiv="Content-Type" content="text/html";charset="gb2312">
<title>创建一个 HTML 网页文件</title>
</head>
<body background="backimage.jpg" text=red leftmargin=50px topmargin=20px>
    我喜欢学习 HTML！
</body>
</html>
```

具体步骤：

1）新建一个记事本文件，并输入如上 HTML 语句。

2）执行记事本文件菜单下的另存为命令，将保存类型设置为"所有文件"，将文件的扩展名改为.htm 或.html，单击"保存"按钮。

3）打开保存成功的.htm 文件，即可以看到浏览器中页面的显示效果，如图 2-1 所示。

本例中涉及的标记和属性说明如下：

- <meta>：定义了 HTML 页面所使用的字符集为 GB2312，即国标汉字码。
- background：表示网页背景图片文件的文件名。如果设置背景颜色，则使用属性 bgcolor。
- text：表示网页中文本的颜色。
- leftmargin：表示页面左边保留的空白。
- topmargin：表示页面顶部保留的空白。

图 2-1　创建一个 HTML 网页文件

## 2.1.2　文字段落标记

常用的设置文档格式的标记主要有文字的样式、字型、段落、水平线、标题样式等。

**1．文字样式标记**

文字的样式包括文字的字体、字号和颜色，一般使用<font>标记来实现。具体格式如下：

　　<font size=数字　face=字体名　color=颜色>文字内容</font>

其中：

- size：表示字号，数字表示字号的大小，最大为 7，最小为 1，默认字号为 3。
- face：表示字体，如楷体_GB2312、隶书、黑体等，默认字体为宋体。
- color：表示文字的颜色，设定字体的颜色可以是颜色名称，如 black，olive，teal，red，blue，maroon；或者#RRGGBB 表示红绿蓝强度（00 暗～FF 亮），#RRGGBB 所代表的是红、绿、蓝三原色，每一色由两位十六进制的数值表示（即十进制 0～255）。默认颜色为黑色。常用的颜色设置值参见表 2-1。

表 2-1　HTML 常用颜色设置值

| 颜色 | 英文名 | RRGGBB | 颜色 | 英文名 | RRGGBB |
|---|---|---|---|---|---|
| 黑色 | Black | #000000 | 橙色 | Orange | #FFA500 |
| 银色 | Silver | #C0C0C0 | 浅绿色 | Aqua | #00FFFF |
| 灰色 | Gray | #808080 | 深蓝色 | Navy | #000080 |
| 粉色 | Pink | #FFC8CB | 黄色 | Yellow | #FFFF00 |
| 红色 | Red | #FF0000 | 绿色 | Green | #008000 |
| 紫色 | Purple | #FF00FF | 橄榄色 | olive | #808000 |

例如，<font size=4 face=楷体_GB2312 color=red>web 程序设计</font>表示将"web 程序设计"设置成 4 号字、楷体、红色。

**2．字型标记**

HTML 中字型标记有很多，常用的字型标记可参见表 2-2。

表 2-2 常用的字型标记

| 首标记 | 尾标记 | 含义 | 首标记 | 尾标记 | 含义 |
| --- | --- | --- | --- | --- | --- |
| <b> | </b> | 加粗 | <i> | </i> | 斜体 |
| <u> | </u> | 加下划线 | <s> | </s> | 加删除线 |
| <small> | </small> | 缩小 | <big> | </big> | 放大 |
| <sup> | </sup> | 上标 | <sub> | </sub> | 下标 |
| <strong> | </strong> | 特别强调 | <address> | </address> | 显示邮件地址 |

例如 $X^2$ 的 HTML 代码为：<i>X</i> <sup>2</sup>；$X_1$ 的 HTML 代码为：<i>X</i><sub>1</sub>。

**3．段落标记**

段落标记有两种，分别是换段标记<p></p>和换行标记<br>。其中<br>属于单标记。

<p>标记用来创建一个段落，在此标记之间加入的文本将按照段落的格式显示在浏览器上。HTML 自动在一个段落前后各添加一个空行。<p>标记的格式为：

  <p align=对齐方式>段落内容</p>

其中，align 指段落的对齐方式，取值为：Left（左对齐，默认）、Center（居中）和 Right（右对齐）三个值中的任何一个。

例如：

  <body>
  <p align=center>静夜思</p>
  <p>床前明月光，疑是地上霜。举头望明月，低头思故乡。</p>
  </body>

当需要结束一行，并且不想开始新段落时，使用<br>标记。<br>标记不管放在什么位置，都能够强制换行。

一个<p>标记可以看成是两个换行标记<br><br>。

例如：

  <body>
  <p align=center>静夜思</p>
  <p>床前明月光，疑是地上霜。<br>举头望明月，低头思故乡。</p>
  </body>

**4．水平线标记**

单标记<hr>表示在文档当前位置画一条水平线，一般从窗口中当前行的最左端一直画到最右端；其格式为：

  <hr size=数值 color=颜色值 width=数值 align=对齐方式 noshade>

其中：

- size：设置水平线的粗细，默认值为 1。
- color：设置水平线的颜色。
- width：设定水平线的长度，可取绝对值（屏幕像素点的个数），默认单位是像素，例如 width=200，也可取相对值（相对整个窗口的百分比），默认值是 100%，例如 width=75%。
- align：表示对齐方式，可取值 left（默认）、right、center。
- noshade：不用赋值，而是直接加入标志即可使用，它是用来加入一条没有阴影的水平线（不加入此属性，水平线将有阴影）。

例如：
<hr>表示在当前位置加入一条水平线，所有属性采用默认值。
<hr width=600px size=1 color=#800080>表示在当前位置加入一条宽度为 600px，粗细为 1px，颜色为紫色的水平线。

5．标题样式标记

标题样式是系统预先定制的文字格式设置集合。HTML 中提供了相应的标题标记 <hn>，其中 n 为标题的等级，HTML 总共提供六个等级的标题，n 越小，标题字号就越大。

例如：

  <body>
  这是一行普通文字
  <h1>用 1 级标题样式显示文字</h1>
  <h2>用 2 级标题样式显示文字</h2>
  <h3>用 3 级标题样式显示文字</h3>
  <h4>用 4 级标题样式显示文字</h4>
  <h5>用 5 级标题样式显示文字</h5>
  <h6>用 6 级标题样式显示文字</h6>
  </body>

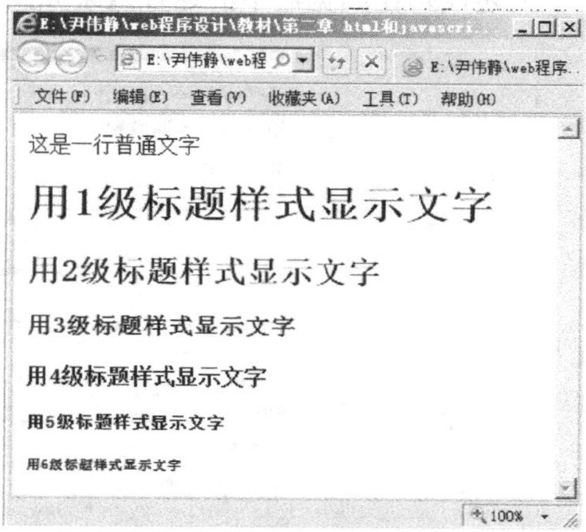

上述代码在浏览器中的运行效果如图 2-2 所示。

除上述常用文字段落标记外，还有一些常用的符号在 HTML 中直接输入是无效的，必须用 HTML 标记来实现。例如，空格标记： ，双引号标记：&quot;。

图 2-2　标题样式运行效果

> 标记之间可以嵌套使用，但是不能交叉。

【例 2-2】 文字段落标记的使用。

  <html>
  <head>
  <title>文字段落标记的使用</title>
  </head>
  <body >
  <h1>第一章　诗词歌赋</h1>
  <h2>第一节　宋词</h2>
  <b>作品原文</b><br>
  <hr width=75% size=2 color=#800080 align=left><br>
  <center><font size=5 face=仿宋_GB2312 color=green>水调歌头&middot;明月几时有</font>

```
</center><br>
    <p align=center><b>丙辰中秋，欢饮达旦<sup>[1]</sup>，大醉，作此篇，兼怀子由。</b></p>
    <p align=left><strong>明月几时有？把酒问青天。</strong>不知天上宫阙，今夕是何年。<u>我欲乘风归去，又恐琼楼玉宇，高处不胜寒。</u>起舞弄清影，何似在人间。</p>
    <p align=left><small>转朱阁，低绮户，照无眠。</small>不应有恨，何事长向别时圆？<i>人有悲欢离合，月有阴晴圆缺，此事古难全。</i>但愿人长久，千里共婵娟。</p>
    <b>注释：</b><br>
    <hr width=75% size=2 color=#800080 align=left><br>
    <small>[1]达旦：至早晨；到清晨。</small><br>
    <hr size=1 color=black align=left><br>
    如有学习上的问题，请联系<address>yinweijing@126.com</address>
    </body>
    </html>
```

上述代码在浏览器中的运行效果如图 2-3 所示。

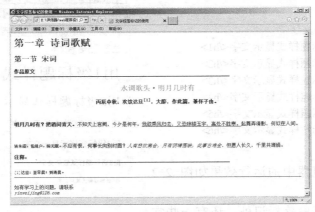

图 2-3　文字段落标记的使用运行效果

### 2.1.3　图像标记

如果希望将一幅图片插入到网页中，可以使用图片标记<img>。图片标记是一个单标记。其基本格式为：

<img src=图片文件名 alt=简要说明 width=图片的宽度 height=图片的高度 border=边框宽度 hspace=水平方向空白 vspace=垂直方向空白/>

其中：

- src：定义包括路径在内的图片的文件名。
- alt：在浏览器尚未完全下载图片时，显示在图片位置的说明文字。
- width 和 height：定义图片的宽度和高度，单位为像素值或百分比。
- border：定义图片边框的宽度，单位为像素值。
- hspace 和 vspace：定义水平和垂直方向的空白，以免文字太靠近图片，单位为像素值。

下面是一段在页面中插入图片的代码。代码中用到了<p>标记和<center>标记来设置图片水平方向的对齐方式。运行效果如图 2-4 所示。

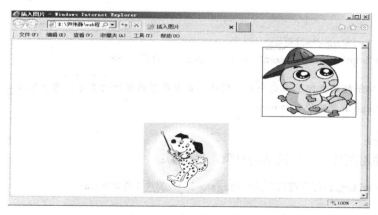

图 2-4　插入图片运行效果

```
<html>
<head>
<title>插入图片</title>
</head>
<body>
<p align=right><img src=1.jpg width=200 height=190 alt="图片 1"border=1/></p>
<center><img src=2.jpg width=182 height=194 alt="图片 2"/></center>
</table>
</body>
</html>
```

## 2.1.4　超级链接标记

超链接是指从一个网页指向一个目标的链接关系。它包含两部分内容：链接目标和超链接对象。链接目标可以是另一个网页，也可以是相同网页上的不同位置，还可以是一个电子邮件地址。而超链接的对象，可以是一段文本或者是一个图片。当浏览者单击已经链接的文字或图片后，链接目标将显示在浏览器上，并且根据目标的类型打开或运行。

**1．文字链接**

文字链接指的是超链接的对象是一段文本，跳转的目标是当前网站的另外一个网页或者另一个网站的网址。其格式为：

<a href=url target=打开窗口方式> 热点文本 </a>

其中：

- href：是超链接引用，url 为链接要转到的目标网页，它可以是当前网站的其他页面的相对地址，也可以是另一个网站的网址。
- target：定义链接到目标资源时，打开窗口的方式。它可以取_blank（在新窗口打开）、_self（在当前窗口打开，默认值）、_parent（在父框架窗口打开）等值。

对于超链接的文字的颜色也可以通过一些属性来设置，具体如下。

- link：表示尚未被访问过的超链接的颜色，默认为蓝色。
- vlink：表示曾经访问过的超链接的颜色，默认为棕红色。
- alink：表示超文本链接被访问瞬间的颜色，默认为蓝色。

例如：

&lt;a href="index.aspx"&gt;首页&lt;/a&gt;
&lt;a href="http://www.baidu.com"  target="_blank "&gt;百度 &lt;/a&gt;

> 一般文字链接的文字下面有一条下划线，如果希望超链接的文字不带下划线，可以将超链接的text-decoration 属性设置为 none。

**2．图像链接**

如果希望使用图片作为超链接的对象，格式为：

&lt;a href=url target=打开窗口方式&gt; &lt;img src=路径/图片文件名&gt; &lt;/a&gt;

其中：
- url：单击链接后要转到的目标网页。
- target：打开窗口的方式。
- scr：包括路径在内的图片的文件名，例如 Images/0001.jpg。

例如：

&lt;a href=http://www.163.com&gt;&lt;img src=Images/1.jpg&gt;&lt;/a&gt;

表示为图片添加一个超链接，单击图片时跳转到网易门户网站的主页。

**3．电子邮件链接**

电子邮件链接的格式为：

&lt;a href="mailto:email"&gt; 文字 &lt;/a&gt;

其中：email 为接收邮件的邮箱。

例如：

&lt;a href="mailto:yinweijing@126.net"&gt;联系我们&lt;/a&gt;

表示单击"联系我们"后，给邮箱 yinweijing@126.com 直接发邮件。

**4．锚点链接**

如果一个页面内容过多，导致页面过长，用户需要不停地拖动滚动条来查看文档内容，为了方便用户阅读过长的页面内容，可以使用锚点链接。

要使用锚点链接需要先在要跳转到的位置创建锚点，具体格式为：

&lt;a  name="锚名"&gt;文字&lt;/a&gt;

其中：name 属性用来创建一个命名的锚。锚名相当于文章中的一个标记。使用命名锚以后，可以让链接直接跳转到锚点，而不需要用户再从上到下慢慢找。

锚点创建好后，就可以在其他位置进行超链接了。超链接到本文档锚点的格式为：

&lt;a  href=" #锚名"&gt;文字&lt;/a&gt;

超链接到其他页面锚点的格式为：

&lt;a  href="跳转页面的 url#锚名"&gt;文字&lt;/a&gt;

例如：

在 welcome.htm 页面的"新手上路"位置设置锚点，HTML 代码为：

```
<a name="helpme">新手上路</a>
```

在 welcome.htm 页面的顶端设置超链接,单击跳转到"新手上路"锚点位置的 HTML 代码为:

```
<a href="#helpme">新手上路</a>
```

在 index.htm 页面设置超链接,单击跳转到 welcome.htm 页面的"新手上路"锚点位置的 HTML 代码为:

```
<a href="welcome.htm#helpme">新手上路</a>
```

## 2.1.5 表格标记

在 HTML 网页中,表格一般由<table>标记开始,以</table>标记结束。表的内容由<caption>、<tr>、<th>、<td>组成。具体格式如下:

```
<table border=value bordercolor=value width=value height=value cellspacing=value cellpadding=value align=水平对齐方式>
<caption align=水平对齐方式 valign=垂直对齐方式>标题</caption>
<tr><th>表头 1</th><th>表头 2</th><th>表头 3</th><th>表头 n</th></tr>
<tr><td>表项 1</td><td>表项 2</td><td>表项 3</td><td>表项 n</td></tr>
……
<tr><td>表项 1</td><td>表项 2</td><td>表项 3</td><td>表项 n</td></tr>
</table>
```

其中:
- border:定义表格边框线的宽度,单位为像素。若省略则表格没有边框。
- bordercolor:定义表格边框线的颜色值。
- width:定义表格的宽度,单位为像素或百分比。当单位选择百分比时,如果是非嵌套表格则是相对于浏览器窗口而言,若是嵌套表格则是相对其所在单元格的宽度,默认值是 100%,即表格宽度自动适应窗口宽度。
- height:定义表格的高度,单位为像素或百分比,单位为百分比时与 width 相同。
- cellspacing:定义单元格与单元格之间的间距,单位为像素。
- cellpadding:定义单元格内容与边框之间的间距,单位为像素。
- align:定义表格的水平对齐方式,其值可为 left、center、right。默认值为 center。
- <caption>:定义表格的标题。align 属性设置标题文字的水平对齐方式,valign 属性设置标题文字的垂直对齐方式,top 表示标题位于表格上方,bottom 表示标题位于表格下方。
- <tr>:表示插入一个表格行,其属性与<table>标记属性相似。
- <th>:表示插入一个单元格,其中文字可以居中并且加粗显示,一般用来设置表格表头。
- <td>:表示插入一个单元格,其属性与<table>标记属性相似。除此之外,<td>标记还有两个特殊属性:rowspan 和 colspan。rowspan 属性说明该单元格跨行,其值表示所跨行数。colspan 属性说明该单元格跨列,其值表示所跨列数。

【例 2-3】 在 HTML 中插入一个表格。

```html
<html>
<head>
<title>插入一个表格</title>
</head>
<body>
<table border=1px bordercolor=black width=400px  cellspacing=1px cellpadding=3px align=center>
<caption   valign=top>表格示例</caption>
<tr><td colspan=3 align=center>横向通栏示例</td></tr>
<tr><td rowspan=3>纵向通栏示例</td><th>格式单词</th><th>含义</th></tr>
<tr><td>width</td><td>宽度</td></tr>
<tr><td>height</td><td>高度</td></tr>
</table>
</body>
</html>
```

上述代码在浏览器中的运行效果如图 2-5 所示。

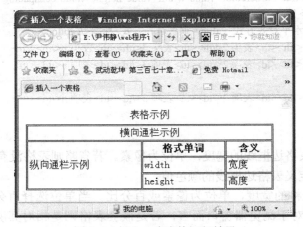

图 2-5　插入一个表格运行效果

## 2.1.6　表单与控件

表单是指网页中用于用户输入信息的区域，例如向文本框中输入文字或数字，在复选框中打勾，使用单选按钮选中一个选项，或从一个列表中选择一个选项等。按下提交按钮后，表单就被提交到网站。

表单的基本语法格式为：

&lt;form　name=表单名称 action=表单处理方式 method=发送方式 &gt;&lt;/form&gt;

其中：
- name：设置表单的名称。
- action：设置表单的处理方式，通常为一个 URL，指出处理表单数据的程序文件名（包括网络路径、网址或相对路径），也可以为一个电子邮件地址。
- method：提交表单的方法，有 GET 和 POST 两种。GET 提交方式将把数据发送到网页的 URL 地址中，属于非隐藏式提交，而且允许传送的信息量一般要低于 1K，但是传输效率好；而 POST 提交方式是将资料本身当作主体来传递，属于隐藏式提交，此方式用于传送量较大的表单，但缺点是传输速度较慢。一般注册信息用 POST，查询时使用 GET。

在 HTML 中，常用表单控件主要如下。

**1．文本框**

文本框是一种让用户自己输入内容的表单控件，通常被用来填写简短的字符，如姓名、地址等。其格式为：

　　　　＜input type=text name=名称 size=宽度 maxlength=字符数 value=初始值＞

其中：
- type=text：定义控件类型为单行文本框。
- name：定义文本框的名称，是唯一的。
- size：定义文本框的宽度，以单个字符为单位。
- maxlength：定义允许输入的最大字符数。
- value：定义文本框的初始值，为可选属性。

例如：

　　　　＜input type=text name=username size=15 maxlength=15 value=""＞

**2．密码框**

密码框是一种特殊的文本框，用于输入密码。当用户输入文字时，文字会被"*"或其他符号代替，而输入的文字会被隐藏。其格式为：

　　　　＜input type=password name=名称 size=宽度 maxlength=字符数 value=初始值＞

其中：type=password 定义控件类型为密码框，其他属性含义同文本框。例如＜input type=password name=密码＞。

**3．复选框**

复选框允许在待选项中选中一项以上的选项。每个复选框都是一个独立的元素，都必须有一个唯一的名称。其格式为：

　　　　＜input type=checkbox name=名称＞

其中：
- type= checkbox：定义控件类型为复选框。
- name：定义复选框的名称，名称唯一。

例如，定义"爱好"复选框的代码为：

　　　　＜input type=checkbox name=篮球＞ 篮球　　＜input type=checkbox name=读书＞ 读书
　　　　＜input type=checkbox name=上网＞ 上网　　＜input type=checkbox name=音乐＞ 音乐
　　　　＜input type=checkbox name=瑜伽＞ 瑜伽　　＜input type=checkbox name=网球＞ 网球

**4．单选框**

单选框是指在待选答案中只能选中一项而且必须选中一项。其格式为：

　　　　＜input type=radio name=名称 checked＞

其中：
- type=radio：定义控件类型为单选框。
- name：定义单选框的名称，单选框都是以组为单位使用的，在同一组中的单选框都必须使用同一个名称。
- checked：定义单选框的选中状态，不需要设置值。缺省则表示此单选框没有被选中。

例如，设置"性别"单选框的代码为：

&lt;input type=radio name=性别 checked&gt;男　&lt;input type=radio name=性别&gt;女

📖 在同一组单选框中必须有一个而且只能有一个单选框处于选中状态。

#### 5．文件上传控件

文件上传控件和文本框差不多，只是还包含了一个浏览按钮。用户可以通过在文本框输入或者单击浏览按钮选择需要上传的文件。其格式为：

&lt;input type=file name=名称 size=宽度 maxlength=字符数&gt;

其中：type=file 定义控件类型为文件上传控件，其他属性含义与单行文本框相同。

📖 在使用文件上传控件前，先确定服务器是否允许匿名上传文件。表单标记中必须设置enctype="multipart/form-data"来确保文件被正确编码。另外，表单的传送方式必须设置成POST。

#### 6．提交按钮

提交按钮是用来将输入的信息提交到服务器。其代码格式为：

&lt;input type=submit name=名称 value=文字&gt;

其中：
- type=submit：定义控件类型为提交按钮。
- name：定义提交按钮的名称。
- value：定义按钮的显示文字。

例如&lt;input type=submit value="确定"&gt;。

#### 7．重置按钮

重置按钮也叫复位按钮，用来重置表单。其代码格式为：

&lt;input type=reset name=名称 value=文字&gt;

其中：type=reset 定义控件类型为重置按钮。其他属性含义与提交按钮相同。例如&lt;input type=reset value="重置"&gt;。

#### 8．一般按钮

一般按钮用来控制其他定义了处理脚本的处理工作。其代码格式为：

&lt;input type=button name=名称 value=文字&gt;

其中，type=button 定义了控件类型为一般按钮，其他属性含义与提交按钮相同。

## 9. 下拉列表框

下拉列表框允许在一个有限的空间内设置多种选项。其代码格式为：

```
<select name=名称  size=数值  multiple>
<option> 选项一
<option> 选项二
<option> 选项三
……
</select>
```

其中：

- name：定义下拉列表框的名称。
- size：定义同时显示在菜单中的选项条数，如果没有该属性，则默认为 1。
- multiple：定义是否允许用户一次选中多个选项，默认为一次只能选一项。
- \<option>可带属性 selected，表示该项已预选。

例如，选择住址的下拉列表框的代码为：

```
<select name=address>
        <option>上海
        <option selected>天津
        <option >北京
</select>
```

## 10. 多行文本框

多行文本框也是一种让用户自己输入内容的表单控件，只不过能让用户输入较长的内容。其代码格式为：

```
<textarea name=名称  rows=行数  cols=列数>… <textarea>
```

其中：

- name：定义多行文本框的名称。
- rows：定义多行文本框的行数。
- Cols：定义多行文本框的列数。

例如\<textarea   name=comment rows=5 cols=25> </textarea>。

【例 2-4】 表单与控件的使用。

```
<body>
<form  name="form1"   action=index.aspx   method=post>
<table>
<tr>
<td>姓名</td>
<td><input type=text   name=姓名  value=""></td>
</tr>
<tr>
<td>密码</td>
<td><input type=password   name=密码  value=""></td>
</tr>
```

```
<tr>
<td>你的主页</td>
<td><input type=text   name=主页  value=http://></td>
</tr>
<tr>
<td>性别</td>
<td><input type=radio name=性别  checked>男  <input type=radio name=性别>女</td>
</tr>
<tr>
<td>专业</td>
<td>
<select name=专业  size=1 >
<option>电子商务
<option>软件工程
<option>网络工程
<option>信息管理
</select>
</td>
</tr>
<tr>
<td>爱好</td>
<td>
    <input type=checkbox name=篮球 >  篮球       <input type=checkbox name=读书> 读书
    <input type=checkbox name=上网>  上网       <input type=checkbox name=音乐> 音乐
    <input type=checkbox name=瑜伽>  瑜伽       <input type=checkbox name=网球> 网球
</td>
</tr>
<tr>
<td>个人简介</td>
<td><textarea name=个人简介  rows=5 cols=25></textarea></td>
</tr>
<tr>
<td>设置头像</td>
<td><input type=file    name=头像 ></td>
</tr>
<tr>
<td></td>
<td>
    <input  type=submit  name=提交  value=提交>   <input  type=reset  name=重置  value=重置>
</td>
</tr>
</table>
</form>
</body>
```

上述 HTML 代码在浏览器中的运行效果如图 2-6 所示。

图 2-6　表单与控件使用运行效果

## 2.1.7 框架的使用

框架也可以称为窗口，其主要作用是可以把浏览器窗口切割成若干个独立的窗口，每个窗口可以显示不同的网页，使用框架最主要的目的是创建链接的结构。图 2-7 所示网易邮箱的网站就是典型的框架结构。

图 2-7　网易邮箱网站

设计网页的框架结构，使用<frameset>标记和<frame>标记。其基本结构为：

  <html>
   <head>
    <title> </title>
   </head>
   <frameset>
    <frame scr=url>
    ……
    <frame scr=url>
   </frameset>
  </html>

框架结构的出现，从根本上改变了 HTML 文档的传统结构，因此在出现<frameset>标记的页面中，将不再出现<body>标记。

**1．框架集标记<frameset>**

框架集用于定义窗口的分割方式。它是双标记，有两个常用属性：cols 和 rows，cols 值可以把页面纵向分割成若干个窗口，rows 值可以把页面横向分割成若干个窗口。分割窗口的大小由这两个属性的值来确定。

主要的分割方式有三种：纵向分割、横向分割、嵌套分割。

（1）纵向分割

```
<frameset cols="30%,70%">
    <frame>
    <frame>
</frameset>
```

上述代码的含义是：将整个窗口纵向分割成左、右两个子窗口，其中左边的窗口占整个窗口宽度的 30%，右边的窗口占整个窗口宽度的 70%。

（2）横向分割

```
<frameset rows="100,*,* ">
    <frame>
    <frame>
    <frame>
</frameset>
```

上述代码的含义是：将整个窗口横向分割成上、中、下三个子窗口，其中上面的窗口的高度为 100px，中间和下面的窗口平均分配 100px 以外的高度。

（3）嵌套分割

```
<frameset rows="15%,70%,15%">
    <frame>
    <frameset cols="200,*">
        <frame>
        <frame>
    </frameset>
    <frame>
</frameset>
```

上述代码的含义是：先将整个窗口横向分割成上、中、下三个子窗口，所占高度分别为整个窗口的 15%、70%和 15%。同时将中间的子窗口纵向分割成左、右两个子窗口，左面的子窗口宽度为 200px，右面的子窗口占 200px 以外的宽度。运行效果如图 2-8 所示。

图 2-8　嵌套分割运行效果

**2．框架标记<frame>**

框架标记是单标记，用来指定在每一个窗口中要打开的文件。把页面分割成窗口后，若没有使用<frame>，则窗口显示为空。<frame>常和<frameset>配合使用。其代码格式为：

   <frame src=文件名　name=窗口名称 scrolling="[OPTION]"　noresize>

其中：
- src：定义在窗口中打开的文件名。
- name：定义窗口的名称。
- scrolling：定义窗口是否设有滚动条，可以取值：yes/no/auto，默认为 auto。
- noresize 属性：是一个标志，没有取值，设定了该属性，则窗口不能调整大小，默认为可以自行调整窗口大小。

除了上述常用属性外，还有一些用于设置框架外观的属性，主要属性如下。
- frameborder：用来设置框架边框是否显示，yes 表示显示边框，no 表示不显示边框。
- marginwidth：用来设置各窗口的左右边界宽度。
- marginheight：用来设置各窗口的上下边界宽度。
- bordercolor：是框架集标记的一个属性，用来设置框架边框的颜色。
- framespacing：也是框架集标记的一个属性，用来设置各窗口间空白区域的大小。

由 frame 分割出来的几个窗口的内容并不是静止不变的，往往一个窗口的内容随着另一个窗口的要求而不断变化，若要在多窗口中相互操作，要用到<a>标记和 target 属性。

【例 2-5】　在主页中使用嵌套分割，将页面分成四个子窗口，分别显示不同的页面内容，单击"left"子窗口中的链接，链接的页面会在"right"子窗口中显示出来。

主页中的 HTML 代码为：

```
<frameset rows="15%,70%,15%">
<frame src=top.htm>
<frameset cols="200,*">
<frame src=lianjie.html name=left>
<frame name=right>
</frameset>
<frame src=bottom.htm>
</frameset>
```

lianjie.html 文件中的代码为：

```
<body bgcolor=cyan>
<a href="http://www.synu.edu.cn"　target="right">沈阳师范大学</a><br>
<a href="http://www.jlu.edu.cn"　target="right">吉林大学　</a><br>
<a href="http://www.pku.edu.cn"　target="right">北京大学</a>
<body>
```

top.htm 文件中的代码为：

```
<body bgcolor=lime>
<font size=7 face=楷体_GB2312 color=fuchsia>欢迎光临</font>
<body>
```

bottom.htm 文件中的代码为：

```
<body bgcolor=silver text=red>
<i>谢谢光临</i>
</body>
```

主页在浏览器中的运行效果如图 2-9 所示。

图 2-9  框架与链接运行效果

### 3．不支持框架标记<noframe>

早期版本的浏览器不支持框架结构，使用<noframe> 标记可以使当浏览器不能加载框架时，会显示 noframe 标记中的内容。例如：

    <framset cols="20%,*">
    <frame src="a.html" scrolling="NO">
    <frame src="b.html" scrolling="AUTO">
    <noframe>
    对不起！您的浏览器不支持框架页面显示！！
    </noframe>
    </framset>

### 4．浮动框架<iframe>

浮动框架，又叫浮动窗口，可以用它将一个 HTML 文档嵌入在一个 HTML 中显示。如同"画中画"电视一样。其格式为：

    <iframe src="URL" width="x" height="y" scrolling="[OPTION]" name=窗口名称></iframe>

其中：
- src：定义文件的路径，既可是 HTML 文件，也可以是文本、ASP 等。
- width：定义浮动框架区域的宽度。
- height：定义浮动框架区域的高度。
- scrolling：定义是否显示滚动条，取值为 yes、no 或者 auto。
- name：定义框架的名字，用来进行识别。

例如，将 HTML 文档 shi.htm 在另一个 HTML 文档 index.htm 中显示出来。
首先创建 shi.htm 页面的代码：

```
<html>
    <head>
        <title>静夜思</title>
    </head>
    <body bgcolor="Lime">
        <h3 align="center">静夜思</h3>
        <p align="center">床前明月光，疑是地上霜。    <br>举头望明月，低头思故乡。</p>
    </body>
</html>
```

运行效果如图 2-10 所示。

然后创建 index.htm 页面的代码：

```
<html>
<head>
<title>浮动窗口</title>
</head>
<iframe src="shi.htm">
</iframe>
</html>
```

运行效果如图 2-11 所示。

图 2-10   shi.htm 页面运行效果

图 2-11   index.htm 页面运行效果

## 2.2  JavaScript

JavaScript 是由 Netscape 公司开发并随 Navigator 导航者一起发布的，介于 Java 与 HTML 之间，基于对象事件驱动的编程语言，它可以让静态的 HTML 网页实现动态的效果，常用来实现表单验证、创建 cookies、记录用户状态等功能。

### 2.2.1  JavaScript 概述

**1．JavaScript 的特点**

（1）JavaScript 是一种脚本编写语言

JavaScript 是一种脚本语言，它采用小程序段的方式实现编程。同时它也是一种解释性语言，提供简单的开发过程。在执行时，不需要先编译，而是在程序的运行过程中被逐行解释，实现解释功能的解释器就是常用的浏览器。

（2）JavaScript 是一种基于对象和事件驱动的程序语言

在编写 JavaScript 时会接触到大量的对象及对象的方法和属性，JavaScript 内置的这些对象为 JavaScript 编程带来了极大的便利。可以说学习 JavaScript 的过程就是学习和了解 JavaScript 对象及其方法和属性的过程。JavaScript 可以捕捉多用户在浏览器中的操作，将原来静态的 HTML 网页变成可以和用户交互的动态网页。

（3）JavaScript 语法简单，结构松散

JavaScript 是一种基于 Java 基本语句和控制流之上的简单而紧凑的设计，而且它的变量类型采用弱类型，并未使用严格的数据类型。

（4）JavaScript 是一种具有安全性能的脚本语言

JavaScript 不允许访问本地硬盘，不能将数据存储在客户机和服务器上，不允许对网络文档进行修改和删除，只能通过浏览器实现信息浏览或动态交互，从而有效地防止数据丢失。

（5）JavaScript 具有跨平台性

JavaScript 依赖于浏览器本身，与操作环境无关，只要能运行浏览器的计算机，并支持 JavaScript 的浏览器就可正确执行。从而实现了"编写一次，走遍天下"的梦想。

**2．JavaScript 与 Java 的区别**

JavaScript 与 Java 是两个公司开发的不同产品。Java 是 SUN 公司推出的新一代面向对象的程序设计语言，特别适合于 Internet 应用程序开发；JavaScript 是 Netscape 公司为了扩展 Netscape Navigator 功能而开发的，是一种可以嵌入 Web 页面中的基于对象和事件驱动的解释性语言，最初名为 LiveScript。在发布 Navigator2.0 时，为了向当时十分流行的 Java 靠拢而改名为 JavaScript。事实上，JavaScript 和 Java 除了在语法方面有点类似之外，几乎没有相同之处。主要区别体现在以下几个方面。

1）Java 是一种真正面向对象的编程语言，无论开发程序如何简单，都必须设计对象；而 JavaScript 是一种基于对象和事件驱动的脚本语言，它本身提供大量的内部对象供设计人员使用。

2）Java 是传统的编程语言，其源代码在执行之前必须经过编译，因此客户端必须安装有相应平台的仿真器或解释器；而 JavaScript 是一种解释性编程语言，其源代码在执行之前不需要经过编译，而是直接由客户端的浏览器解释执行。

3）Java 采用强类型变量检查，即所有变量在编译之前必须先做声明；而 JavaScript 中的变量声明采用弱变量类型，即变量在使用前不需要声明，而是解释器在运行时检查其数据类型。

4）Java 不能直接嵌入到网页中运行，只能编写出一个名为 applet 的文件，该文件独立于 HTML 文件并由 HTML 调用；JavaScript 可以直接嵌入到 HTML 文档中，并且可以动态装载。

5）Java 多用于服务器端，JavaScript 多用于客户端。

6）JavaScript 与 Java 的语法结构不同。

**3．JavaScript 的作用**

JavaScript 可以弥补 HTML 语言的缺陷，可以制作出多种网页特效，其作用主要有：

1）HTML 语言是一种标记性语言，没有语法，不具有编程能力，不能实现动态效果。而 JavaScript 正好可以弥补 HTML 的缺陷，实现动态网页的设计。

2）JavaScript 可以读取甚至改变 HTML 元素的内容，因此 JavaScript 可以在网页中动态添加 HTML 控件。

3）JavaScript 可以影响用户或浏览器产生的事件，只有事件产生时才会执行某段 JavaScript 代码。

4）JavaScript 可以验证表单中的数据。只有用户填写的表单完全正确才将数据提交到服务器上，从而减小服务器的负担和网络带宽的压力。

5）JavaScript 可以检测用户的浏览器情况，根据不同的浏览器载入不同的网页。

6）JavaScript 可以创建和读取 cookies。

## 2.2.2 在网页中使用 JavaScript

要在 HTML 网页中使用脚本语句，最简单的方法就是使用<script></script>标记。<script>标记是一个通用标记，它表明包含的语句是作为可执行的脚本来解释的，而不是可显示的 HTML 文本，该标记可以容纳浏览器支持的任何脚本语言。其基本格式为：

```
<script language=脚本语言>
<!--
javascript 语句；
//-->
</script>
```

其中：

- language：用来指定包含文档中使用的脚本编写语言。如果使用 JavaScript 脚本语言，可以设置 language=JavaScript。
- <!—>：为了防止不支持 JavaScript 的浏览器把脚本作为页面的内容来显示，可以使用这个注释标记。一般可以省略，因为现在的浏览器基本都支持 JavaScript。
- //--：JavaScript 的注释符号，它会阻止 JavaScript 编译器对这一行的编译。

  HTML4.0 不支持<script>标记的 language 属性，而推荐使用 typt 属性来代替它，type 属性能为标记内容指定 MIME 类型。只有 IE5 以上和 NN6 以上浏览器能识别这个属性，可以将该属性设置为 type="text/javascript"；但是 JavaScript 版本不使用这种方法，因此，可在<script>标记中同时指定 language 和 type 属性。

根据脚本语句在 HTML 中出现的位置，可以分为三种情况。

### 1．放在<body></body>标记之间

将脚本语句放在 body 部分，当页面载入时，就会执行其中的 JavaScript。例如：

```
<html>
<head>
<title>放在 body 部分的 javaScript</title>
</head>
<body>
<script language=javascript>
document.write("页面加载时输出");
</script>
</body>
</html>
```

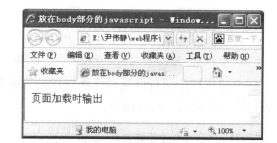

图 2-12　放在 body 部分的 javascript

上述代码的运行结果如图 2-12 所示。

### 2．放在<head></head>标记之间

有些情况下，不希望页面载入时即运行脚本代码，此时可以将脚本语句放置在 head 部分，当在 body 部分调用时再执行相应语句。例如：

```
<html>
```

```html
<head>
<title>放在 head 部分的 javaScript</title>
<script language=javascript>
function a(){
alert("该提示框是通过 onload 事件调用的。");
}
</script>
</head>
<body onload="a()">
</body>
</html>
```

上述代码运行结果如图 2-13 所示。

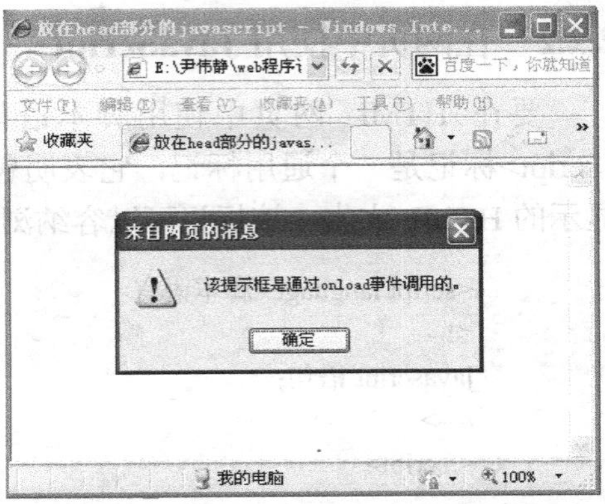

图 2-13 放在 head 部分的 javascript

如果在网页主体部分多次用到该脚本部分的函数，可以多次调用，而不必重复写代码，需要修改脚本语句的时候也只需要修改<script></script>中的内容即可。但是该脚本的使用仅局限在当前的网页中，无法应用到整个网站包含的所有网页。

**3．放在外部文件**

为了解决上面的问题，同时又不希望在每个网页都写相同的脚本，可以将 JavaScript 写入一个外部文件中，以.js 为扩展名保存这个文件，然后把.js 文件指定给<script>标记中的 src 属性，就可以使用这个外部文件了。

使用这种方法，上例页面代码可以修改为：

```html
<html>
<head>
<title>放在 head 部分的 javaScript</title>
<script language=javascript src=example.js>
</script>
</head>
<body onload="a()">
</body>
</html>
```

example.js 文件的代码为：

```
function a(){
alert("该提示框是通过 onload 事件调用的。");}
```

上述代码的运行结果与上例运行结果完全相同。显然，使用这种方法可以将 JavaScript 语句应用到更为广泛的范围。

> 外部文件中不能包含<script>标记。

## 2.2.3 浏览器对象

JavaScript 除了可以访问本身内置的各种对象外，还可以访问浏览器提供的对象，通过对这些对象的访问，可以得到当前网页以及浏览器本身的一些信息，并能完成有关操作。

### 1. window 对象

window 对象代表打开的浏览器窗口,是 Web 浏览器所有内容的主容器,它处于整个对象链结构的最高层。只要浏览器窗口是打开的,即使窗口中没有载入文档,window 对象都存在于内存的当前模型中。另外因为 window 对象是其他对象的父对象,所以在调用 window 对象的方法和属性时,可以省略 window 对象的引用。

通过 window 对象可以控制窗口的大小和位置、有窗口弹出的对话框、打开与关闭窗口,还可以控制窗口上是否显示地址栏、工具栏和状态栏等栏目,对于窗口中的内容,window 对象可以控制是否重载网页、返回上一个文档或前进到下一个文档。

window 对象的属性和方法有很多,常用的属性和方法有以下几种。

(1) status 属性

status 属性用来显示当前窗口状态栏中的信息。例如:

```
<script language="javascript">
    window.status="小店开张啦!欢迎光临!";
</script>
```

(2) open()方法

使用脚本并不能创建主窗口,但是主窗口一旦打开,就可以使用脚本创建任意多个自定义样式的子窗口。使用 JavaScript 创建新窗口的方法是 open()方法,基本格式为:

```
var newwin=window.open(url,windowname,paralist)
```

其中:

newwin:新创建的窗口对象。
url:新窗口中打开的页面的地址。
windowname:新窗口的名称。
paralist:是一个可选项,用来定义新窗口的外观样式,主要参数如表 2-3 所示。

表 2-3 paralist 属性的主要参数

| 参 数 名 | 说 明 |
| --- | --- |
| width | 指定以像素为单位的窗口宽度 |
| height | 指定以像素为单位的窗口高度 |
| top | 窗口距离屏幕顶端的像素值 |
| left | 窗口距离屏幕左端的像素值 |
| toolbar | 指定窗口是否显示标准工具栏,设置为 no 不显示,yes 显示 |
| menubar | 指定窗口是否显示菜单栏,设置为 no 不显示,yes 显示 |
| directories | 指定窗口是否显示目录按钮 |
| scrollbars | 指定当网页文档大于窗口时,是否显示滚动条 |
| resizable | 指定窗口运行时是否可以改变大小 |
| location | 指定窗口是否显示地址栏 |
| status | 指定窗口是否显示状态栏 |
| fullscreen | 指定窗口是否全屏显示,设置为 yes 全屏显示 |

例如，当用户单击主窗口中的超链接时，在主窗口创建一个自定义样式的新窗口，并在新窗口打开指定的页面。代码为：

```
<html>
<head>
<title>在新窗口打开链接</title>
<script language="javascript">
    function openwin(url)  {
    var   newwin=window.open(url,"mywin","toolbar=no,directories=no,menubar=no,scrollbars=yes,resizable=no,width=500,height=360");
        newwin.focus();
        return(newwin);
        }
</script>
</head>
<body>
<a href=# onClick="JavaScript:openwin('http://www.baidu.com')">百度</a>
</body>
</html>
```

单击主窗口中的超链接，会再创建一个新的窗口，并在新窗口中打开百度的首页。运行效果如图 2-14 所示。

图 2-14　在新窗口打开链接运行效果

（3）close()方法

close()方法的功能是关闭窗口。例如，`<a href=# onClick="JavaScript:self.close()">关闭</a>`。

（4）alert()方法

前面已经使用过 alert()方法，该方法可以生成一个对话框，在对话框中显示传给参数的文本，并附以一个确定按钮（此控件不能改变）让用户关闭该对话框。该方法没有返回值。

例如，当用户没有输入用户名而直接登录时，会弹出"用户名不能为空！"的警告对话框，代码为：

```
<script language="JavaScript">
    if（document.login.username.value=""）
    {   window.alert("用户名不能为空！"); }
</script>
```

其中 window.alert()中的 window 可以省略，直接写为 alert("用户名不能为空!")。运行效果如图 2-15 所示。

图 2-15　警告对话框

（5）confirm()方法

confirm()方法也可以生成一个对话框，该对话框上有两个按钮，称为确认对话框。confirm()方法有一个 bool 类型的返回值：当用户单击"确定"按钮时返回值为 true，单击"取消"按钮时返回值为 false。可以使用这个方法及用户的选择，决定脚本如何继续进行。

例如，页面载入时，弹出一个确认对话框，询问用户是否继续，如果用户选择"是"，那么弹出一个警告对话框，告诉用户"你选择继续"，否则告诉用户"你选择退出"。代码如下：

```
<script language="javascript">
  if(confirm("你希望继续吗？"))
     alert("你选择继续！");
  else
     alert("你选择退出！");
</script>
```

运行效果如图 2-16 所示。

图 2-16　确认对话框

（6）prompt()方法

prompt()方法可以生成提示对话框，它显示预先设置的文本信息，并且提供一个文本域供用户输入应答。另外还包括"确认"和"取消"两个按钮，允许用户做出选择：输入文本到对话框或者取消整个操作。该方法有两个参数，第一个参数是显示出来的提示信息，第二个参数是在文本框显示的信息，一般为空字符串。

prompt()方法有返回值，当用户选择"取消"按钮或者输入空字符，并单击"确定"按钮时，返回值为 false；当用户输入非空字符串，并单击"确定"按钮时，返回值为用户在文本域输入的文本。

例如，当页面载入时，弹出一个提示对话框，询问用户的姓名，当用户输入姓名单击"确定"按钮后弹出一个警告对话框。其代码为：

```
<body>
<script language="javascript">
  var answer=prompt("请输入你的姓名：");
if(answer)
    alert("欢迎"+answer+"光临本站!");
</script>
</body>
```

页面载入时和单击"确定"按钮后运行效果如图 2-17 和图 2-18 所示。

（7）settimeout()和 cleartimeout()方法

settimeout()方法的功能是创建定时器，并在指定的毫秒后，自动调用指定的语句。其基本格式为：

  settimeout（表达式，延时时间）

图 2-17 页面载入时效果

图 2-18 单击"确定"按钮后效果

其返回值是一个定时器。

cleartimeout()方法的功能是清除定时器。其基本格式为：

  cleartimeout（定时器的名称）

【例 2-6】 创建一个闹钟程序。

代码如下：

```
<html>
<head>
<meta http-equiv="Content-Type" content="text/html; charset=gb2312">
<title>时钟</title>
<script language="JavaScript">
var timer;
function clock()  {
    var timestr="";
    var now=new Date();
    var hours=now.getHours();
    var minutes=now.getMinutes();
    var seconds=now.getSeconds();
    timestr+=hours;
    timestr+=((minutes<10)? ":0" : ":")+minutes;
    timestr+=((seconds<10)? ":0" : ":")+seconds;
    window.document.frmclock.txttime.value=timestr;
    if (window.document.frmclock.settime.value==timestr) {
        window.alert("起床啦！");    }
    timer=setTimeout('clock()',1000);
    timer=setTimeout('clock()',1000);           //设置定时器
}
function stopit()
  {clearTimeout(timer);}
</script>
</head>
<body>
<form action="" method="post" name="frmclock" id="frmclock">
  <p>
    当前时间：
```

```
            <input name="txttime" type="text" id="txttime">
        </p>
    <p>设定闹钟:
            <input name="settime" type="text" id="settime">
        </p>
        <p>
            <input type="button" name="Submit" value="启动时钟" onclick="clock()">
            <input type="button" name="Submit2" value="停止时钟" onclick="stopit()">
        </p>
    </form>
</body>
</html>
```

页面载入时，文本框内为空，可在"设定闹钟"文本框设定闹钟的时间，单击"启动时钟"按钮，"txttime"文本框内会显示当前的时间，当当前时间与"设定闹钟"文本框设置的闹钟时间相等时，会弹出警告对话框，当单击"停止时钟"按钮时，时钟会停止在这一刻。运行效果如图 2-19 和图 2-20 所示。

图 2-19  启动时钟

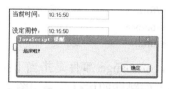

图 2-20  闹钟提醒

**2．location 对象**

location 对象描述的是当前打开窗口对象或者特定框架的地址。一个多框架窗口对象在 location 属性显示的是父窗口的地址，同时，每个框架也有一个与之相伴的 location 对象。

location 对象的属性都是可读写属性，可以通过修改 location 对象的属性来加载另一个文档。location 对象的常用属性如表 2-4 所示。

表 2-4  location 对象的常用属性

| 属 性 名 | 说　　明 |
| --- | --- |
| host | 设置或检索位置或者 URL 的主机名和端口号 |
| port | 设置或检索当前文档的端口 |
| protocol | 设置或检索当前文档使用的协议 |
| search | 设置或检索当前文档的参数（查询部分），包括分隔符"？" |
| pathname | 设置或检索当前文档的路径，包括虚拟目录和文件名 |
| hash | 设置或检索当前文档的锚，包括分隔符"#" |
| hostname | 设置或检索位置或者 URL 的主机名部分 |
| href | 设置或检索完整的 URL 字符串 |

例如，大部分网站的首页中都有友情链接功能，此功能可通过 location 对象的 href 属性来实现，代码如下：

```
<html>
```

```
<head>
<title>友情链接</title>
<script language="JavaScript">
function frilink(){
location.href=document.form1.friend.value;
}
</script>
</head>
<body>
<form name="form1">
<select name="friend" onchange="frilink()">
<option>--友情链接--</option>
<option value="http://www.synu.edu.cn">沈阳师范大学</option>
<option value="http://www.pku.edu.cn">北京大学</option>
<option value="http://www.jlu.edu.cn">吉林大学</option>
<option value="http://www.tsinghua.edu.cn">清华大学</option>
</select>
</form>
</body>
</html>
```

其中，onchange 事件是指当下拉列表框的选项发生变化时要执行的事件。页面载入和进行选择后页面跳转的运行效果如图 2-21 和图 2-22 所示。

location 对象的常用方法如表 2-5 所示。

图 2-21　友情链接-页面载入

图 2-22　友情链接-页面跳转

表 2-5　location 对象的常用方法

| 方 法 名 | 说　　明 |
| --- | --- |
| assign("url") | 加载 URL 指定的新的 HTML 文档 |
| reload() | 刷新当前文档 |
| replace("url") | 通过加载 URL 指定的文档来替换当前文档 |

### 3．document 对象

document 对象代表浏览器窗口中装载的是整个 HTML 文档，包含从<head>到</body>的内容，被用来访问一个页面上的所有元素。该对象是 window 对象的一个属性，在引用时可以省略 window，在程序中直接引用 document 对象。

document 对象的常用属性如表 2-6 所示。

表 2-6  document 对象的常用属性

| 属 性 名 | 说　　明 |
| --- | --- |
| alinkColor | 设置或检索文档中所有活动链接的颜色 |
| vlinkColor | 设置或检索用户访问过的链接的颜色 |
| linkColor | 设置或检索文档链接的颜色 |
| bgColor | 设置或检索 document 对象的背景颜色 |
| fgColor | 设置或检索文档中文本的默认前景色颜色 |
| body | 指定文档正文的开始和结束 |
| title | 文档的标题 |
| cookie | 设置或返回 cookie 字符串 |
| location | 包含关于当前 URL 的信息 |
| url | 设置或检索当前文档的 URL |
| forms | 文档中的表单元素 |

例如，当鼠标滑过文字时，改变文档的背景颜色。

```
<html>
<head>
<title>改变文档的背景颜色</title>
<script language="javascript">
function change(color){
document.body.bgColor=color;
}
</script>
</head>
<body>
<h1>看我七十二变</h1>
<font size=5>
<span onmouseover="change('red')">变红色</span><br>
<span onmouseover="change('green')">变绿色</span><br>
<span onmouseover="change('gray')">变灰色</span><br>
<span onmouseover="change('blue')">变蓝色</span><br>
<span onmouseover="change('olive')">变橄榄色</span>
</font>
</body>
</html>
```

其中，onmouseover 是鼠标悬停事件，当鼠标经过"变绿色"文字区域的运行效果如图 2-23 所示。

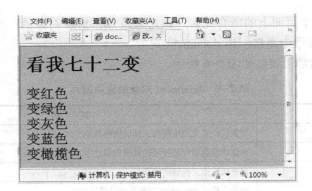

图 2-23 变绿色运行效果

document 对象的常用方法如表 2-7 所示。

表 2-7 document 对象的常用方法

| 方 法 名 | 说 明 |
| --- | --- |
| clear() | 清除当前文档的内容 |
| close() | 关闭输出流并强制显示发送的数据 |
| open() | 打开一个文档以收集 write()方法或 writeln()方法的输出 |
| write("text") | 向指定的窗口中的文档写入一个或多个 HTML 语句 |

下列代码演示了 document.write()方法的使用。

```
<html>
<head>
<title>document 对象的 write 方法示例</title>
</head>
<body>
<script language="javascript">
document.writeln('<center><h1>学院通知</h1></center>');
document.writeln('<p align="left">院班子成员、副高职以上教师：</p>');
document.write('<p>今天下午 14:00 在国际商学院二楼报告厅开会，内容是：基层单位领导干部聘任（任命）。</p>');
document.write('<p>下午 1:45 在学院 1 楼大厅集合。</p>');
document.write('<p align="right"><a href="javascript:self.close();">关闭窗口</a></p>');
document.close();
</script>
</body>
</html>
```

运行效果如图 2-24 所示。当单击"关闭窗口"超链接时，会弹出提示框，询问用户是否关闭当前窗口，选择"是"会关闭当前窗口。

### 4．history 对象

history 对象提供了与历史清单有关的信

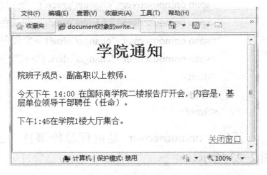

图 2-24 document 对象的 write 方法示例

息，包含最近访问过的 10 个网页的 URL。

history 对象的常用属性如表 2-8 所示。

表 2-8 history 对象的常用属性

| 方 法 名 | 说 明 |
|---|---|
| Length | 返回浏览器历史列表中的 URL 数量 |
| Current | 返回窗口中当前文档的 URL |
| Next | 返回历史列表中的下一个文档的 URL |
| provious | 返回历史列表中的上一个文档的 URL |

history 对象的常用方法主要如下。

（1）back()方法

该方法的功能是在浏览器中显示上一页，相当于 go(-1)方法。

（2）forward()方法

该方法的功能是在浏览器中显示下一页，相当于 go(1)方法。

（3）go(int)方法

该方法的功能是在浏览器中载入从当前算起的第 int 个页面。如果 int 为负数表示往回，等价于浏览器中的"后退"。例如：

&lt;body&gt;
&lt;a href=#　onClick="Javascript:window.history.go(-1)"&gt;该网页是跳转后的页面,请按此处回到上一个页面!&lt;/a&gt;
&lt;/body&gt;

此代码也可以改为使用 back()方法，效果与之相同。

&lt;body&gt;
&lt;a href=#　onClick="Javascript:window.history.back()"&gt;该网页是跳转后的页面,请按此处回到上一个页面!&lt;/a&gt;
&lt;/body&gt;

**5．external 对象**

该对象有一个常用的方法，即 addfavorite()方法，使用该方法，可以实现将指定的网页添加到收藏夹中。其格式为：window.external.addfavorite("URL", "title")，该方法包含两个参数：要收藏网页的网址和在收藏夹中的显示标题。

例如，单击超链接把当前页面收藏到收藏夹的代码如下：

&lt;body&gt;
这是一个值得珍藏的网页！&lt;a href=# onclick="javascript:window.external.addfavorite('http://soft.synu.edu.cn','沈阳师范大学软件学院')"&gt;单击珍藏&lt;/a&gt;
&lt;/body&gt;

## 2.2.4 JavaScript 在前端的应用

本节通过几个实例介绍 JavaScript 在前端的主要应用。

**1．实现网页的特效**

HTML 语言是一种标记性语言，不具有编程能力，创建的网页都是静态页面，不能实现动态效果，使用 JavaScript 可以弥补 HTML 的不足，在静态网页中实现动态效果。接下来介绍两个由 JavaScript 实现网页特效的例子。

【例 2-7】 鼠标跟随特效。

代码如下：

```
<html>
<head>
<meta http-equiv="Content-Type" content="text/html; charset=utf-8">
<title>跟随鼠标的文字</title>
<style type="text/css">
.spanstyle
{
position: absolute;
visibility: visible;
top: -50px;
font-size: 9pt;
color: #FF6600;
font-weight: bold;
}
</style>
<script language="javascript">
//设定参数
var x, y; //鼠标当前在页面上的位置
var step = 20; //字符显示间距，为了好看，step=0 则字符显示没有间距，视觉效果差
var flag = 0;
var message = "javascript 跟随鼠标的文字."; //跟随鼠标要显示的字符串
message= message.split(""); //分割字符串
var xpos = new Array();
for(i=0; i<=message.length-1; i++) {
xpos[i] = -50;
}
var ypos = new Array(); //分割字符串
for(i=0; i<=message.length-1; i++) {
ypos[i] = -50;
}
function handlerMM(e) { //函数:得到当前鼠标在页面中的位置
x = (document.layers) ? e.pageX : document.body.scrollLeft + event.clientX;
y = (document.layers) ? e.pageY : document.body.scrollTop + event.clientY;
flag = 1;
}
function makesnake() { //函数: 产生跟随时候的一种效果
if(flag == 1 && document.all) {
for(i=message.length-1; i>=1; i--) {
xpos[i] = xpos[i-1] + step; //从尾向头确定字符的位置，每个字符为前一个字符的历史水平坐标
```

```
                +step 间隔
        ypos[i] = ypos[i-1]; //垂直坐标为前一个字符的历史垂直坐标
    }
    xpos[0] = x + step;
    ypos[0] = y;
    for(i=0; i<message.length-1; i++) { //动态生成显示每个字符 span 标记
        var thisspan = eval("span" + (i) + ".style");
        thisspan.posLeft = xpos[i];
        thisspan.posTop = ypos[i];
    }
    } else if (flag == 1 && document.layers) {
        for(i=message.length-1; i>=1; i--) {
            xpos[i] = xpos[i-1] + step;
            ypos[i] = ypos[i-1];
        }
        xpos[0] = x + step;
        ypos[0] = y;
        for(i=0; i<message.length-1; i++) {
            var thisspan = eval("document.span" + i);
            thisspan.left = xpos[i];
            thisspan.top = ypos[i];
        }
    }
    var timer = setTimeout("makesnake()", 30); //使用 setTimeout 延时执行 makesnake 函数
}
</script>
</head>
<body onload="makesnake()">
<center>
<h1>跟随鼠标的文字</h1>
<hr>
<br>
<script language="javascript">
for(i=0; i<=message.length-1; i++) { //创建跟随文字的各个标签
//使用 span 来标记字符,是为了方便使用 CSS,并可以自由地绝对定位
    document.write("<span id='span" + i + "'class='spanstyle'>");
    document.write(message[i]);
    document.write("</span>");
}
if(document.layers) {
    document.captureEvents(Event.MOUSEMOVE);
}
document.onmousemove = handlerMM; //给 document 对象的 onmousemove 事件赋上 handlerMM 函数
</script>
</center>
</body>
</html>
```

本例代码主要使用了 setTimeout 函数、clearTimeout 函数和鼠标的 onMouseMove 事件。前两个函数在前面章节已做介绍，这里重点分析鼠标的 onMouseMove 事件：当鼠标移动到页面的标签时，onMouseMove 事件会被触发，调用 handlerMM 函数。在 handlerMM 函数中，设置当前文字的 X 坐标和 Y 坐标，然后将其与鼠标位置坐标绑定。通过 makesnake 函数产生一种文字跟随鼠标的波动特效。

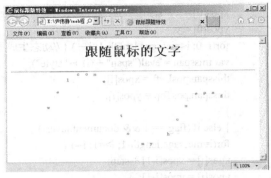

图 2-25　鼠标跟随特效

运行该程序时，页面出现一串跟随在鼠标后面的文字，当鼠标移动时，文字跟随鼠标移动并带有波动效果，如图 2-25 所示。

【例 2-8】　垂直滚动链接。

在一个网页中有很多超链接时，可以考虑用滚动链接的方式，既可以少占用页面的位置又动感美观。本节给出一个使用 JavaScript 实现滚动链接的例子，代码如下：

```
<html>
<body>
<div id="templayer" style="position:absolute;z-index:1;visibility:hidden"></div>
<font size=5 color=blue face=楷体_GB2312>学院新闻</font><br><br>
<div id="marquees">
<font size=3><a href=#>软件学院第三个诚信月成功启动</a></font><br><br>
<font size=3><a href=#>软件学院"我与诚信"主题演讲比赛圆满落幕</a></font><br><br>
<font size=3><a href=#>"营在沈师，赢在未来"就业创业规划大赛圆满落幕</a></font><br><br>
<font size=3><a href=#>校企合作谋互惠 协同创新求共赢</a></font><br><br>
<font size=3><a href=#>[转]沈师"独腿男孩"乐观开启新学期</a></font><br><br>
<font size=3><b><a href=#>软件很美，你一定会爱上它</a></b></font><br><br>
</div>
<script language="javascript">
marqueesHeight=120;
stopscroll=false;
preTop=0;
currentTop=0;
function init(){
with(marquees){
style.height=marqueesHeight;
style.overflowX="visible";
style.overflowY="hidden";
noWrap=true;
onmouseover=new Function("stopscroll=true");
onmouseout=new Function("stopscroll=false");
}
templayer.innerHTML="";
while(templayer.offsetHeight<marqueesHeight){
```

```
        templayer.innerHTML+=marquees.innerHTML;
        }
        marquees.innerHTML=templayer.innerHTML+templayer.innerHTML;
        setInterval("scrollup()",30);
        }
        onload=init;
          function scrollup(){
        if(stopscroll==true) return;
        preTop=marquees.scrollTop;
        marquees.scrollTop+=1;
        if(preTop==marquees.scrollTop){
        marquees.scrollTop=templayer.offsetHeight-marqueesHeight;
        marquees.scrollTop+=1;
        }
        }
        </script>
        </body>
        </html>
```

运行效果如图 2-26 所示。

**2．动态地添加 HTML 控件**

使用 JavaScript 可以动态地在页面中添加或者删除 HTML 控件。

**【例 2-9】** 动态添加 HTML 控件。

代码如下：

```
        <html>
        <head>
          <title>动态添加 HTML 控件</title>
         <script>
             function add1()
            {
             var otxt=document.createElement("input");
             otxt.setAttribute("type","text");
             otxt.setAttribute("name","username");
             document.myform.appendChild(otxt);
            }
        function add2()
        {
            var obtn=document.createElement("input");
            obtn.type="button";
            obtn.value="确定";
            document.myform.appendChild(obtn);
        }
        function del()
        {
```

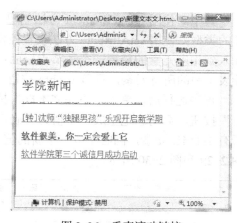

图 2-26　垂直滚动链接

```
            var obtn="<input type='button' value='提交'/>";
            document.myform.innerHTML=obtn;
        }
        </script>
    </head>
    <body>
    <form name="myform">
    <input type="button" value="添加文本框" onclick="add1()"/>
    <input type="button" value="添加按钮" onclick="add2()"/>
    <input type="button" value="删除所有" onclick="del()"/><br><br>
```
用户名：
```
    </form>
    </body>
    </html>
```

其中，使用 createElement 方法创建一个新的 HTML 控件；使用 setAttribute 方法设置控件的类型；使用 setAttribute 方法设置控件的名称；使用 appendChild 方法将新的 HTML 控件插入到相应元素的最后一个子节点后面；通过代码"document.myform.innerHTML=obtn;"可以删除表单中的所有元素，只留下 obtn 按钮。

程序运行后，单击"添加文本框"按钮，会动态地生成一个文本框控件；单击"添加按钮"按钮，会动态地生成一个值为"确定"的按钮；单击"删除所有"按钮，会删除原有的所有 HTML 元素，同时生成一个新的值为"提交"的按钮。运行效果如图 2-27、图 2-28、图 2-29 和图 2-30 所示。

图 2-27　页面载入

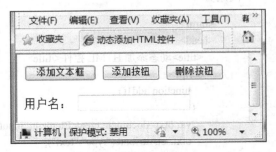

图 2-28　添加文本框

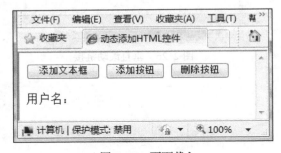

图 2-29　添加按钮

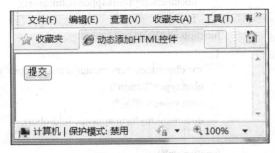

图 2-30　删除所有

### 3. 检测浏览器类型

使用 navigator 对象的属性可以检测用户浏览器的类型及版本。

【例 2-10】 根据用户浏览器的类型和版本给出不同警告。

```
<html>
<head>
<script type="text/javascript">
function detectBrowser()
{
var browser=navigator.appName;
var b_version=navigator.appVersion;
var version=parseFloat(b_version);
if ((browser=="Netscape"||browser=="Microsoft Internet Explorer")
&& (version>=4))
   {alert("你的浏览器很好!");}
else
   {alert("你该换换浏览器了!");}
   }
</script>
</head>
<body onload="detectBrowser()">
</body>
</html>
```

本例中通过 navigator 对象的 appName 属性和 appVersion 属性检测用户浏览器的名称和版本信息。如果用户的浏览器是 Netscape 浏览器或者 IE4.0 以上版本,那么提示用户他的浏览器很好,否则提示用户更换浏览器。运行效果如图 2-31 所示。

图 2-31　检测浏览器运行效果

### 4. 创建和读取 Cookie

在用户访问网站的时候,常常需要保存一些信息,例如用户信息、用户状态等。这些信息可以用 Cookie 的形式存放在客户端计算机内。使用 document 对象的 Cookie 属性创建和读取 Cookie。

【例 2-11】 创建读取 Cookie。

```
<html>
<head>
<script type="text/javascript">
function getCookie(c_name)
{if (document.cookie.length>0)
  {  c_start=document.cookie.indexOf(c_name + "=");
   if (c_start!=-1)
     {    c_start=c_start + c_name.length+1;
     c_end=document.cookie.indexOf(";",c_start);
     if (c_end==-1) c_end=document.cookie.length
     return unescape(document.cookie.substring(c_start,c_end));   }   }
return "";}
function setCookie(c_name,value,expiredays)
{var exdate=new Date();
exdate.setDate(exdate.getDate()+expiredays);
document.cookie=c_name+ "=" +escape(value)+
((expiredays==null) ? "" : ";expires="+exdate.toGMTString());}
function checkCookie()
{username=getCookie('Name');
if (username!=null && username!="")
   {alert('欢迎回来'+username+'!');}
else
   {   username=prompt('请输入你的姓名:',";")
   if (username!=null && username!="")
      {    setCookie('Name',username,1);         } }}
</script>
</head>
<body onLoad="checkCookie()">
</body>
</html>
```

用户第一次访问此网页时，运行效果如图 2-32 所示，用户输入用户名后，用户名会保存在创建的 Cookie 对象中，等用户再次访问此网页时，系统会检查本页面保存用户名的 Cookie 对象是否存在，如果存在并且在 Cookie 的有效期内，运行效果如图 2-33 所示，如果 Cookie 对象已经超出有效期则仍会返回图 2-32 所示的页面。

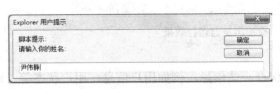

图 2-32　Cookie 对象不存在

图 2-33　Cookie 对象已存在

## 2.3 案例：使用 HTML 和 JavaScript 实现表单注册

在实际应用中，经常需要对用户在表单内输入的信息进行有效性检查，例如用户名必须填写、两次输入的密码必须一致、出生日期、邮箱等格式必须正确等。在静态页面中可以通过 JavaScript 实现这些功能，而且是在客户端验证，从而减少了服务器端的负担和网络带宽的压力。本例使用 JavaScript 验证注册页面中用户输入数据是否符合要求。

### 2.3.1 案例设计

首先使用 HTML 的表单控件创建一个注册页面，然后通过 JavaScript 设计了四个函数分别验证四个表单的用户输入是否符合要求：

- validate()函数通过表单名.value.length 的值是否等于 0，判断用户是否输入了用户名。
- check()函数通过正则表达式 "=/^[a-zA-Z]{1}([a-zA-Z0-9]|[._]){4,19}$/"，验证用户输入的密码是否为 5~20 个以字母开头并且可以包含字母、数字、"_" 和 "." 的字符组合。
- compare()函数通过比较两个表单的值是否相等来验证用户两次输入的密码是否一致。
- isEmail()函数通过正则表达式 " /^\w+((-\w+)|(\.\w+))*\@[A-Za-z0-9]+((\.|-)[A-Za-z0-9]+)*\.[A-Za-z0-9]+$/" 来验证用户输入的邮箱格式是否正确。

所有的验证都是使用 onMouseout 事件来实现的，即鼠标离开相应表单时进行验证。

### 2.3.2 案例实现

具体实现过程如下。

1）创建表单，在表单中设置表单元素。分别添加用户输入用户名、密码、确认密码和邮箱的文本框和密码框，以及两个提交和重置按钮。关键代码如下：

```
<input type="text" name="username" onMouseout= "validate()">
<input type="password" name="pwd" onMouseout= "check()">
<input type="password" name="repwd" onMouseout= "compare()">
<input type="text" name="email"onMouseout= "isEmail()">
<input type="submit" value="提交">
<input type="reset" value="重置">
```

2）在 validate()函数中验证用户名是否为空，如果为空，则弹出相应的提示对话框。关键代码如下：

```
function  validate()
{
if  (document.form1.username.value.length  ==  0)  {
alert("请输入您姓名!");
document.form1.username.focus();
return    false;
}}
```

3）在 check()函数中通过正则表达式验证密码是否为 5~20 个以字母开头并且可以包含字母、数字、"_" 和 "." 的字符组合。关键代码如下：

```
function check() {
var value=document.form1.pwd.value;
var pattern=/^[a-zA-Z]{1}([a-zA-Z0-9]|[._]){4,19}$/;
flag=pattern.test(value);
if (flag)
return true;
else
{alert("密码格式不正确！");
return false;}
}
```

4）在compare()函数中验证用户两次输入的密码是否一致。关键代码如下：

```
function  compare() {
if  (document.form1.pwd.value  !=  document.form1.repwd.value)  {
alert("您两次输入的密码不一样！请重新输入.");
document.form1.repwd.focus();
return   false;
}}
```

此函数通过比较两个密码框中的内容，即value值是否相等来判断。

5）在isEmail()函数中通过正则表达式验证用户输入的邮箱格式是否正确。关键代码如下：

```
function isEmail() {
var value=document.form1.email.value;
var pattern=/^\w+((-\w+)|(\.\w+))*\@[A-Za-z0-9]+((\.|-)[A-Za-z0-9]+)*\.[A-Za-z0-9]+$/;
flag=pattern.test(value);
if (flag)
return true;
else
{alert("邮箱格式不正确！");
return false;}
}
```

运行效果如图2-34、图2-35、图2-36和图2-37所示。

图2-34　没有输入用户名

图2-35　密码格式不正确

图 2-36 两次密码不一致

图 2-37 邮箱格式不正确

## 2.4 习题

**1. 选择题**

1）HTML 文本显示状态代码中，<SUP></SUP>表示_____。
   A．文本加注下标线　　　　B．文本加注上标线
   C．文本闪烁　　　　　　　D．文本或图片居中

2）创建最小的标题的文本标签是_____。
   A．<pre></pre>　　　　　　B．<h1></h1>
   C．<h6></h6>　　　　　　　D．<b></b>

3）设置围绕表格的边框宽度的 HTML 代码是_____。
   A．<table size=#>　　　　　B．<table border=#>
   C．<table bordersize=#>　　D．<tableborder=#>

4）HTML 代码 <a name="NAME"></a> 表示_____。
   A．创建一个超链接
   B．创建一个自动发送电子邮件的链接
   C．创建一个位于文档内部的连接点
   D．创建一个指向位于文档内部的连接点

5）HTML 代码<select name="NAME"></select>表示_____。
   A．创建表格　　　　　　　B．创建一个滚动菜单
   C．设置每个表单项的内容　D．创建一个下拉菜单

6）<frameset cols=#>是用来指定_____。
   A．混合分框　　　　　　　B．纵向分框
   C．横向分框　　　　　　　D．任意分框

7）写"Hello World"的正确 Javascript 语法是_____。
   A．document.write("Hello World")　B．"Hello World"
   C．response.write("Hello World")　D．("Hello World")

8）在 HTML 文档对象模型中，history 对象的_____用于加载历史列表中的下一

个 URL 页面。

    A．next()    B．back()    C．forward()    D．go(-1)

9）在 Javascript 浏览器对象模型中，window 对象的_____属性用来指定浏览器状态栏中显示的临时消息。

    A．status    B．screen    C．history    D．document

10）在 HTML 页面中包含一个按钮控件 mybutton，如果要实现单击该按钮时调用已定义的 Javascript 函数 compute，要编写的 HTML 代码是_____。

    A．<input name="mybutton" type="button" onBlur="compute()"value="计算">

    B．<input name="mybutton" type="button" onFocus="compute()"value="计算">

    C．<input name="mybutton" type="button" onClick="function compute()"value="计算">

    D．<input name="mybutton" type="button" onClick="compute()"value="计算">

**2．填空题**

1）要使网页的背景颜色为灰色而字体颜色为红色，其 HTML 代码为（　　　　）

2）在 HTML 中<a>标记是（　　　）标记，<b>标记是（　　　）标记

3）若要在网页中显示 $a^2+b^2=c^2$，用到 HTML 的上标标记是（　　　）。

4）表单对象的名称由（　　　）属性设定；提交方法由（　　　）属性指定；若要提交大量数据应采用（　　　）方法，表单提交后的数据处理程序由（　　　）属性指定。

5）History 对象是 JavaScript 中的一种默认对象，该对象可以用来（　　　）。

**3．程序设计题**

使用 HTML 表格标记创建如图 2-38 所示的表格。要求：表格边框为 1 像素红色，标题行的背景颜色为海蓝色，"web 程序设计"单元格的背景颜色为土黄色。

图书分类表

| 类别 | 书名 | 价格 |
|---|---|---|
| 计算机 | web程序设计 | 41 |
| | C#开发 | 29 |
| 文学 | 奋斗 | 35 |
| | | 日期：2013-03-08 |

图 2-38　图书分类表

# 第3章 样　　式

学习 CSS，首先要对 CSS 有一个整体的认识，什么是 CSS？如何编写 CSS？CSS 如何增强网页的外观效果？如何统一网站样式？等。CSS 是一种实用性工具，不能只停留在学习上，还要边学习，边实践。

本章介绍了 CSS 概念及属性，并通过实例使用户对 CSS 有进一步的了解。

## 3.1 CSS 技术

CSS 中文译为级联样式表，它是对 Web 页面显示效果进行控制的一套标准。样式就是页面显示的文字、图片等元素的格式、风格。级联样式也就是指当页面同一元素在显示时受到多种样式控制时，将按照一定的层次顺序处理。可以使用任何文本编辑软件编写 CSS 文件，编写好的文件以扩展名".css"保存。

### 3.1.1 CSS 的概念

级联样式表（Cascading Style Sheet）简称"CSS"，通常又称为风格样式表（Style Sheet），它是用来进行网页风格设计的一种计算机语言，主要用来表现 HTML 或 XML 等文件样式。比如，如果想让链接字未单击时是蓝色的，当鼠标移上去后字变成红色。可以通过设立样式表，统一地控制 HMTL 中各标志的显示属性。级联样式表可以更有效地控制网页外观，具有精确指定网页元素位置、外观以及创建特殊效果的能力。

CSS 目前最新版本为 CSS3，能够真正做到网页表现与内容分离。相对于传统 HTML 的表现而言，CSS 能够对网页中对象的位置排版进行像素级精确控制，支持几乎所有的字体字号样式，并能够进行初步交互设计，是目前基于文本展示的最优秀的表现设计语言。

CSS 扩充了 HTML 标记的属性设定，使得页面效果显示得更加丰富，表现效果更加灵活，更具有动态性。样式表为网页上的元素精确定位，可以让网页设计者轻易地控制文字、图片，把网页上的内容结构和格式控制相分离，使得网页可以只由内容构成，而将所有网页的格式控制指向某个 CSS 样式表文件。这样的优势表现在两个方面：

1）简化了网页的格式代码，同时外部的样式表还会被浏览器保存在缓存里，加快了下载显示的速度，也减少了需要上传的代码数量（因为重复设置的格式将被只保存一次）。

2）只要修改保存了网站格式的 CSS 样式表文件就可以改变整个站点的风格特色，在修改页面数量庞大的站点时，显得格外有用。避免了一个接一个网页的修改，大大减少了重复劳动的工作量。

CSS 定义的基本语法格式为：

　　选择符{规则列表}

- 选择符是指要使用该样式的对象，可以是一个或多个 HTML 标记、CLASS 选择符或 ID 选择符，如果为多个则使用逗号","进行分隔。
- 规则列表是由一个或多个属性定义语句组成的样式规则，各语句间使用分号";"进行分隔。属性定义语句的语法格式为："属性名:属性值"。例如：

```
h3{font-family:隶书;color:blue}
h2,h3{font-family:宋体;color:red }
myfont{font-size:20pt}
#myfont{font-size:20pt}
```

### 3.1.2 CSS 常用的引用方式

把样式运用到页面中有四种方式，分别是内联样式、嵌入式样式表、链入外部样式表文件和联合使用样式表（@import 导入函数）。在样式调用过程中，越接近目标的样式定义优先权越高。高优先权样式将继承低优先权样式的未重复定义，但会覆盖重复的定义。

**1．内联样式**

内联样式也就是在对象的标记内直接使用 style 属性定义样式，是最简单的样式调用方法，可以灵巧地把样式应用到各标签对象中。内联样式使用简单、显示直观，但无法完全发挥出样式表"表现与内容分离"的优势，所以在设计过程中并不常用。

其语法格式为：

```
<标记名 style="样式属性名1：属性值1；样式属性名2：属性值2；……">
```

例如下面的代码中对于同样的 p 标签属性应用不同的样式。

```
<p style="font-size:12px; color:#FF0000">显示为红色12像素的字体<p>
<p style="font-size:12px; color:#0000FF">显示为蓝色12像素的字体<p>
```

在这段代码中，如果要修改颜色就要分别修改。对于大型的网站来说，无数的 p 标签如果逐个手动修改将会占用很长时间。样式表的使用会为编程者节省很多时间。

**【例 3-1】** 内联样式表的使用。

```
<html>
<body>
<p style="color:#ff0000">这段文字将显示为红色</p>
<p style="color:#000000;background:yellow">这段文字的背景色为<i>黄色</i></p>
<p style="font-family:黑体">这段文字将以黑体显示 </p>
</body>
</html>
```

运行效果如图 3-1 所示。

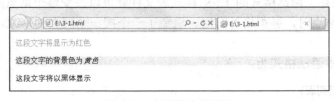

图 3-1　内联样式效果图

## 2. 嵌入式样式表

嵌入式样式表即在 HTML 文档的<head>和</head>标记之间插入一个<style>…</style>块对象。其语法格式为：

```
< head>
< style type="text/css">
<!--选择符 1, 选择符 2,……{样式属性名 1：属性值 1；样式属性名 2：属性值 2；……}
-->
</style>
</head>
```

style 的 type 属性设置为"text/css"，表示样式表采用 MIME 类型，帮助不支持 CSS 的浏览器过滤掉 CSS 代码，避免在浏览器面前直接以源代码的方式显示设置的样式表。为了保证上述情况不要发生，需要在样式表里加上注释标识符"<!--注释内容-->"。

【例 3-2】 嵌入式样式表的使用。

```
<head><title>嵌入式样式表举例</title>
<style type="text/css">
<!--
p{color:#000000;font-family:宋体;font-size:9pt}
h1{color:#ff0000;font-family:黑体}
-->
</style>
</head>
<body>
<h1>网页设计与制作</h1>
<p >CSS 可以分为三种：内联式样式表、嵌入式样式表和外部样式表。</p>
<p >它们拥有不同的优先级，优先级越高，在显示时就被越后采用。</p>
```

运行效果如图 3-2 所示。

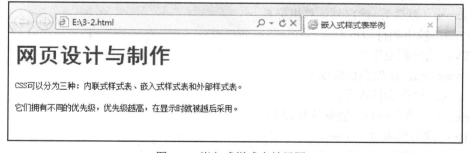

图 3-2　嵌入式样式表效果图 1

如果不想让所有 p 元素的文本都用同一种样式，可以通过将 p 元素定义为多种样式，然后对不同段落通过 class 属性应用不同的样式。运行效果如图 3-3 所示。

```
<head><title>嵌入式样式表举例</title>
    <style type="text/css">
        <!--
        p.first{color:#000000;font-family:宋体;font-size:9pt}
```

```
                p.second{color:#00ff00;font-family:宋体;font-size:10pt}
                h1{color:#ff0000;font-family:黑体}
                -->
        </style>
    </head>
    <body>
        <h1>网页设计与制作</h1>
        <p class="first">CSS 可以分为三种：内联式样式表、嵌入式样式表和外部样式表。</p>
        <p class="second">它们拥有不同的优先级，优先级越高，在显示时就被越后采用。</p>
```

图 3-3　嵌入式样式表效果图 2

### 3．链入外部样式表文件

首先，要建立单独的外部样式表文件（扩展名为.css），然后在 HTML 文档的<head>和</head>标记之间插入 link 对象，格式如下：

```
< head>
< link rel="stylesheet" href="*.css" type="text/css">
< /head>
```

*.css 是单独保存的样式表文件，其中不能包含<style>标识符，并且只能以 css 为扩展名。Media 是可选的属性，表示使用样式表的网页将用什么媒体输出。取值范围如下。

- Screen（默认）：输出到计算机屏幕。
- Print：输出到打印机。
- TV：输出到电视机。
- Projection：输出到投影仪。
- Aural：输出到扬声器。
- Braille：输出到凸字触觉感知设备。
- Tty：输出到电传打字机。
- All：输出到以上所有设备。

如果要输出到多种媒体，可以用逗号分隔取值表。

rel 属性表示样式表将以何种方式与 HTML 文档结合。取值范围如下。

- Stylesheet：指定一个外部的样式表。
- Alternate stylesheet：指定使用一个交互样式表。

若使用链入外部样式表实现图 3-3 的效果，则 mystyle.css 文件的内容如下：

```
.first{color:#000000;font-family:宋体;font-size:9pt}
```

```
.second{color:#00ff00;font-family:宋体;font-size:10pt}
h1{color:#ff0000;font-family:黑体}
```

HTML 文件内容如下：

```
…
<head>
<link  rel=stylesheet  href="mystyle.css" type="text/css">
</head>
…
```

**4．联合使用样式表（@import 导入函数）**

使用@import 联合样式表的方法和链入外部样式表的方法一致，也是在 HTML 文档的<head>和</head>标记之间插入。但这种方式可以在链接外部样式表的同时，针对该网页的具体情况，做出其他网页不需要的样式规则，比较而言更有优势。联合使用样式表是将样式文件直接加载到 import 语句处，而链入外部样式表是直接向样式文件索取样式。格式如下：

```
< head>
< style type="text/css">
< !–
@import "*.css"
其他样式表的声明
–>
< /style>
< /head>
```

📖 联合法输入样式表必须以@import 开头；如果同时输入的多个样式表产生冲突时，则按照第一个输入的样式表有效处理；如果输入的样式表和网页中的样式（内联定义）规则产生冲突时，则外部的样式表有效。

### 3.1.3 样式表的嵌套使用

由于 HTML 标记在使用中常常有嵌套情况出现，那么对于控制同一页面内容的嵌套标记，究竟哪一种样式起作用？

一般来说，内联样式表的优先级大于嵌入式样式表的优先级，嵌入式样式表的优先级又大于链入外部样式表的优先级。但是如果链入外部样式表的<link>元素位于嵌入式样式表的后面，则链入外部样式表优先级大于嵌入式样式表，即直接在页面文件中使用 HTML 标记的 style 属性定义的样式优先级最高。按照在页面文件中出现的顺序，越后出现的优先级越高，在显示时就被优先采用。ID 选择符的优先级高于 CLASS 选择符，没有被定义样式控制的内容将使用浏览器的默认样式。

**【例 3-3】** 样式表嵌套使用。

```
<head><title>样式表嵌套使用举例</title>
<link  rel=stylesheet   href="mystyle.css" type="text/css">
<style type="text/css">
<!--
p{color:#000000;font-family:宋体;font-size:9pt}
```

```
    h1{color:#ff0000;font-family:黑体}
    -->
    </style>
    </head>
    <body>
    <h1    style="color:#0000ff;">网页设计与制作</h1>
    <p >CSS 可以分为三种：内联式样式表、嵌入式样式表和外部样式表。</p>
    <p >它们拥有不同的优先级，优先级越高，在显示时就被越后采用。</p>
```

mystyle.css 内容如下：
p{color:#ff0000;font-family:黑体;font-size:10pt}
运行效果如图 3-4 所示。

图 3-4　样式表嵌套使用效果图 1

上例中链入外部样式表的<link>元素是位于嵌入式样式表的前面，如果链入外部样式表的<link>元素位于嵌入式样式表的后面，如下代码所示，则运行后的效果如图 3-5 所示。

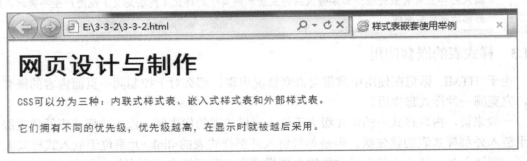

图 3-5　样式表嵌套使用效果图 2

```
    <head><title>样式表嵌套使用举例</title>
    <style type="text/css">
    <!--
    p{color:#000000;font-family:宋体;font-size:9pt}
    h1{color:#ff0000;font-family:黑体}
    -->
    </style>
    <link   rel=stylesheet    href="mystyle.css" type="text/css">
    </head>
    <body>
```

```
<h1 style="color:#0000ff;">网页设计与制作</h1>
<p >CSS 可以分为三种：内联式样式表、嵌入式样式表和外部样式表。</p>
<p >它们拥有不同的优先级，优先级越高，在显示时就被越后采用。</p>
```

### 3.1.4 CSS 属性

CSS 属性的名称是一个合法的标识符，它们是 CSS 语法中的关键字。一种属性规定了格式修饰的一方面。例如，color 是文本的颜色属性，而 text-indent 则规定了段落的缩进。对于属性的用法包括六个方面。

1）该属性的合法属性值（Legal Value）。如属性 text-indent 只能赋给一个表示长度的值，而表示背景图案的 background-image 属性则取一个表示图片位置链接的值或者是关键字 none 表示不用背景图案。

2）属性的默认值（Initial Value）。当在样式表中没有规定该属性，而且该属性不能从它的父级单位继承的时候，则浏览器认为该属性取它的默认值。

3）该属性所适用的元素（Applies to）。有的属性只适用于某些个别的元素，比如 white-space 属性就只适用于块级元素。white-space 属性可以取 normal、pre 和 nowrap 三个值。当取 normal 的时候，浏览器将忽略掉连续的空白字符，而只显示一个空白字符；当取 pre 的时候，则保留连续的空白字符；而取 nowrap 的时候，连续的空白字符被忽略，而且不自动换行。

4）该属性的值是否被下一级继承（Inherited）。

5）如果该属性能取百分值（Percentage），那么该百分值将如何解释，也就是百分值所对应的标准是什么。如 margin 属性可以取百分值，它是相对于 margin 所在元素的容器宽度。

6）该属性所属的媒介类型组（Media Groups）。如 color 属性，由于只有那些基于显示器或打印机的浏览软件才用得着该属性，所以 color 属性所属的媒介类型组就是 visual。

CSS 的基本属性主要包括背景、文本、字体、边界、边框、边距、列表和定位等属性。常见的 CSS 属性列表如表 3-1 所示。

表 3-1  CSS 属性

| CSS 属性 | 描述 | 应用示例 |
| --- | --- | --- |
| background-color<br>background-image | 指定元素背景色或背景图像 | background-color:<br>white; background-image;url(Image.jpg); |
| border | 指定元素的边框 | border:3px solid black; |
| color | 修改字体颜色 | color:Green; |
| display | 修改元素的显示方式，允许隐藏或显示它们 | display:none;<br>它使元素被隐藏，不占用任何屏幕空间 |
| float | 允许用左浮动或右浮动将元素浮动在页面上 | float:left;<br>该设定使跟着一个浮动的其他内容被放在元素的左上角 |
| font-family<br>font-size<br>font-style<br>font-weight | 修改页面上使用的字体外观 | font-family:arial;<br>font-size:18px;<br>font-style:italic;<br>font-weight:bold; |
| height<br>width | 设置页面中元素的高度或宽度 | height:100px;<br>width:200px; |
| margin<br>padding | 设置元素内部（填料）或外部（边空）的自由空间数量 | margin:20px;<br>padding:0; |
| visibility | 控制页面中的元素是否可见。不可见的元素仍然占用屏幕空间；只是看不到它们而已 | visibility:hidden;<br>这会使元素不可见 |

CSS 中有些属性属于缩写属性，即允许使用一个属性设置多个属性值。例如，background 属性是缩写属性，它可以一次设置 background-color、background-image、background-repeat、background-attachment、background-position 的属性值。在缩写属性中如果有一些值被省略，那么被省略的属性就被赋予其初始值。例如：

```
div
{
    background-color:red;
    background-image:none;
    background-repeat:repeat;
    background-repeat:0% 0%;
    background-attachment:scroll;
}
```

等价于

```
div
{
    background:red;
}
```

示例中 background-image、background-repeat、background-attachment、background-position 这四个属性设置的值都是其初始值，因此可以省略。

其他 CSS 缩写属性如：CSS font 属性，可以表示 font-style、font-variant、font-weight、font-size、font-height、font-family；CSS list-style 属性，可以表示 list-style-type、list-style-position、list-style-image；CSS border 属性，可以表示 border-width、border-style、border-color。

### 3.1.5 滤镜

从 IE4.0 开始，浏览器开始支持多媒体滤镜特效，允许使用很少的代码对文本和图片进行模糊处理，例如彩色投影、火焰效果、图片倒置、色彩渐变、产生风吹和光晕效果等。当把滤镜和渐变结合运用到脚本程序中，就可以建立一个动态交互的网页。

CSS 通过 Filter 属性使用滤镜功能，Filter 属性允许多个滤镜效果叠加。滤镜属性只能作用在 HTML 控件元素上，即在页面上定义了矩阵空间的标记。如<body>、<image>、<div>、<span>、<table>、<td>、<tr>等。这就是说，如果要将一般文字加上滤镜效果，就必须将这段文字放在上述某种标记中。

滤镜属性具有继承性，但如果一个已定位的元素嵌入到一个未定位的元素中时，其滤镜效果就会被忽略。例如，一个没有定位的<div>元素中嵌入一个带滤镜的<span>，则<span>的滤镜效果将显示不出来。此外，元素和对象如果包含<java>、<applets>、<select>、<iframe>、<option>、<p>、<h1>到<h6>、<em>、<strong>等元素时，滤镜属性也将无效。

CSS 滤镜属性的书写格式为：

filter：filtername（parameters）

filtername 是滤镜属性名，这里包括 alpha、blur、chroma 等多种属性，详细内容请见表 3-2。

表 3-2　滤镜多种属性

| 属 性 名 称 | 属 性 解 释 |
| --- | --- |
| alpha | 设置透明度 |
| blur | 设置模糊效果 |
| chroma | 设置指定颜色透明 |
| dropshadow | 设置投射阴影 |
| fliph | 水平翻转 |
| flipv | 垂直翻转 |
| glow | 为对象的外界增加光效 |
| grayscale | 设置灰度（降低图片的彩色度） |
| invert | 设置底片效果 |
| light | 设置灯光投影 |
| mask | 设置透明膜 |
| shadow | 设置阴影效果 |
| wave | 利用正弦波纹打乱图片 |
| xray | 只显示轮廓 |

上面 filter 表达式中括号内的 parameters 是表示各个滤镜属性的参数，这些参数决定了滤镜将以怎样的效果显示。下面以 5 种滤镜为例学习滤镜的使用。

**1．alpha 属性**

该属性可将标记元素与背景相混合，产生透明渐变的效果，还可以通过数值来控制透明度。alpha 属性的表达格式为：

　　filter：alpha（opacity=opacity，finishopacity=finishopacity，
　　　　style=style，startX=startX，startY=startY，finishX=finishX，finishY=finishY）

opacity 代表透明度等级，可选值 0～100，0 代表完全透明，100 代表完全不透明。style 参数指定了透明区域的形状特征，其中 0 代表统一形状，1 代表线形，2 代表放射状，3 代表长方形。

finishopacity 是一个可选项，用来设置结束时的透明度，从而达到一种渐变效果，它的值也是 0～100。startX 和 startY 代表渐变透明效果的开始坐标，finishX 和 finishY 代表渐变透明效果的结束坐标。

【例 3-4】　通过设置 CSS 滤镜中的 opacity 参数改变图片的透明度，效果如图 3-6 所示。

图 3-6　改变图片的透明度

实现上面这种效果的代码如下：

```html
<html>
    <head>
    <title>alpha</title>
      <meta http-equiv="Content-Type" content="text/html; charset=utf-8" />
    <style>/*定义 CSS 样式*/
<!-- 注：该实例仅能在 IE8.0 版本以下正常运行
div{position:absolute;left:50;top:90;width:150; }
/*定义 DIV 区域内的样式（位置为绝对定位，left、top、width 的坐标）*/
img{position:absolute;top:40;left:140;
    filter:alpha(opacity=80)}
/*定义图片的样式，绝对定位，滤镜属性是透明度为 80*//
-->
    </style>
    </head>
    <body>
    <div>
        <span style="font-size:48;font-weight:bold;color:red;">
            Beautiful
        </span><!--定义字体属性，前景色为红色-->
    </div>
    <p><img src="03-4.jpg" /> </p>
    <!--导入一张图片-->
    </body>
</html>
```

如果在上面的代码中稍做改动，则将产生另外多种效果。若只修改 img 的样式属性，把 head 中的 img 样式属性代码改为如下：

```
img{position: absolute; top: 20; left: 40; filter: alpha(opacity=0,finishopacity=100,
    style=1,startx=0,starty=85,finishx=150,finishy=85);}
/*设置透明渐变效果，起始坐标，终止渐变坐标，并设置透明样式值（style=1）为线形*/
```

这段代码产生的效果如图 3-7a 所示，图 3-7b 和图 3-7c 分别是把 alpha 中的 style 参数值设为 2 和 3 后的效果。

a)　　　　　　　　　　b)　　　　　　　　　　c)

图 3-7　不同 Style 参数的效果

a) Style=1　b) Style=2　c) Style=3

**2．blur 属性**

假如用手在一幅还没干透的油画上迅速划过，画面就会变得模糊。CSS 下的 blur 属性就会达到这种模糊的效果。

blur 属性的表达式：

filter：blur（add=add，direction，strength=strength）

blur 属性有三个参数：add、direction、strength。

add 参数有两个参数值：true 和 false，指定图片是否被改变成模糊效果。direction 参数用来设置模糊的方向，模糊效果是按照顺时针方向进行的。其中 0°代表垂直向上，每 45°为一个单位，默认值是向左的 270°。角度方向的对应关系见表 3-3。

表 3-3　角度方向对应关系

| 角度/（°） | 方　　向 |
| --- | --- |
| 0 | Top（垂直向上） |
| 45 | Top right（垂直向右） |
| 90 | Right（向右） |
| 135 | Bottom right（向下偏右） |
| 180 | Bottom（垂直向下） |
| 225 | Bottom left（向下偏左） |
| 270 | Left（向左） |
| 315 | Top left（向上偏左） |

strength 参数值只能使用整数来指定，它代表有多少像素的宽度将受到模糊影响，默认值是 5 像素。

【例 3-5】　通过 blur 属性设置页面中的字体，得出字体效果如图 3-8 所示。

```
<html>
    <head>
    <title>filter blur</title>
    <style>/*CSS 样式定义开始*/
    <!--
    div{width:200;
    filter:blur(add=true,direction=90,strength=25);}
    /*设置 DIV 样式，滤镜 blur 属性*/
      -->
    </style>
    </head>
    <body>
    <div style="width:702; height: 288">
    <p style="font-family:lucida handwirting italic;
      font-size:72;font-style:bold;color:rgb(55,72,145); ">
      LEAF</p>
    <!--定义字体名称、大小、样式、前景色-->
    </div>
```

图 3-8　模糊滤镜

        </body>
    </html>

### 3．chroma 属性

chroma 属性可以设置一个对象中指定的颜色为透明色，它的表达式如下：

  filter：chroma（color=color）

【例 3-6】 将图 3-9 中"LEAVES"字体添加 chroma 属性，使其透明。

代码如下：

```
<html>
    <head>
        <title>chrome filter</title>
        <style>
        <!--
            div{position:absolute;top:70;width:200;filter:chroma(color=green);}
            /*定义DIV范围内绿色为透明色，另外设置DIV的位置*/
            p{font-family:"Segoe Script";font-size:48px;font-weight:bold;
            color:green;} /*设置p的字体名称、大小、粗细、颜色*/
            em{font-family:Comic Sans MS;font-size:48px;
            font-weight:bold;color:rgb(255,51,153)}
            /*设置em的字体名称、大小、粗细、颜色*/
        -->
        </style>
    </head>
    <body>
        <div>
            <p>LEAVES <em>LOVE</em></p>
        </div>
    </body>
</html>
```

图 3-9　透明色原始图

通过上面代码中对 chroma 的属性设置，使绿色透明。显示效果如图 3-10 所示。

图 3-10 中绿色的 LEAVES 字体不见了，实际上它是透明了，在 IE 下单击它所在的区域，还是会显示出来，如图 3-11 所示。

图 3-10　透明色效果 　　　　　　　　　　图 3-11　选中透明色效果

### 4．dropshadow 属性

dropshadow 属性是为了添加对象的阴影效果的，实现的效果看上去就像使原来的对象离

开页面，然后在页面上显示出该对象的投影，表达式如下：

filter：dropshadow（color=color，offx=offx，offy=offy，positive=positive）

该属性一共有四个参数：color 代表投射阴影的颜色。offx 和 offy 分别表示 X 轴方向和 Y 轴方向阴影的偏移量。偏移量必须用整数值来设置，如果设置为正整数，代表阴影偏移到 X 轴的向右方向和 Y 轴的向下方向，设置为负整数则相反。positive 参数有两个值：True 为任何非透明像素建立可见的投影，False 为透明的像素部分建立可见的投影。

【例 3-7】 设置 CSS 滤镜的 dropshadow 属性使图中的文字就像是从页面上飞出来一样，并且留下一层淡淡的影子，效果如图 3-12 所示。

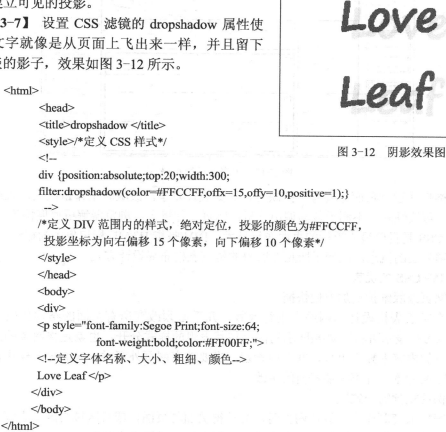

图 3-12　阴影效果图

```
<html>
  <head>
    <title>dropshadow </title>
    <style>/*定义 CSS 样式*/
    <!--
    div {position:absolute;top:20;width:300;
    filter:dropshadow(color=#FFCCFF,offx=15,offy=10,positive=1);}
    -->
    /*定义 DIV 范围内的样式，绝对定位，投影的颜色为#FFCCFF，
      投影坐标为向右偏移 15 个像素，向下偏移 10 个像素*/
    </style>
  </head>
  <body>
    <div>
      <p style="font-family:Segoe Print;font-size:64;
                font-weight:bold;color:#FF00FF;">
      <!--定义字体名称、大小、粗细、颜色-->
      Love Leaf </p>
    </div>
  </body>
</html>
```

上面介绍了一些静态滤镜的使用方法，要想做出更丰富多彩的画面，还可以使用动态滤镜和界面滤镜。

## 3.2　页面布局

网站页面的布局方式、展示形式直接影响用户使用网站的方便性，合理的页面布局会使用户快速发现网站的核心内容和服务。如果页面布局不合理，用户一旦不知道如何开始获取所需的信息，怎样去浏览页面才能获得相应的服务，就会选择离开这个网站，甚至以后也很少再来访问这个网站。页面布局既要体现网站运营的重点，又要兼顾用户访问的网络行为习惯。

传统表格（Table）布局方式利用了 HTML 的表格元素所具有的无边框特性，基本思想是设计一个能满足版式要求的表格结构，将内容装入每个单元格中，间距及空格使用透明 gif 图片实现，最终的结构是一个复杂的表格（有时候会出现多次嵌套），如图 3-13 所示。

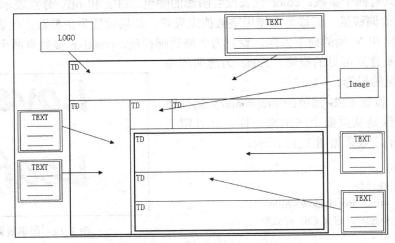

图 3-13　用表格进行布局

　　以表格形式进行页面布局有一些缺点，比如设计复杂，改版时工作量巨大，表现代码与内容混合，可读性差，不利于数据调用分析，网页文件量大，浏览器解析速度慢等。

　　DIV+CSS 是目前最为流行的页面布局技术。DIV 是指 HTML 标记集中的标记<div>，中文可以理解为层的概念。改变了所见即所得的传统表格布局设计方式。

**1．DIV+CSS 的优势**

（1）网页改版维护更加方便快捷

　　在一个基于表格设计的网站上进行改版，几乎必须改变所有页面的结构代码，太过麻烦。使用 CSS 技术可将网页要展示的内容与其表现的样式分开，也就是将网页的外观设定信息从网页的内容中独立出来，并集中管理。当要改变网页外观时，只需更改样式设定的部分，HTML 文件本身并不需要任何的更改。

（2）保持视觉的一致性

　　使用表格嵌套制作方法设计网页时，会使得页面与页面，或者区域与区域之间的显示效果有偏差，并且由于网站往往由多人完成，而每个网页设计者会按照自己的喜好制作网页，因此不同人员开发网页风格不一致，很难放在同一个网站中。现在运用 DIV+CSS 技术，可以方便地为所有网页设置一种风格，再交由不同部门、不同地方的人制作网页，使用 DIV+CSS 的制作方法，将所有页面或所有区域统一由 CSS 文件控制，很好避免了不同区域或不同页面体现出的效果偏差。

（3）页面载入得更快

　　很多网页为求设计效果，在网页中使用了大量图像，以致网页的下载速度变慢。CSS 提供了很多文字样式的设定，加上 IE 内建的滤镜特效，可轻松取代原来图像才能表现的视觉效果。这样的设计方式让页面体积变小，大大提高了下载速度。

（4）对搜索引擎友好程度高

　　搜索引擎主要使用一种叫 Spider 的程序用来做基于内容的站点查找。Spider 程序从一个或几个简单的页面开始执行，然后这些页面被扫描。索引到其他页面，Spider 程序再访问这些 Web 页面，重复上面过程，直到没有新页面的索引出现，程序才中止。使用表格进行网页布局的代码比较多，搜索引擎要把多余代码去掉，看文字比较复杂。而使用 DIV+CSS 布局设计网页，所有样式都在 CSS 里，正文里面只有 ID 调用的部分，正文代码得到极大的精简，也减少了 HTML 代码，正文就突出了，搜索程序就能在更短的时间内搜索完整个页面，执行效率得到很大提高。

**2．DIV+CSS 布局步骤**

使用 DIV+CSS 技术进行页面布局通常包含如下几个步骤。

（1）页面结构分析

页面结构分析是根据页面所表现的内容，构思和规划页面组成的过程。

（2）创建 DIV 层

在页面结构确定后，要使用<div>标记创建需要的各板块区域。

（3）创建 CSS 样式表

对所有<div>及其他页面元素的表现，使用 CSS 样式表进行设置。

（4）编写页面代码

在页面代码中引入 CSS 文件。

【例 3-8】 使用 DIV+CSS 技术设计如图 3-14 所示的页面布局效果。

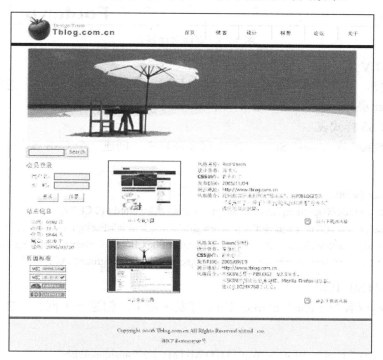

图 3-14　页面布局效果

（1）页面结构分析

仔细分析一下图 3-14 不难发现，图片大致分为以下几个部分：

1）顶部包括了 LOGO、菜单和一幅图片。

2）中间内容部分分为侧边栏和主体内容。
3）底部包括一些版权信息。
通过以上分析，可以对图 3-14 的页面进行如图 3-15 所示的划分。

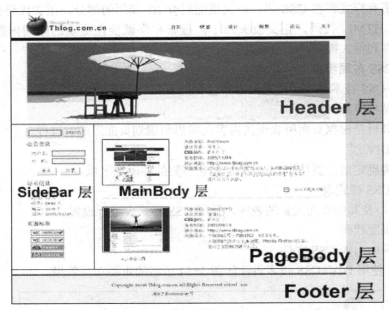

图 3-15　页面布局划分

（2）创建 DIV 层

根据图 3-15，可以创建 4 个 DIV 层，其中包括一个总的 container 层，总的 container 层包含一个 Header 层，一个 SideBar 层，一个 MainBody 层和一个 Footer 层。

（3）创建 CSS 样式表

使用记事本或者在 Visual Studio 2012 开发环境中，创建一个 CSS 文件，在其中添加如下代码：

```
.container {width:800px;text-align:center;}
#Header {width:800px;margin:0 auto;height:100px;background:#FFCC99}
#SideBar{width:200px;height:400px;line-height:400px;float:left;background:#CCFF00;}
#MainBody{width:600px;height:400px;line-height:400px;float:left;clear:right;background:#CC6699;}
#Footer {width:800px;margin:0 auto;height:50px;clear:both;background:#00FFFF}
```

（4）编写 HTML 代码

使用记事本或者在 Visual Studio 2012 开发环境中，创建一个网页，在其中添加如下代码：

```
<!DOCTYPE html PUBLIC "-//W3C//DTD XHTML 1.0 Transitional//EN"
"http://www.w3.org/TR/xhtml1/DTD/xhtml1-transitional.dtd">
<html xmlns="http://www.w3.org/1999/xhtml">
<head>
<meta http-equiv="Content-Type" content="text/html; charset=gb2312" />
<title>无标题文档</title>
```

```html
        <link href="css.css" rel="stylesheet" type="text/css" />
    </head>
    <body>
        <div class="container"><!--页面层容器-->
        <div id="Header" class="container"><!--页面头部-->
        </div>
        <div id="SideBar" class="container"><!--侧边栏-->
        </div>
        <div id="MainBody" class="container"><!--主体内容-->
        </div>
        <div id="Footer" class="container"><!--页面底部-->
        </div>
        </div>
    </body>
</html>
```

运行该页面后出现如图 3-16 所示效果。

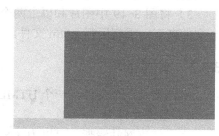

图 3-16 页面布局后效果

## 3.3 案例：使用样式表美化页面

本例通过样式表的使用，美化一个设计好的 HTML 文件。

### 3.3.1 案例设计

使用记事本建立一个 HTML 文件，完成如图 3-17 所示效果的功能，再使用引入外部样式表的方法将该页面美化，效果如图 3-18 所示。

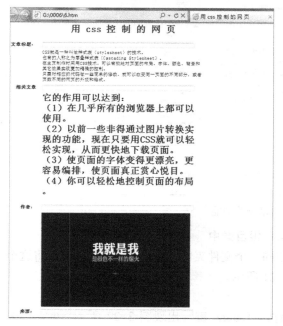

图 3-17 使用样式表前效果

图 3-18 使用样式表后效果

### 3.3.2 案例开发步骤

1）建立一个 a.htm 文件，源代码请参考网上下载资源中相关章节的内容。

2）用记事本程序建立一个 CSS 文件：style.css，改变文件中 b、input、smallInput、h1、b2、img 的属性，使页面的字体变得更漂亮，页面及图片更赏心悦目。源代码请参考网上下载资源中相关章节的内容。

3）将图 3-19 中图片和以上两个文件放在同一文件夹下，重新运行 a.htm 文件。

### 3.3.3 案例部署

图 3-19 图片的效果图

本例涉及三个文件，一个 HTML 页、一个 CSS 文件和一个图片，步骤如下。

**1．整理文件夹**

为了使该网站清晰，可以为 CSS 文件和图片各单独建立一个文件夹，分别命名为 style 和 images。

**2．开启 IIS 7.0 目录浏览功能**

IIS 7.0 安装完毕后首先要开启目录浏览功能，此功能默认关闭，单击右键→"管理"→"服务和应用程序"→"internet 信息服务"→"网站"→"默认站点"，打开"目录浏览"，选择"启用"，如图 3-20 所示。

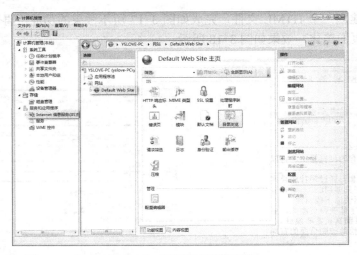

图 3-20 开启目录浏览功能

**3．将要部署的网站文件夹拖放到 IIS 的 web 根目录中**

将 a.htm 文件和 style、images 文件夹放在同一个文件夹中，命名为 index，然后将这个 index 文件夹放到 IIS 的 web 根目录中，如图 3-21 所示。

**4．浏览网页**

打开浏览器，在地址栏中输入 localhost 后按〈Enter〉键，出现图 3-22 所示界面，因为此时网站根目录中还有 iisstart.htm 文件，这个是 IIS 7.0 默认读取的文件。

图 3-21　放到 IIS 根目录

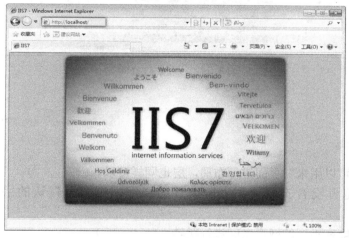

图 3-22　IIS7 默认首页

在地址栏后面输入网页文件夹目录 http://localhost/index/ 按〈Enter〉键，出现图 3-23 所示界面。其中 a.htm 为网页文件，单击打开，出现图 3-24 所示界面，部署成功。

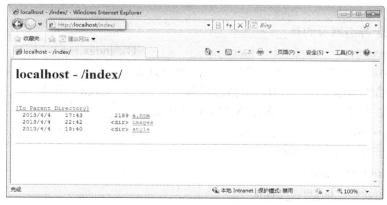

图 3-23　网站目录

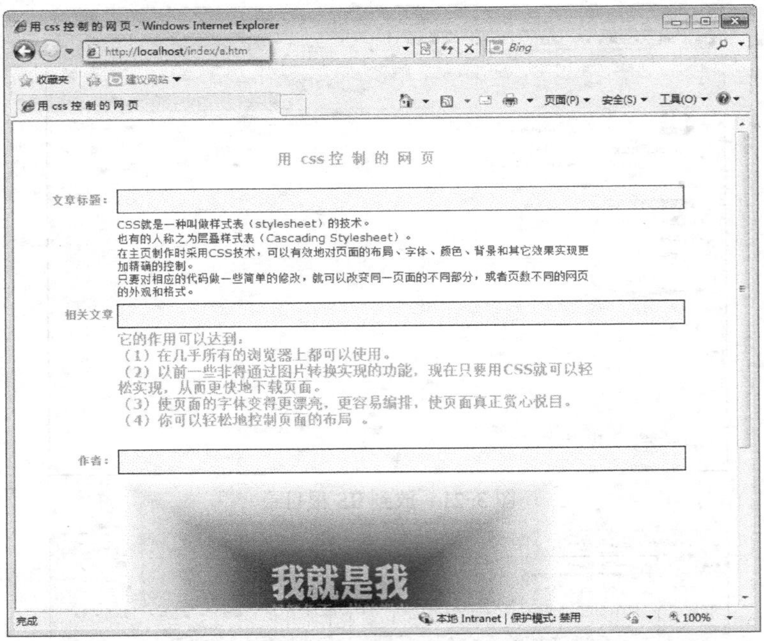

图 3-24　程序运行界面

## 3.4　习题

**1．判断题**

1）不只表格可以用来对页面进行布局，层也同样可以。（　　　）

2）如果浏览者没有安装网页上所设置的文字，则会以默认的字体取代原来的。（　　　）

3）超链接只能在不同的网页之间进行跳转。（　　　）

4）一个大 div 块里包含一个小的 div，设置小的 div 与大 div 的左边距 5px 样式的标准写法是 margin-left:5px。（　　　）

5）IE 6 下，制作一个大小为 10×10 像素的 div，样式是 width:10px;height:10px。（　　　）

**2．选择题**

1）下列属于静态网页的是_____。

　　A．index.htm　　　　B．index.jsp　　　　C．index.asp　　　　D．index.php

2）在 HTML 文档中，引用外部样式表的正确位置是_____。

　　A．文档的末尾　　　B．文档的顶部　　　C．<body> 部分　　D．<head> 部分

3）表示放在每个定义术语之前的 XHTML 代码是_____。

　　A．<dl></dl>　　　B．<dt></dt>　　　C．<dd></dd>　　　D．<ol></ol>

4）如何在新窗口中打开链接_____。

　　A．<a href="#" new>

　　B．<a href="#" target="_blank">

　　C．<a href="#" target="_self"></a>

D. `<a href="#" target="_blank"></a>`

5）选出你认为最合理的定义标题的方法_____。
　　A. `<span class="heading">`文章标题`</span>`　　B. `<p><b>`文章标题`</b></p>`
　　C. `<h1>`文章标题`</h1>`　　　　　　　　　　D. `<strong>`文章标题`</strong>`

6）下面哪一项不是段落的对齐方式_____。
　　A. 上下对齐　　　B. 居中对齐　　　C. 靠左对齐　　　D. 两边对齐

7）CSS 样式有哪几种，请选择下列正确的一项_____。
　　A. 内样式，内嵌式，链接式，导入式
　　B. 内连式，链接式，导入式，内样式
　　C. 内嵌式，内连式，导入式，链接式
　　D. 内样式，内嵌式，链接式，导出式

8）CSS 中 ID 选择符在定义的前面要有指示符_____。
　　A. *　　　　　　B. %　　　　　　C. !　　　　　　D. #

9）创建自定义 CSS 样式时，样式名称的前面必须加一个_____。
　　A. $　　　　　　B. #　　　　　　C. ?　　　　　　D. 原点

10）a:hover 表示超链接文字在_____时的状态。
　　A. 鼠标按下　　　B. 鼠标经过　　　C. 鼠标放上去　　D. 访问过后

11）在下面的 XHTML 中，哪个可以正确地标记折行_____。
　　A. `<br />`　　　B. `<break/>`　　　C. `<br>`　　　D. `<p>`

12）下列哪些是格式良好的 XHTML_____。
　　A. `<p>A <b><i>short</b></i> paragraph</p>`
　　B. `<p>A <b><i>short</i></b> paragraph</p>`
　　C. `<p>A <b><i>short</i></b> paragraph`

13）下列哪个样式定义后，内联（非块状）元素可以定义宽度和高度_____。
　　A. display:inline　　B. display:none　　C. display:block　　D. display:inherit

14）li 元素中包含 img 元素的时候，IE 中 img 下面多出了 5px 左右的空白，下列哪个处理办法不可行_____。
　　A. 使 li 浮动，并设置 img 为块级元素
　　B. 设置 ul 的 font-size:0;
　　C. 设置 img 的 margin: 0;
　　D. 设置 img 的 margin-bottom: -5px;

15）CSS 是利用什么 XHTML 标记构建网页布局_____。
　　A. `<dir>`　　　B. `<div>`　　　C. `<dis>`　　　D. `<dif>`

16）在 CSS 语言中下列哪一项是"左边框"的语法_____。
　　A. border-left-width: `<值>`
　　B. border-top-width: `<值>`
　　C. border-left: `<值>`
　　D. border-top-width: `<值>`

17）在 CSS 语言中下列哪一项的适用对象是"所有对象"_____。

A．背景附件 B．文本排列
C．纵向排列 D．文本缩进

18）下列选项中不属于CSS文本属性的是_____。
A．font-size B．text-transform
C．text-align D．line-height

19）在CSS中不属于添加在当前页面的形式是_____。
A．内联式样式表 B．嵌入式样式表
C．层叠式样式表 D．链接式样式表

20）在CSS语言中下列哪一项是"列表样式图像"的语法_____。
A．width: <值> B．height: <值>
C．white-space: <值> D．list-style-image: <值>

21）下面哪个CSS属性是用来更改背景颜色的_____。
A．background-color: B．bgcolor: C．color: D．text:

22）怎样给所有的<h1>标签添加背景颜色_____。
A．.h1 {background-color:#FFFFFF}
B．h1 {background-color:#FFFFFF;}
C．h1.all {background-color:#FFFFFF}
D．#h1 {background-color:#FFFFFF}

23）下列哪个css属性可以更改样式表的字体颜色_____。
A．text-color= B．fgcolor: C．text-color: D．color:

24）下列哪个css属性可以更改字体大小_____。
A．text-size B．font-size C．text-style D．font-style

25）如何去掉文本超级链接的下画线_____。
A．a {text-decoration:no underline}
B．a {underline:none}
C．a {decoration:no underline}
D．a {text-decoration:none}

26）如何设置英文首字母大写_____。
A．text-transform:uppercase
B．text-transform:capitalize
C．样式表做不到
D．text-decoration:none

27）下列哪个css属性能够更改文本字体_____。
A．f: B．font=
C．font-family: D．text-decoration:none

28）下列哪个css属性能够设置文本加粗_____。
A．font-weight:bold B．style:bold C．font:b D．font=

29）下列哪个css属性能够设置盒模型的内补丁为10、20、30、40（顺时针方向）_____。

A．padding:10px 20px 30px 40px
B．padding:10px 1px
C．padding:5px 20px 10px
D．padding:10px

**3．填空题**

1）目前常用的 Web 标准静态页面语言是（　　　　）。

2）div 与 span 的区别是（　　　　）。

3）改变元素的外边距用（　　　　），改变元素的内填充用（　　　　）。

4）Color:#666666;可缩写为（　　　　）。

5）合理的页面布局中常听过结构与表现分离，那么结构是（　　　　），表现是（　　　　）。

# 第 4 章　母版与主题

CSS 级联样式表虽然可以控制页面中的 HTML 元素的样式，但其主要还是应用在单个网页上，并且只能对 HTML 元素而不能对 ASP.NET 的控件进行样式设置。本章将主要讲述 Visual Studio 提供的另外一种面向全局的技术，即主题、外观和母版页技术，用以轻松地设计并维护具有相同风格的网页。

## 4.1　母版页

在设计网站时经常会遇到多个网页部分内容相同的情况，例如具有外观和内容都相同的标题栏、页脚栏、导航栏等。如果每个网页都设计一次显然是重复劳动且非常烦琐，此时使用母版页可以很好地解决这个问题。

### 4.1.1　母版页的概念

所谓的母版页是指可以在同一站点的多个页面中共享使用的特殊网页。用户可以使用母版页建立一个通用的版面布局，或者使用母版页在多个页面中显示一些公共的内容。

母版页的使用与普通的.aspx 页面类似，可以在其中放置文件、图形、HTML 控件、Web 服务器控件和后台代码等。不同的是：

1）母版页将普通页面的@Page 指令替换成了@Master 指令。
2）母版页的扩展名为.master，因此不能被浏览器直接查看。
3）母版页中包含若干个 ContentPlaceHolder 控件，是预留出来显示内容页面的区域。
4）母版页必须在被内容页引用后才能进行显示。

引用母版页的 Web 窗体页面称为内容页，在内容页中，模板页中的 ContentPlaceHolder 控件预留的可编辑区会自动替换为 Content 控件，在 Content 控件中开发人员可以根据需要填写内容页中特有的内容，在母版页中定义的公共区域元素将自动显示在内容页中，而且不可被修改。

当用户运行一个引用母版页的内容页时，服务器是按照如下步骤将页面发送给用户的。

1）用户通过输入内容页的 URL 来请求某页面。
2）服务器读取该页面中的@Page 指令，如果该指令引用了一个母版页，则读取该母版页；如果这是第一次请求这两个页，则两个页都要进行编译。
3）服务器将各个 Content 控件的内容合并到母版页相应的 ContentPlaceHolder 控件中。
4）在浏览器中呈现合并后的完整的页面。

### 4.1.2　创建母版页与内容页

母版页的设计方法与普通网页设计方法相同，但母版页不能单独在浏览器中预览其显示效果，必须通过引用了该母版的内容页进行查看。而内容页所有内容必须包含在 Content 控件内，可以认为内容页是母版页中可编辑区的填充内容。

**1．创建母版页**

在 Visual Studio 2012 的解决方案资源管理器中，右键单击站点的名称，在弹出的快捷菜单中执行添加新项命令，在弹出的对话框中选择母版页模板，新建的 Master 页面的默认名称为"MasterPage.master"，它位于站点的根目录，如图 4-1 所示。将默认文件名修改为所需要的文件名后单击"添加"按钮，即可以在网站中创建一个新的空白母版页。

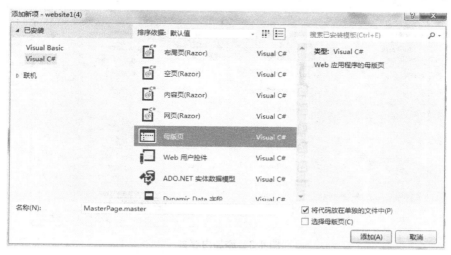

图 4-1 添加母版页

添加完毕后，系统将自动切换到母版页的源视图，如图 4-2 所示。从图中可以看到由系统自动创建的两个 ContentPlaceHolder 控件，ID 分别为"head"和"ContentPlaceHolder1"。设计人员可以在源视图或者设计视图中添加母版页所需的内容，但是母版页的内容不能出现在 ContentPlaceHolder 控件中，因为该区域是为内容页预留的位置，添加到该区域的任何内容在内容页加载时都将被覆盖。

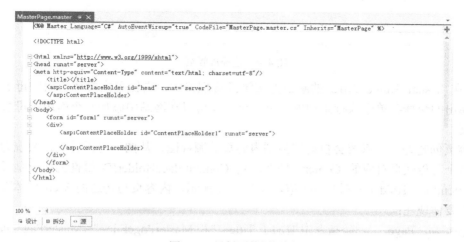

图 4-2 母版页的源视图

**2．创建内容页**

创建内容页的方法有两种。

1）在 Visual Studio 2012 的解决方案资源管理器中，右键单击站点的名称，在弹出的快捷菜单中执行添加新项命令，在弹出的对话框中选择 Web 窗体模板，并选择对话框右下角的选择母版页复选框，如图 4-3 所示。将默认文件名 Default 修改为所需要的文件名后单击"添加"按钮，这时会弹出一个选择母版页的对话框，如图 4-4 所示。选择希望的母版页后单击"确定"按钮就在网站中添加了一个引用了指定母版页的空白内容页。

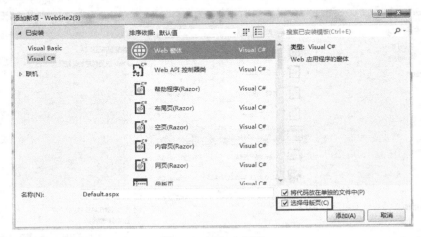

图 4-3 添加内容页

图 4-4 选择母版页

2）在 Visual Studio 2012 的解决方案资源管理器中，右键单击希望引用的母版页的名称，在弹出的快捷菜单中执行添加内容页命令，就可以在网站中添加一个引用该母版页的空白内容页。

内容页创建好后，系统会自动切换到内容页的源视图，从图中可以看到，系统为内容页创建了两个与母版页对应的 Content 控件，其 ContentPlaceHolderID 属性的值就是母版页中两个 ContentPlaceHolder 控件的 ID 值。如图 4-5 所示，内容页与普通的 Web 窗体页面有所不同，主要体现在：

- 在<%@ Page……%>指令中增加了 Title=""和 MasterPageFile="~/MasterPage.master"两个指令。

- 在内容页中不包含<html>、<head>、<title>、<body>、<form>等 Web 元素，因为这些元素都被放置在母版页中。
- 在内容页中包含有若干个<asp:Content……>和</asp:Content>标记，而且内容页的所有元素都要包含在 Content 控件中。

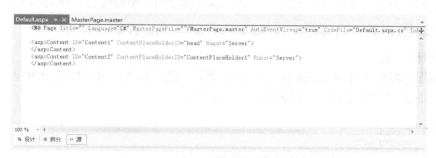

图 4-5 内容页的源视图

【例 4-1】 母版页的应用。

具体步骤：

1）启动 Visual Studio 2012，创建一个新的网站。

2）在该网站的解决方案资源管理器中，右键单击站点名称，在弹出的快捷菜单中选择添加新项命令，在弹出的对话框中选择母版页选项，采用默认名称 MasterPage，单击"添加"按钮。

3）切换到母版页 MasterPage.master 的设计视图，在页面中添加一个两行两列的表格，第一行合并单元格，放入一个 Image 控件，第二行右边存放 ID 为 ContentPlaceHolder1 的 ContentPlaceHolder 控件。

4）在站点的根目录下新建一个名为 Image 的文件夹，在此文件夹中添加一个名为 1.jpg 的图片。将母版页中 Image 控件的 ImageUrl 属性设置为"~/Image/1.jpg"。

5）从工具箱中拖拽一个 Calendar 控件到表格的第二行左列中。

6）在解决方案资源管理器中，右键单击 MasterPage.master，选择"添加内容页"命令，添加一个名为 Default.aspx 的内容页。

7）切换到内容页的设计视图，在 ContentPlaceHolder 控件中输入一些文字。运行效果如图 4-6 所示。

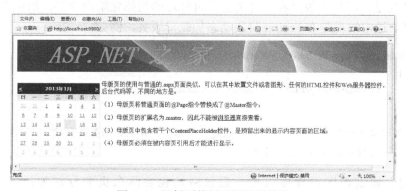

图 4-6 母版页使用示例运行效果

### 4.1.3 母版页的配置

可以在以下 3 种级别上将内容页附加到母版页。

**1．页面指令级**

可以在每个内容页中使用页面指令，将内容页绑定到一个母版页。代码如下所示：

```
<%@ Page Title="" Language="C#" MasterPageFile="~/MasterPage.master"%>
```

**2．应用程序级**

在应用程序配置文件 web.config 的 pages 元素中进行设置，可以指定应用程序中的所有 ASP.NET 页面都自动绑定到一个母版页。代码如下：

```
<configuration>
    <system.web>
        <pages masterPageFile="MasterPage.master"/>
    </system.web>
</configuration>
```

但是这种方式不够灵活，任何违背了规则（例如，包含根<html>标记或者定义了一个不对应 ContentPlaceHolder 的内容区域）的 Web 页面都会自动损坏。

**3．文件夹级**

此方式类似于应用程序级的绑定，而且能够解决应用程序级不够灵活的缺点。此方式是在一个文件夹中的 Web.config 文件中进行设置，然后母版页绑定只会应用于该文件夹中的 ASP.NET 页面，而不会影响文件夹以外的页面。

## 4.2 通过程序设置母版页

在实际开发过程中，仅仅实现将内容页绑定到一个固定的母版页还远远不够，往往需要通过程序动态设置母版页。例如在企业管理网站中，要求给不同部门的页面配置不同的母版页，并允许动态加载。

可以通过设置内容页的 MasterPageFile 属性动态加载母版页。其语法格式为：

```
This.MasterPageFile = "~/要加载的母版页的名称";
```

需要强调的是，因为母版页和内容页会在页处理的初始化阶段合并，所以必须在之前阶段加载母版页。通常情况是在 PreInit 阶段动态加载母版页。例如：

```
protected void Page_PreInit(Object sender, EventArgs e)
{
    this.MasterPageFile = "~/MasterPage.master";
}
```

> 如果要动态地选择一个母版页，可以创建一个基类，并从此基类派生母版页。在基母版页类中可以定义母版页共有的属性和方法。

**【例 4-2】** 通过程序设置母版页。假设网站包含两个页面分别为：Choose.aspx 和 ContentPage.aspx。在 Choose.aspx 页面有两个按钮，单击后能够跳转到 ContentPage.aspx 页面，同时为 ContentPage.aspx 页面选择不同的母版页。

具体步骤：

1）启动 Visual Studio 2012，新建一个网站。

2）在解决方案资源管理器中，右键单击站点名称，在弹出的快捷菜单中选择"添加"→"添加 ASP.NET 文件夹"→"App_Code"命令。

3）创建基母版页类，在基类中定义所有母版页的 Title 属性。方法是：在解决方案资源管理器中，右键单击 App_Code 文件夹，在弹出的快捷菜单中选择"添加"→"添加新项"命令，在弹出的对话框中选择基类母版，并将类的名称改为 BaseMaster.cs，单击"添加"按钮。在 BaseMaster.cs 文件中输入如下代码：

```csharp
using System;
using System.Data;
using System.Configuration;
using System.Web;
using System.Web.Security;
using System.Web.UI;
using System.Web.UI.WebControls;
using System.Web.UI.WebControls.WebParts;
using System.Web.UI.HtmlControls;
public class BaseMaster : System.Web.UI.MasterPage
{
    public virtual String MyTitle
    {
        get { return "这是基类母版页标题"; }
    }
}
```

4）按照上节介绍的方法，在网站中创建两个母版页，名称分别为 MasterCyan 和 MasterOlive。

5）切换到 MasterCyan 页，将其@Master 指令修改为：

```
<%@ Master Language="C#" Inherits="BaseMaster" ClassName="MasterCyan" %>
```

**注意**：其中的"Inherits"属性引用基类型。

6）在 MasterCyan 页面，添加一个层，设置层的背景颜色为海蓝色，并将 ContentPlaceHolder1 放置在层内。具体代码如下：

```html
<body>
    <form id="form1" runat="server">
    <div style="background-color:cyan">
        <asp:contentplaceholder id="ContentPlaceHolder1" runat="server">
        </asp:contentplaceholder>
    </div>
    </form>
</body>
```

注意：此母版页中没有对 MyTitle 属性进行修改，即继承基类该属性的值。

7）按照上述方法设置 MasterOlive 母版页。不同的是，在此母版页中修改 MyTitle 属性，并且设置层的背景颜色为橄榄色。具体代码如下：

```
<%@ Master Language="C#" Inherits="BaseMaster" ClassName="MasterOlive" %>
<!DOCTYPE html PUBLIC "-//W3C//DTD XHTML 1.1//EN""http://www.w3.org/TR/xhtml11/DTD/xhtml11.dtd">
<script runat="server">
    public override String MyTitle
    {   get { return "欢迎使用橄榄色母版"; }        }
</script>
<html  >
<head id="Head1" runat="server">
    <title>No title</title>
</head>
<body>
    <form id="form1" runat="server">
        <div style="background-color:olive">
            <asp:contentplaceholder id="ContentPlaceHolder1" runat="server">
            </asp:contentplaceholder>
        </div>
    </form>
</body>
</html>
```

注意：因为在内容页要访问母版页的 Title 属性，所以要在母版页中将此属性设置为公共属性，具体内容后面的章节会有详细介绍。

8）在站点中添加一个 Web 窗体文件，名称为"ContentPage.aspx"，将其修改为一个内容页并在源视图中输入如下代码：

```
<%@ Page Language="C#" Title="Content Page" MasterPageFile="~/MasterCyan.master"%>
<%@ MasterType TypeName="BaseMaster" %>
<asp:Content ID="Content1" ContentPlaceHolderID="ContentPlaceHolder1" Runat="Server">
<p style="text-align:center;font-size:x-large"> <b>咏梅</b></p>
<p style="text-align:center;font-size:large;font-family:楷体 GB2312;">驿外断桥边，寂寞开无主。已是黄昏独自愁，更著风和雨。<br/>无意苦争春，一任群芳妒。零落成泥碾作尘，只有香如故。</p>
</asp:Content>
```

注意：使用@ MasterType 指令将强类型赋给母版页的 Master 属性时，该指令引用基类型。

9）切换到 ContentPage.aspx.cs 页面，在 Page_PreInit 事件中输入如下代码：

```
protected void Page_PreInit(Object sender, EventArgs e)
    {   this.MasterPageFile = "MasterCyan.master";
        if(Request.QueryString["color"] == "olive")
        {       this.MasterPageFile = "MasterOlive.master";         }
```

```
        this.Title = Master.MyTitle;
    }
```

10）在网站中添加一个用于让用户进行选择的 Web 窗体，名称为 Choose.aspx，切换到设计视图，添加两个按钮 Button1 和 Button2，并设置其 Text 属性为"橄榄色"和"海蓝色"。双击 Button1 按钮切换到 Choose.aspx.cs 页面，在两个按钮的单击事件中输入如下代码：

```
protected void Button1_Click(object sender, EventArgs e)
{      Response.Redirect("ContentPage.aspx?color=olive");     }
protected void Button2_Click(object sender, EventArgs e)
{      Response.Redirect("ContentPage.aspx?color=Cyan");     }
```

11）按<Ctrl+F5>运行，单击"橄榄色"按钮，页面跳转到引用了 MasterOlive 母版页的内容页，运行效果如图 4-7 所示。

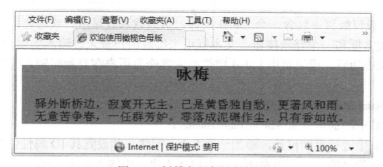

图 4-7　橄榄色母版运行效果

12）返回到 Choose 页面，单击"海蓝色"按钮，页面跳转到引用了 MasterCyan 母版页的内容页，运行效果如图 4-8 所示（注意两种母版标题的不同）。

图 4-8　海蓝色母版运行效果

本例中使用 Response 对象的 Redirect 方法实现页面的跳转，在该方法中使用 color 作为查询字符串传递参数。在内容页，使用 Request 对象的 Querystring 属性读取查询字符串 color 的值，从而判断使用哪一种母版页。

## 4.3　从内容页访问母版页的内容

在实际应用中，经常需要通过后台代码从内容页中访问母版页的属性、方法或控件。要解决这个问题一般有两种方法,即使用 FindControl()方法和使用 MasterType 指令。

## 4.3.1 使用 FindControl()方法

从内容页访问母版页中的控件可以使用 Master 类中提供的 FindControl()方法。其语法格式为:

Master.FindControl("被访问的控件的 ID 值");

具体的实现方法为:首先声明一个与被访问的控件类型相同的变量,然后使用系统 Master 类中提供的 FindControl()方法查找被访问的控件,完成类型转换后将其值赋值给声明的变量。然后就可以通过读取或写入变量的值,读写相应母版页中被访问控件的值。

> FindControl()方法返回的是一个 Control 类型的对象,所以赋值前要进行类型转换。

【例 4-3】 设母版页中包含一个 Label 控件,页面载入时显示"欢迎您,游客"。内容页中包含有两个文本框和一个登录按钮,文本框用来接收用户登录时输入的用户名和密码。用户在内容页登录成功后,母版页中 Label 控件的内容变为用户在登录时输入的用户名。

具体步骤:
1) 启动 Visual Studio 2012,创建新的网站。
2) 在该网站中添加母版页 MasterPage.master。
3) 在母版页中进行页面设计,添加一个 Label 控件,并设置其 ID 属性值为 welcome。
4) 切换到母版页的后台代码页面,在页面载入事件中输入如下代码:

```
protected void Page_Load(object sender, EventArgs e)
{
    welcome.Text = "欢迎您,游客";
}
```

5) 在解决方案资源管理器中右键单击母版页 MasterPage.master,添加内容页。
6) 系统自动切换到内容页,添加两个文本框(ID 分别为"TextBox1"和"TextBox2")和一个按钮控件(ID 为"Button1")及必要的文本,用于用户登录。
7) 切换到内容页的后台代码页面,在 Button1_Click 事件中输入如下代码:

```
protected void Button1_Click(object sender, EventArgs e)
{
    Label name = (Label)Master.FindControl("welcome");
    name.Text = "欢迎您, "+TextBox1.Text;
}
```

8) 单击运行按钮,页面载入时的运行效果如图 4-9 所示,输入登录信息后的运行效果如图 4-10 所示。

在该例中,首先声明了一个标签类型的变量 name,然后通过 Master.FindControl 方法从母版页中找到需要访问的控件,进行类型转换后存放在该变量中,而后就可以通过读写变量 name 的值来读写相应母版页中 welcome 控件的值。

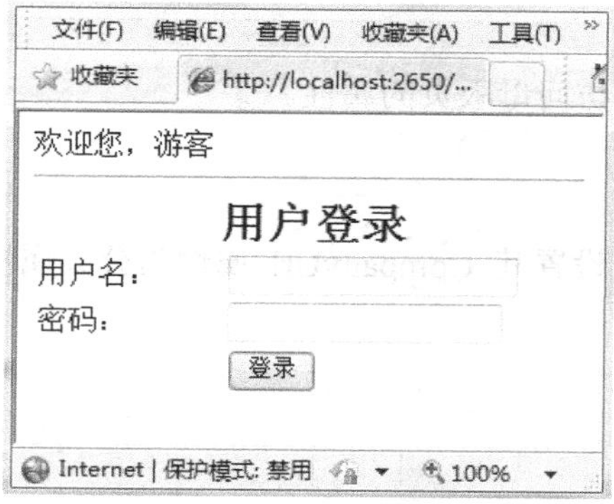

图 4-9　页面载入时运行效果 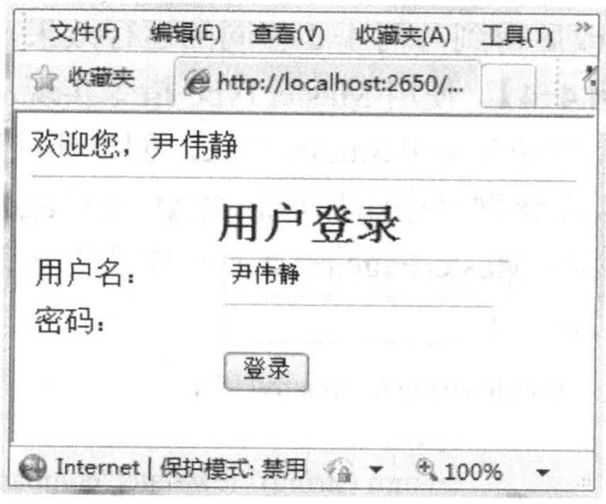　　　　图 4-10　输入登录信息后运行效果

## 4.3.2　使用 MasterType 指令

使用 FindControl()方法需要进行类型转换，因为它返回的是 Control 类型的对象。虽然进行类型转换系统开销非常小，但还有一种更容易的方法来访问母版页中的内容，即在内容页使用 MasterType 指令创建与母版页的强类型引用。具体的方法是，首先在母版页将需要访问的属性、方法或控件定义成公共的属性或方法，然后在内容页的源代码中添加下面的代码：

```
<%@ MasterType VirtualPath="~/MasterPage.master" %>
```

其中：
- MasterType 指令：指创建对此母版页的强类型引用。
- VirtualPath：指明需要强类型引用的母版页文件名。

所以例 4-3 就可以使用 MasterType 指令来实现，修改内容如下：

1）在母版页的后台代码页面所有事件之外，将 welcome 控件的值定义成公共属性。代码如下：

```
public string username {
    get {       return welcome.Text;      }
    set {       welcome.Text = value;     }
}
```

2）在内容页源视图中添加 MasterType 指令，如图 4-11 所示。

图 4-11　内容页源视图中的 MasterType 指令

3）在内容页的后台代码的 Button1_Click 事件中输入如下代码：

```
protected void Page_Load(object sender, EventArgs e)
{       Master.username = "欢迎您，" + TextBox1.Text;       }
```

修改后得到与例 4-3 相同的运行效果。

【例 4-4】 使用 MasterType 指令实现从内容页访问母版页的属性。

1）启动 Visual Studio 2012，创建新的网站。

2）在该网站中添加母版页 MasterPage.master。

3）在 MasterPage.master.cs 中所有事件之外，设置其 CompanyUrl 属性为公共属性。具体代码为：

```
public string CompanyUrl {
    get {
        return (string)ViewState["companyurl"];
    }
    set {
        ViewState["companyurl"] = value;
    }
}
```

在源视图中存储此值，以便此值在回发之前保持不变。

4）在 MasterPage.master.cs 的 Page_Init 事件中输入如下代码：

```
protected void Page_Init(object sender, EventArgs e)
{
    this.CompanyUrl = "http://www.lenovo.com.cn";
}
```

5）在解决方案资源管理器中，右键单击 MasterPage.master，添加内容页。

6）在内容页的源视图中添加 MasterType 指令，切换到设计视图，在 Content 控件中添加一行文本"欢迎光临本站，本站的网址为："，并在文本后面添加一个 ID 为"Label1"的标签控件。

7）在内容页的后台代码页面的页面载入事件中输入如下代码：

```
protected void Page_Load(object sender, EventArgs e)
{
    Label1.Text = Master.CompanyUrl;
}
```

8）单击"运行"按钮，运行效果如图 4-12 所示。

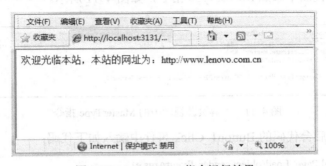

图 4-12 MasterType 指令运行效果

9）将第四步中的代码稍作如下修改，运行效果如图 4-13 所示。
```
protected void Page_Init(object sender, EventArgs e)
{
    this.CompanyUrl = "http://www.sina.com.cn";
}
```

图 4-13　修改后的 MasterType 指令运行效果

## 4.4　在内容页响应母版页控件事件

对于控件而言，事件是在本地处理的，即内容页中的控件在内容页中引发事件，母版页中的控件在母版页中引发事件。控件事件不会从内容页发送到母版页，同样，也不能在内容页中处理来自母版页控件的事件。但是，在母版页中常常包含一些与用户交互操作的控件，此时就需要在内容页中响应发生在母版页中的事件。

例如，在母版页中包含有一个按钮控件 Button1 和一个文本框控件 TextBox1，用户在文本框内输入内容后，单击按钮控件，所输入的内容就会在内容页中标签控件 Label1 中显示出来。此时，不仅需要从内容页访问母版页控件的属性，还要响应母版页控件的事件。这时需要用到委托技术，也就是可以将母版页的某个事件委托给内容页中编写的某个方法程序来处理。委托的语法格式为：

　　事件名称+=new EventHandler（处理事件的方法名称）

上述问题的解决方法为：

1）在内容页的页面载入事件中通过 FindControl()方法找到 Button1 控件，并赋值给 Button 类型的变量 B1。

2）将 B1_Click 事件委托给内容页中的 click 方法。

3）创建 click 方法。在该方法中先通过 FindControl()方法找到 TextBox1 控件，并赋值给 TextBox 类型的变量 name，然后将 name 的 Text 属性值填写到内容页的 Label1 中。

其代码为：
```
protected void Page_Load(object sender, EventArgs e)
{   Button B1 = (Button)Master.FindControl("Button1");
    B1.Click += new EventHandler(click);       }
protected void click(object sender, EventArgs e)
{   TextBox name = (TextBox)Master.FindControl("TextBox1");
```

```
Label1.Text = name.Text;    }
```

**【例 4-5】** 设母版页中包含一个由文本框、下拉列表框、命令按钮组成的搜索栏，内容页中包含一个标签控件。要求编写程序实现用户单击按钮时，将文本框中的搜索关键词和下拉列表框中选择搜索类型显示到内容页的标签控件中。

具体步骤：

1）启动 Visual Studio 2012，创建新的网站。
2）在该网站中添加母版页 MasterPage.master。
3）在母版页中进行页面设计，添加 ID 分别为"KeyWords"、"Type"和"Search"的文本框、下拉列表框和按钮控件及必要的文字，并设置相应的属性。
4）在解决方案资源管理器中，右键单击母版页 MasterPage.master，添加内容页。
5）系统自动切换到内容页，添加一个用于输出信息的 Label 标签控件 Label1。
6）在内容页的后台代码页面中输入如下代码：

```
protected void Page_Load(object sender, EventArgs e)
{
    Button B1 = (Button)Master.FindControl("Search");
    B1.Click += new EventHandler(click);
}
protected void click(object sender, EventArgs e)
{
    TextBox keyword = (TextBox)Master.FindControl("KeyWords");
    DropDownList type = (DropDownList)Master.FindControl("Type");
    Label1.Text = "这是内容页" + "<br/>" + "您搜索的关键词是：" + keyword.Text + "<br/>" + "您选择的搜索类型是：" + type.SelectedItem.Text;
}
```

7）单击"运行"按钮，其运行效果如图 4-14 所示。

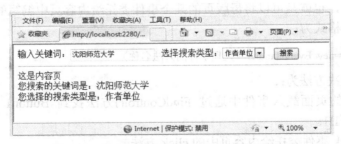

图 4-14　内容页响应母版页控件事件运行效果

## 4.5　主题

用户在浏览网站时，不仅希望编程人员能够提供一个美观大方的页面，而且希望能够根据自己爱好定制页面的布局和风格。此时就需要通过主题和外观文件来实现。通过更改主题可以轻松地维护对站点的样式更改，而无需对站点各页进行编辑，而且不同站点间还可以共享主题。

### 4.5.1 相关概念

主题是指网页和控件外观属性设置的集合。它是独立于应用程序的网页,为网站的控件和网页设置样式提供了一种简易方式,便于 Web 应用程序对其进行维护。

主题是存放于 App_Themes 文件下的一个子文件夹,一个网站可以有多个主题,每个子文件夹就是一个主题。每个主题文件可以包含外观文件(.skin)、CSS 文件(.css)、图像文件和其他资源。主题中至少要包含外观文件,其他为可选。

**1. 外观文件**

外观文件是主题的核心内容,用于定义页面中服务器控件的外观,其扩展名为.skin,它包含了需要设置的各个控件的属性设置。控件的外观设置类似于控件标记本身,但是只包含主题的一部分来设置属性,例如,设置中不能出现 ID 属性的设置。

同一类型控件的外观分为默认外观和命名外观两种。

1)默认外观:不设置控件的 SkinID 属性,它自动应用于同一类型的所有控件。在同一主题中针对同一类型的控件只能有一个默认外观。

2)命名外观:如果同一类型控件有不同于默认外观的属性设置时,可以通过设置控件的 SkinID 属性来解决。

例如:

```
<asp:Label runat="server" BackColor="gray" Font-Names="新宋体" ForeColor="Red" />
<asp:Label SkinID="BlueLabel" runat="server" font-size="16pt" Font-Names="黑体" ForeColor="blue" />
```

**2. CSS 文件**

主题中的 CSS 文件和非主题中的 CSS 文件没有本质的区别,只是将 CSS 文件存放在主题文件夹中,当主题被页面引用时将自动被引用,无需使用<link>标记进行专门的引用。主题中可以包含一个或多个级联样式表。

另外,非主题中的 CSS 文件多针对 HTML 控件,而主题中的 CSS 文件多针对服务器控件。

**3. 图像文件和其他资源**

主题中还可以包含图像或其他资源,例如脚本文件、视频文件等。通常情况下,主题的资源文件和主题的外观文件位于同一文件夹中,但也可以将主题的资源文件放到应用程序的其他地方,例如放在主题目录的某个子文件夹中。

### 4.5.2 创建使用主题

**1. 创建主题**

下面通过 Visual Studio 2012 来创建 ASP.NET 页面主题。

1)在解决方案资源管理器中右键单击站点的名称,在弹出的快捷菜单中选择"添加"→"添加 ASP.NET 文件夹"→"主题"命令。此时,系统会在站点根目录下创建一个 App_Theme 文件夹,并且默认包含一个"主题 1"文件夹,如图 4-15 所示。为了便于维护,可以将其重命名为 FirstTheme。重复上述操作,可以在 App_Theme 文件夹中创建多个主题。

2)在主题文件夹中添加外观文件、样式表及图像文件。这里重点介绍添加外观文件。在解决方案资源管理器中,右键单击主题名称 FirstTheme,在弹出的快捷菜单中选择"添加"→"添加新项"→"外观文件"命令，名称可以采用默认值。这样，在主题 FirstTheme 文件夹下就创建了一个名称为 SkinFile.skin 的外观文件，如图 4-16 所示。重复上述操作，可以在 FirstTheme 中创建多个外观文件。

图 4-15　添加主题文件

图 4-16　添加外观文件

创建好外观文件后，系统会自动切换到外观文件页面，如图 4-17 所示。

图 4-17　外观文件页面

3）在外观文件中添加对标准控件的定义。在定义中必须包含 runat="server"，但是不能包含 ID 属性。例如：

&lt;asp:Label runat="server" BackColor="gray" Font-Names="新宋体" ForeColor="Red" /&gt;

上述代码设置了所有标签控件的背景颜色为灰色，控件中文本的字体为新宋体以及前景色为红色。

**2．使用主题**

如果要在页面中使用创建好的主题，可以在@Page 指令中添加 Theme 属性或 StyleSheetTheme 属性。

&lt;%@ Page Language="C#" …Theme="主题名称"… %&gt;

或者

&lt;%@ Page Language="C#" …StyleSheetTheme="主题名称"… %&gt;

这两个属性都是用来引用主题的，但是 Theme 属性的优先级要高一些，也就是说，如果页面中某个控件已经有了一些预定义的外观设置，并且和主题中的设置发生冲突，那么使用 Theme 属性引用主题，预设的外观设置将被主题中的外观文件所覆盖；而使用

StyleSheetTheme 属性引用主题，预设的外观设置将覆盖所引用主题中外观文件的设置。

如果想对网站中的所有页面应用主题，可以在应用程序的 Web.config 文件中，将 <pages>元素设置为全局主题或页面主题的主题名称。代码如下：

```
<configuration>
    <system.web>
        <pages theme="FirstTheme"/>
    </system.web>
</configuration>
```

**【例 4-6】** 主题的应用。

用户登录页面中包含两个用于接收用户输入信息的文本框控件 TextBox1 和 TextBox2，两个按钮控件 Button1 和 Button2，两个用于输出提示信息的标签控件 Label1 和 Label2，以及一些必要的文本信息。设计一个名为 FirstTheme 的主题，使引用该主题的用户登录页面中除 Label1 外的所有文字均为蓝色、楷体；Label1 中的文字为红色、楷体、加粗；文本"用户登录"加粗；此外文本框的背景颜色为海蓝色。

具体步骤：

1）启动 Visual Studio 2012，创建一个新的网站。
2）按照上述方法在站点内添加 App_Themes 文件夹及 FirstTheme 主题子文件夹。
3）按照上述方法在 FirstTheme 主题子文件夹中添加一个名为 SkinFile.skin 的外观文件。
4）在外观文件内添加如下代码：

```
<asp:Button runat="server"  ForeColor="Navy"  Font-Name=楷体_GB2312 />
<asp:Label runat="server"  SkinID="Labelred" ForeColor="Red"  Font-Bold="True"  Font-Name=楷体_GB2312 />
<asp:TextBox runat="server"  BorderStyle="Double"   BorderColor=Cyan />
```

5）在 FirstTheme 主题子文件夹中，添加一个名为 StyleSheet.css 的样式表，并输入如下代码：

```
body
{   text-align:center;
    font-family:楷体_GB2312;
    color:navy; }
table
{   width:450px;
    height:120px;      }
td
{   border: solid 1px silver;}
```

6）新建一个名为 Default.aspx 的 Web 窗体，切换到设计视图，放置一个四行三列的表格进行页面布局，在页面中放置两个文本框控件、两个标签控件、两个按钮控件及必要的属性设置和文字说明（注意：设置 Label1 的 SkinID 属性值为"Labelred"），如图 4-18 所示。

7）切换到 Default 的源视图，在@Page 指令中添加对主题的引用，代码如下：

```
<%@ Page Language="C#" …… Inherits="_Default" Theme="FirstTheme" %>
```

图 4-18 设计视图

8）按〈Ctrl+F5〉运行，运行效果如图 4-19 所示。

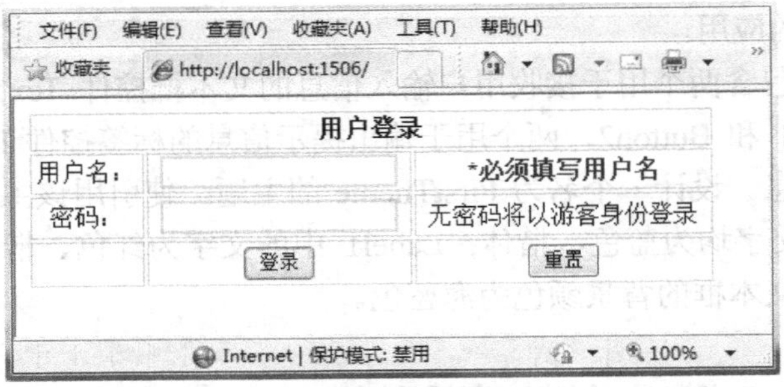

图 4-19 引用主题后的用户登录页面

### 4.5.3 通过程序动态指定主题

同设置母版页一样，也可以通过程序动态地指定主题，方法就是在页面的 PreInit 事件中设置页面的 Theme 属性为指定主题的名称。一般可以根据查询字符串中传递的值，按条件来指定页面的主题。

【例 4-7】 通过动态设置主题，实现网站风格的变换。

对例 4-6 稍作修改，同时增加两个主题，用户在登录页面可以选择不同的页面风格。
具体步骤：
1）添加默认风格的主题文件，名称为 Common，在该主题中添加外观文件和样式表，分别为 Common.skin 和 Common.css。

Common.skin 的代码如下：

```
<asp:Button runat="server"  ForeColor="Navy"  Font-Name=仿宋 />
<asp:Label runat="server"  SkinID="Labelred" ForeColor="Red"  Font-Bold="True"  Font-Name=仿宋 />
<asp:TextBox runat="server"  BorderColor="black"  />
<asp:DropDownList runat="server" BackColor=Cyan Font-Name=仿宋  ForeColor="navy"/>
```

Common.css 的代码如下：

```
body
{   text-align:center;
    font-family:仿宋;
    color:navy;
    background-color:silver; }
td
{   border: solid 1px green; }
```

2）添加春意盎然风格，名称为 Spring，在该主题中添加同名的外观文件和样式表，分别为：Spring.skin 和 Spring.css。

Spring.skin 的代码如下：

```
<asp:Button runat="server" ForeColor="red" Font-Name=微软雅黑 />
<asp:Label runat="server" SkinID="Labelred" ForeColor="Red" Font-Bold="True" Font-Name=微软雅黑 />
<asp:TextBox runat="server" BorderColor="#ffc0c0" />
<asp:DropDownList runat="server" BackColor="yellow" Font-Name=微软雅黑 ForeColor="red"/>
```

Spring.css 的代码如下：

```
body
{   text-align:center;
    font-family:微软雅黑;
    color:black;
    background-color:#99ff66;}
td
{   border: solid 1px red; }
```

3）重复第二步，添加主题 Autumn，在其中添加同名外观文件和样式表，分别为：Autumn.skin 和 Autumn.css。

Autumn.skin 的代码如下：

```
<asp:Button runat="server" ForeColor="Navy" Font-Name=楷体/>
<asp:Label runat="server" SkinID="Labelred" ForeColor="Red" Font-Bold="True" Font-Name=楷体/>
<asp:TextBox runat="server" BorderColor="olive" />
<asp:DropDownList runat="server" BackColor="silver" Font-Name=楷体 ForeColor="blue"/>
```

Autumn.css 的代码如下：

```
body
{   text-align:center;
    font-family:楷体;
    color:teal;
    background-color:#ffcc00;}
td
{   border: solid 1px Maroon; }
```

4）对例 4-6 中的 Default 页面稍作修改，如图 4-20 所示。其中下拉列表框 DropDownList1 的四个项的 Text 属性值分别为："--请选择页面风格—"、"默认风格"、"春意盎然"和"秋高气爽"。同时设置其 AutoPostBack 属性值为 True。

5）切换到 Default.aspx 的源视图，修改@Page 指令。

```
<%@ Page Language="C#" CodeFile="Default.aspx.cs" …… StylesheetTheme="Common" %>
```

6）切换到 Default.aspx.cs 页面，在 DropDownList1_SelectedIndexChanged 事件中输入如下代码：

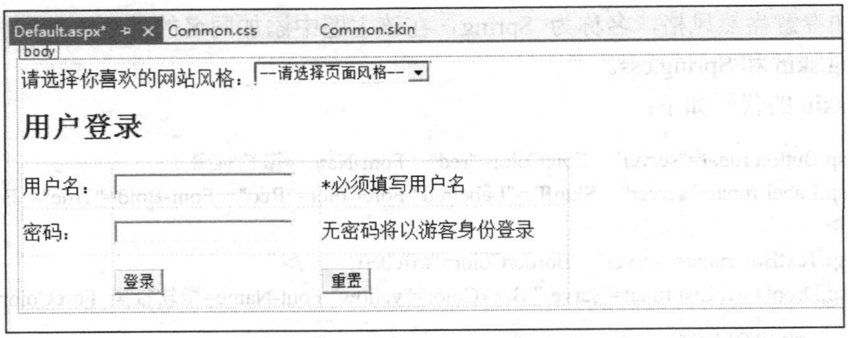

图4-20 修改后的页面设计效果

```
protected void DropDownList1_SelectedIndexChanged(object sender, EventArgs e)
    {   string pagestyle = DropDownList1.SelectedItem.Text;
        switch(pagestyle)
        {   case"默认风格":
                Response.Redirect("Default.aspx?NewTheme=Common");
                break;
            case "春意盎然":
                Response.Redirect("Default.aspx?NewTheme=Spring");
                break;
            case "秋高气爽":
                Response.Redirect("Default.aspx?NewTheme=Autumn");
                break;
        }   }
```

7) 在页面的 PreInit 事件中输入如下代码:

```
protected void Page_PreInit(object sender, EventArgs e)
    {    this.Theme=Request.QueryString["NewTheme"];    }
```

8) 按<Ctrl+F5>运行,运行效果如图4-21所示。

图4-21 默认风格

9) 在下拉列表框中选择页面风格,会出现不同的页面风格。选择"秋高气爽"的运行效果如图4-22所示,选择"春意盎然"的运行效果如图4-23所示。

*108*

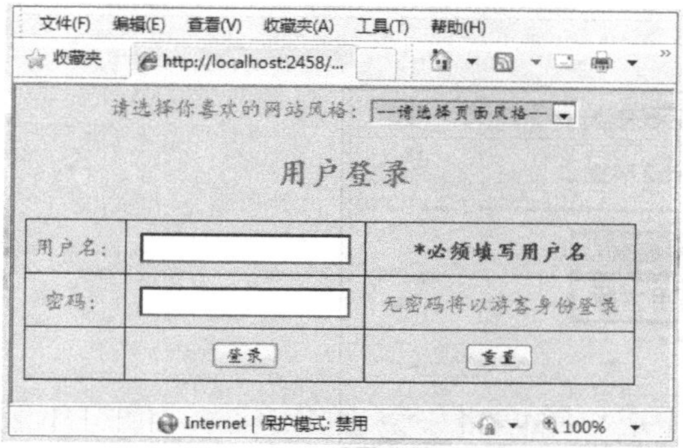

图 4-22　秋高气爽风格 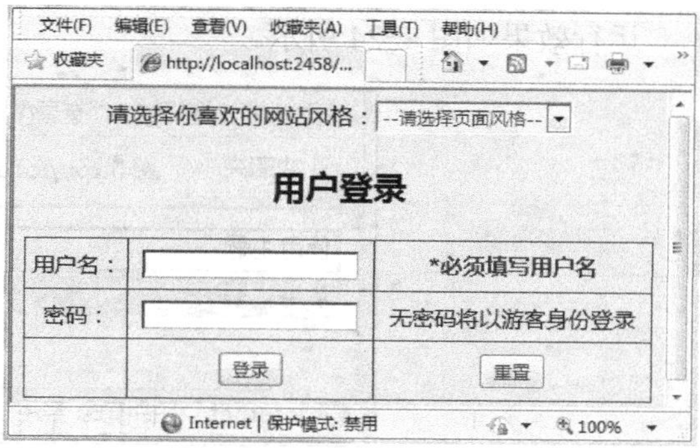　　　　　　　　　图 4-23　春意盎然风格

## 4.5.4　禁用主题

默认情况下，主题中对页面和控件外观的设置会覆盖页面和控件的本地设置，如果某些控件或页面已经有预定义的外观而又不希望主题的设置将它覆盖时，可以使用禁用主题。要禁用控件或页面的主题，需要将该控件或者该页面的 EnableTheming 属性设置为 false。

禁用页面的主题的代码为：

```
<%@ Page EnableTheming="false" %>
```

禁用控件的主题的代码为：

```
<asp:Label ID="Label1" runat="server" EnableTheming="false"> </asp:Label>
```

如果想对某页面中的多个控件禁用主题，可以将这些控件放到一个 Panel 控件内，然后对该 Panel 控件禁用主题，即设置其 EnableTheming 属性的值为 false。

例如，某主题中的外观文件 SkinFile.skin 的内容如下：

```
<asp:Button runat="server" BackColor="#999966" BorderColor="#666633" BorderStyle="Outset" ForeColor="Red" />
<asp:TextBox runat="server" BackColor="#FFFFCC" BorderColor="#FF9933" BorderStyle="Inset" BorderWidth="2px"/>
```

以下设置会对 Panel 内的控件禁用主题。

```
<form id="form1" runat="server">
    <div>
        <asp:TextBox ID="TextBox1" runat="server">使用主题</asp:TextBox>
        <asp:Button ID="Button1" runat="server" Text="使用主题" />
         <asp:Panel ID="Panel1" runat="server" EnableTheming="false">
            <asp:TextBox ID="TextBox2" runat="server" BackColor="#FF66CC">禁用主题</asp:TextBox>
            <asp:Button ID="Button2" runat="server" Text="禁用主题" BorderColor="Red" />
        </asp:Panel>
    </div>
</form>
```

运行效果如图 4-24 所示。

图 4-24　禁用主题

## 4.6　案例：使用母版页和主题创建一个 ASP.NET 网站

本例通过一个 ASP.NET 网站的设计，学习母版页和主题的使用方法。

### 4.6.1　案例设计

利用本章学过的母版页和主题的知识，创建一个 ASP.NET 网站。要求如下。

1）网站包含三个页面：首页、登录页面、搜索页面。

2）页面中标题栏、导航栏、搜索栏、图书分类栏、排行榜栏以及页脚栏都要在母版页中设置，如图 4-25 所示。

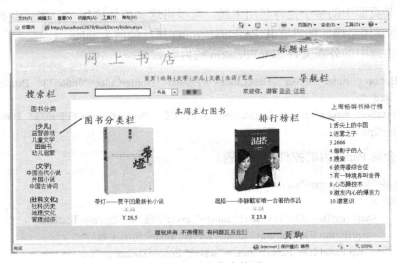

图 4-25　网上书店首页

3）在首页单击搜索栏中的"登录"按钮能够跳转到登录页面，登录页面引用主题进行设计，如图 4-26 所示。在登录页面输入用户名、密码，并单击"登录"按钮后页面会返回到首页，同时，搜索栏中的欢迎信息变为：欢迎你+用户姓名，如图 4-27 所示。

4）在首页搜索栏中输入关键词和类型后，单击"搜索"按钮，页面会跳转到搜索页面，同时在搜索页面的内容页显示用户输入的关键词和选择的类型，如图 4-28 所示。

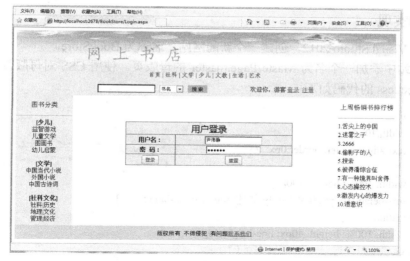

图 4-26　登录页面

图 4-27　登录后页面

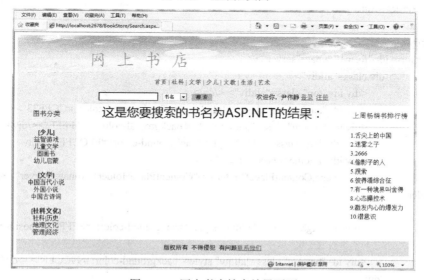

图 4-28　网上书店搜索结果页面

### 4.6.2 案例实现

1）启动 Visual Studio 2012，创建一个新的网站，名称为 BookStore。

2）在网站中添加一个名为 MasterPage.master 的母版页。使用 CSS 对母版页进行布局，其中 StyleSheet.css 的代码如下：

```css
.alldiv
{    width:1024px;
     text-align: center; border:0px;   }
#top
{    width: 100%; height: 100px;
     line-height:100px; font-family:黑体; font-size:xx-large;   }
#navigation
{    width: 100%; height: 40px; line-height:40px;}
#search
{    width: 100%; height: 40px; line-height:40px;}
#left
{    width: 15%; height: 360px;   float: left;   }
#middle
{    width: 70%; height: 360px; float: left;}
#right
{    width:15%; height: 360px; float: left; clear: right;   }
#bottom
{    width: 100%; height: 40px; line-height:40px;   font-family:黑体;   clear: both;}
```

同时，对母版页进行页面设计，并引入 StyleSheet.css。代码如下：

```html
<html xmlns="http://www.w3.org/1999/xhtml">
<head runat="server">
    <link href="StyleSheet.css" rel="stylesheet" />
    <title></title>
</head>
<body>
    <form id="form1" runat="server">
        <div class="alldiv">
            <div id="top" class="alldiv"> </div>
            <div id="navigation" class="alldiv" style="background-color: #CCFF33"></div>
            <div id="search" class="alldiv" style="background-color: #66FFFF"></div>
            <div id="left" class="alldiv" style="background-color: #FFCCFF"></div>
            <div id="middle" class="alldiv">
                <asp:ContentPlaceHolder id="ContentPlaceHolder1" runat="server"> </asp:ContentPlaceHolder>
            </div>
            <div id="right" class="alldiv" style="background-color: #FFFFCC; position: relative;"></div>
            <div id="bottom" class="alldiv" style="background-color: #99CCFF"> </div>
        </div>
```

            </form>
        </body>
    </html>

页面布局做好后，向不同的层里放置相应的控件和文字，运行效果如图 4-29 所示。
- 标题栏：添加一个 Image 控件，其 ImageUrl 属性的值为"~/images/4.jpg"。
- 导航栏：添加七个 LinkButton 控件。
- 搜索栏：添加一个 TextBox 控件，其 ID 值为"KeyWords"；一个 DropDownList 控件 Type；一个 Button 控件 Button1；一个 Label 控件 Label1，Text 值为"游客"；两个 LinkButton 控件，Text 值分别为"登录"和"注册"，其中，"登录"的 PostBackUrl 的值为"Index.aspx"。
- 图书分类栏：添加必要的文字。
- 排行榜栏：添加必要的文字。
- 页脚：添加必要的文字，以及一个电子邮件类型的超链接：

    <a href="mailto:yinweijing@126.net">联系我们</a>。

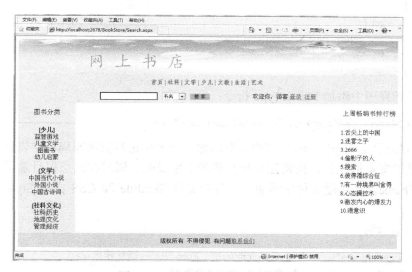

图 4-29　网上书店母版页运行效果

3）右键单击母版页名称，添加三个内容页：Index.aspx、Login.aspx 和 Search.aspx。

4）设计首页 Index.aspx。在内容页添加一个表格进行页面布局，在表格中添加主打图书的图片和文字介绍以及价格，如图 4-25 所示。用户从首页的母版页中的搜索栏输入信息后，单击"搜索"按钮，页面就会跳转到搜索页面 Search.aspx，同时在搜索页面显示搜索的结果。这是从内容页访问母版页的事件，需要用到委托技术。代码如下：

```
protected void Page_Load(object sender, EventArgs e)
{
    if (Session["flag"] != null)
    {        Master.welcome = "欢迎你, "+Session["name"].ToString();        }
    Button B1 = (Button)Master.FindControl("Button1");
```

```
            B1.Click += new EventHandler(click);
        }
        protected void click(object sender, EventArgs e)
        {   Response.Redirect("Search.aspx?key="+Master.keyword+"&type="+Master.type);   }
```

在上述代码中，页面载入时首先通过一个 Session 对象判断用户是否已经登录，如果是，则将欢迎信息的游客改为用户名。页面跳转时使用 Response 对象的 Redirect 方法，通过两个查询字符串 key 和 type，将本页文本框的值和下拉列表框的值传递到跳转后的页面。

同时在母版页将 KeyWords 和 Type 设置成公共属性，代码如下：

```
        public string keyword
        {
            get {
                return KeyWords.Text;
            }
        }
        public string type
        {
            get {
                return Type.SelectedItem.Text;
            }
        }
```

在首页的源视图中添加 MasterType 指令：

```
    <%@ MasterType VirtualPath="~/MasterPage.master" %>
```

5）设计登录页面 Login.aspx。在内容页添加一个表格进行页面布局，在表格中添加用于用户输入信息的文本框控件、按钮控件和必要的文字说明。同时在站点根目录下添加一个主题文件 FirstTheme，在主题文件中添加一个外观文件 SkinFile 和 CSS 文件 StyleSheet，代码如下。

SkinFile 的代码：

```
    <asp:Button runat="server"   ForeColor="red"   Font-Name=微软雅黑 />
    <asp:TextBox runat="server"   BorderColor="#ffc0c0"     />
```

StyleSheet 的代码：

```
    #content {
        text-align: center;
        font-family: 微软雅黑;
        color: black;
    }
    table {
        width:450px;
        height:120px;
        border-collapse:collapse;
        margin-top:10%;
```

```
            margin-left:20%;
            background-color: #99ff66; }
        td {
            border: solid 1px red;
        }
```

将主题应用到登录页面。在登录页面的@Page 指令中引用主题，代码如下：

```
<%@ Page Title="" Language="C#" MasterPageFile="~/MasterPage.master"……StylesheetTheme="FirstTheme"%>
```

6）用户输入完登录信息后，单击"登录"按钮，页面会跳转到首页，同时，母版页中搜索栏中的欢迎信息就会由"欢迎你，游客"变为"欢迎你，用户名"，代码为：

```
protected void Page_Load(object sender, EventArgs e)
{
    if (Session["flag"] != null)
    {   Master.welcome = "欢迎你，" + Session["name"].ToString();      }
}
protected void login_Click(object sender, EventArgs e)
{       Session["flag"] = "yes";
        Session["name"] = username.Text;
        Response.Redirect("Index.aspx");      }
```

在上述代码中，使用 Session["flag"]作为一个标记，标记用户是否登录。使用 Session["name"]在不同页面间传递用户名文本框的值。

同时在这个页面需要修改母版页的 Label 控件的属性，所以要在母版页设置该属性为公共属性，代码如下：

```
public string welcome
        {
           get
{       return Label1.Text;      }
           set
{       Label1.Text = value;     }
}
```

在登录页面需要加入 MasterType 指令，代码如下：

```
<%@ MasterType VirtualPath="~/MasterPage.master" %>
```

7）设计搜索页面 Search.aspx 。在搜索页面内容页中添加一个标签控件 Result，用来显示搜索结果。用户从首页跳转到搜索页面后，会将在首页输入的搜索信息在标签中显示出来，如果在搜索页面直接进行搜索也会在内容页显示搜索结果，此时也需要从内容页访问母版页的事件，代码如下：

```
protected void Page_Load(object sender, EventArgs e)
        {
            if (Session["flag"] != null)
```

```
                { Master.welcome = "欢迎你，" + Session["name"].ToString(); }
                Result.Text = "这是您要搜索的" + Request.QueryString["type"] + "为" + Request.QueryString["key"] + "的结果：";
                Button B1 = (Button)Master.FindControl("Button1");
                B1.Click += new EventHandler(click);
            }
            protected void click(object sender, EventArgs e)
            { Result.Text = "这是您要搜索的" + Master.type + "为" + Master.keyword + "的结果：" }
```

在上述代码中使用 Request 对象的 Querystring 属性，接收来自于上一个页面查询字符串的值。同时在搜索页面需要访问母版页的公共属性，所以要在源视图中添加 MasterType 指令，代码如下：

```
<%@ MasterType VirtualPath="~/MasterPage.master" %>
```

## 4.7 习题

**1. 选择题**

1）ASP.NET 的母版页文件的扩展名为_____。

　　A．.aspx　　　　B．.skin　　　　C．.master　　　　D．.mother

2）母版页的程序代码第一行的指令是_____。

　　A．<%@Page%>　　　　　　　　B．<%@Control%>
　　C．<%@Registere%>　　　　　　D．<%@Master%>

3）以下哪项可以为 Web 站点创建统一的布局？_____

　　A．母版页　　　B．主题　　　C．外观文件　　　D．样式表

4）如果要通过程序动态地加载主题，那么加载主题的代码应该放在页面的那个事件中？_____。

　　A．Init　　　　B．PreInit　　　C．Load　　　　D．PreLoad

5）在内容页响应母版页的事件用到了_____技术。

　　A．托管　　　　B．托付　　　　C．委托　　　　D．委任

6）要禁用控件或页面的主题，只要将该控件或者该页面的属性_____的值设置为 false 即可。

　　A．theme　　　　　　　　　B．StyleSheetTheme
　　C．Theme　　　　　　　　　D．EnableTheming

**2. 填空题**

1）在 ASP.NET 应用程序中，母版页的第一行是（　　　）指令，母版页中包含了至少一个代表页中可编辑区域的（　　　）控件。

2）ASP.NET 应用程序中的主题文件应存储在根目录的（　　　）文件夹下，其中的外观文件定义的是（　　　）外观。

3）一般来说，主题文件夹中可以存放（　　　）、（　　　）和（　　　）。

4）母版页的配置一般来说有三种，即（　　　）、（　　　）和（　　　）。

5）从内容页访问母版页的方法主要有：（　　　）和（　　　）。

6）如果同一类型控件有不同于默认外观的属性设置时，可以通过设置控件的（　　　）属性来解决。

**3．简答题**

1）什么是母版页？什么是内容页？

2）普通的 Web 窗体页面与内容页有什么区别。

3）对于同一类型的控件主题又可以分为哪两种？

4）举例说明在母版页-内容页结构中，如何使用主题。

**4．程序设计题**

假设有一个名为 Site1.Master 的母版页，其中包含一个 TextBox1 控件，在内容页中如何将其 Text 属性设置为"123456"，写出后台代码。

# 第5章 网站导航

网站通常建有自身的导航，网站导航就如一本书的目录，用户可以根据网站导航轻松找到想要了解的网页。由于网站的导航一般都在网站的首页，因此网站导航设计的美观与否会直接影响到用户访问的感受。

本章主要介绍站点导航控件和站点地图的使用方法，同时简单介绍 XML 文件。XML 是用于标记电子文件使其具有结构性的标记语言，同时也可以用来标记数据、定义数据类型，是一种允许用户对自己的标记语言进行定义的源语言。

在 ASP.NET 4.5 中用于页面导航的控件主要有 TreeView 控件和 Menu 控件，二者既可以使用站点地图作为数据源，也可以使用 XML 文件作为数据源，还可以通过编辑节点方法显示菜单。此外，SiteMapPath 控件也可以实现导航，它只能使用站点地图作为数据源。

## 5.1 站点地图

站点地图主要用来方便地实现用户在不同网页或者不同网站之间切换，而这种操作是用户每天浏览网页都会去做的事情。本节主要介绍如何使用可扩展标记语言（Extensible Markup Language, XML）和 ASP.NET 4.5 自带的站点地图模板来实现网站导航。

### 5.1.1 XML 文件介绍

XML 是一种功能强大的可扩展的标记语言，可以将显示和数据分开，可以跨平台，支持不同软件之间的共享数据等。

XML 和 HTML 比较相似，都是 Web 开发语言。但二者最大的区别就是：HTML 中标记都是预先定义好的，如<div></div>表示块级元素，<form></form>表示表单等。而 XML 中，标记都是自己定义的，如<name>张三</name>。

> 所有 XML 文件都以<?xml version="1.0" encoding="utf-8"?>开头。

**1．XML 语言的特点**

XML 是灵活的标记语言，主要有以下几个特点。

1）灵活的 Web 应用。在 XML 中数据和显示格式是分开设计的，XML 元数据文件就是纯数据的文件，可以作为数据源，向 HTML 提供显示的内容，显示样式可以随 HTML 的变化而丰富多彩。也就是说，HTML 描述数据的外观，而 XML 描述数据本身，是文本化的小型数据库表达语言。HTML 数据和显示格式混在一起，显示出一种样式。XML 采用的标记是自定义的，这样数据文件的可读性就能大大提高，也不再局限于 HTML 文件中的那些标准标记。

2）面向对象的特性。XML 的文件是树状结构的，同时也有属性，这非常符合面向对象的编程特性，而且也体现出对象方式的存储。

3）可扩展性。在 XML 中没有必要学习特定的标记，因为标记是用户自己定义的。

4）结构化性。XML 文件是通过标记的层次排列表现出来的，一个简单的 XML 文件如下。

```
<?xml version="1.0" encoding="utf-8"?>
<软件学院>
    <学号>001</学号>
    <姓名>张三</姓名>
    <年龄>22</年龄>
    <性别>男</性别>
    <专业>软件工程</专业>
    <电话>13999999999</电话>
</软件学院>
```

XML 文件的含义：
- `<?xml version="1.0" encoding="utf-8"?>`为该 XML 文件的声明。
- 该 XML 文件包含两层，最外面一层是<软件学院>。
- 最内一层包含 6 个标记。

5）开放的标准。XML 基于的标准是为 Web 进行过优化的，是信息的高层封装与运输的标准。因此 XML 也是不同应用系统之间的数据接口标准，是所有信息的中间层表示，是中间层应用服务器的通用数据接口，甚至可以用于数据库技术的数据迁移过程、数据库报告格式中。

**2．XML 的组成**

1）声明：每个 XML 文件第一行就是声明。`<?xml version="1.0" encoding="utf-8"?>`这一行表示该文件是 XML 文件，而且表明了 XML 文件的版本，以及文件的编码方式。

2）元素：元素是组成 XML 文件的最小单位，它由一对标记来定义，也包括其中的内容。例如<姓名>张三</姓名>就是一个元素。

3）标记：标记用来定义元素，必须成对出现，中间包含数据。例如，<姓名>张三</姓名>里面，<姓名>就是标记。标记是用户自己定义的。

4）属性：属性是对标记的描述，一个标记可以有多个属性。例如，在<姓名 性别="男">张三</姓名>里面，其中性别="男"就是属性。这和 HTML 中的属性是一样的。

5）DTD：文档类型定义（Document Type Definition，DTD），是用来定义 XML 中的标记元素和属性关系。DTD 也可用来检测 XML 文档结构的正确性。

**3．XML 的实例**

【例 5-1】 使用 ASP.NET 广告控件的 XML 语言创建广告链接。

以广告控件中插入 XML 为例，说明 XML 文件的使用方法。AdRotator Web 服务器控件可从一条或多条广告记录的数据源中读取广告信息。实际上是将信息存储在一个 XML 文件中，然后将 AdRotator 控件绑定到该文件。操作步骤如下。

步骤一：创建一个 ASP.NET 空网站。

1）启动 Visual Studio 2012，单击菜单中"文件"，然后单击"新建网站"。

2）在弹出的对话框中，选择 ASP.NET 空网站，名称为"Example5_1"，模板选择"Visual C#"，单击"确定"按钮，如图 5-1 所示。

3）在解决方案资源管理器中，右键单击"Example5_1"，然后单击"添加"→"添加新项"，在弹出的对话框中选中"Web 窗体"，不改变默认名称 Default.aspx，然后单击"确定"按钮。

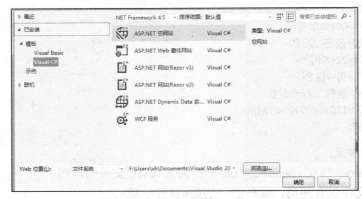

图 5-1　创建一个空的 Web 窗体

步骤二：插入 XML 文件。

1）在解决方案资源管理器中，右键单击"Example5_1"，然后单击"添加"→"添加新项"，在弹出的对话框中选中"XML 文件"，名称就用默认的 XMLFile1.xml，然后单击"确定"按钮。

2）弹出 XML 文件声明，在<?xml version="1.0" encoding="utf-8" ?>下添加如下 XML 标记。

```
<Advertisements>
    <Ad>
        <ImageUrl>logo_sina.gif</ImageUrl>
        <NavigateUrl>http://www.sina.com.cn</NavigateUrl>
        <AlternateText>链接到新浪</AlternateText>
        <Keyword>新浪</Keyword>
        <Impressions>80</Impressions>
    </Ad>
    <Ad>
        <ImageUrl>qq logo.jpg</ImageUrl>
        <NavigateUrl>http://www.qq.com.cn</NavigateUrl>
        <AlternateText>链接到腾讯</AlternateText>
        <Keyword>腾讯</Keyword>
        <Impressions>80</Impressions>
    </Ad>
</Advertisements>
```

📖 在 Advertisements 元素中，为每个要包括在广告列表中的广告创建一个 Ad 元素，如下所示。

```
<Advertisements>
   <Ad>
…...
   <Ad>
<Advertisements>
```

步骤三：在 Web 窗体中添加 AdRotator 广告控件。

1）打开步骤一中添加的新的 Web 窗体 Default.aspx。

2）单击左边工具栏，在弹出的工具栏中选择"AdRotator"，在属性栏中找到"AdvertisementFile"，单击右侧的选择按钮，如图 5-2 所示，选择"XMLFile1.xml"，然后单击"确定"按钮。

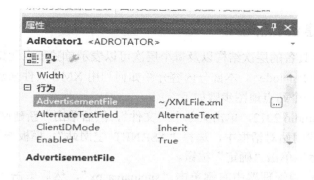

图 5-2　AdRotator 属性中添加 XML 文件

AdRotator 控件的所有属性都是可选的。XML 文件中可以包括如表 5-1 所示的属性。

表 5-1　XML 文件的广告属性

| 属　性 | 说　明 |
| --- | --- |
| ImageUrl | 要显示的图像的 URL |
| NavigateUrl | 单击 AdRotator 控件时要转到的网页的 URL |
| AlternateText | 图像不可用时显示的文本 |
| Keyword | 可用于筛选特定广告的广告类别 |
| Impressions | 一个指示广告的可能显示频率的数值（加权数值） |

📖 <ImageUrl></ImageUrl>标记中可以添加的图像格式类型很多，有.jpg，.bmp，.gif 等常用图片格式，需要将图片添加到 XML 本地文件中，步骤如下：在解决方案资源管理器中右键单击"Example5_1"→"添加"→"现有项"，找到需要显示的图片单击"确定"按钮，就可以把图片添加到 XML 文件本地。

通过以上三个步骤，可以使用广告控件去读取 XML 文件，并且在 Web 页面显示出 XML 广告效果。在开发环境中编译并运行程序两次，其结果如图 5-3 和图 5-4 所示。

📖 由于本例中两个广告内容的 Impressions 值（广告出现的频率）都为 80，实验中运行两次，正好分别得到了对应的两个图片的广告页面。但这也不是固定的，Impressions 只是一个参考值。

本例中实现了单击广告直接链接到新浪和腾讯的门户网站，也可以根据实际需要，链接相应的广告内容。

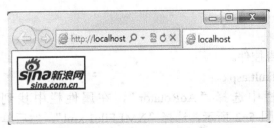

图 5-3　第一次运行广告页面运行结果　　　　图 5-4　第二次运行广告页面运行结果

## 5.1.2　XML 文件建立站点地图

利用 XML 文件具备的层次结构以及每个层次可以表示单独节点元素的特点，可以表示网站地图的每个<siteMapNode>。本部分内容介绍如何利用 XML 文件来建立站点地图。

使用 XML 定义一个站点地图步骤如下：

1）启动 Visual Studio 2012，单击菜单中"文件"，然后单击"新建网站"。

2）在弹出的新建网站对话框中，选择"ASP.NET 空网站"，模板选择"Visual C#"，命名为 sitemap.aspx，然后单击"确定"按钮。

3）在解决方案资源管理器中右键单击"sitemap.aspx"，然后单击"添加"→"添加新项"，在弹出的对话框中选中"Web 窗体"，不改变默认名称"Default.aspx"，然后单击"确定"按钮。

4）在解决方案资源管理器中右键单击"sitemap.aspx"，然后单击"添加"→"添加新项"，在弹出的对话框中选中"站点地图"，不改变默认名称"Web.sitemap"，然后单击"添加"按钮。

5）在弹出的 Web.sitemap 页面中弹出以下默认代码：

```
<?xml version="1.0" encoding="utf-8" ?>
<siteMap xmlns="http://schemas.microsoft.com/AspNet/SiteMap-File-1.0" >
    <siteMapNode url="" title=""  description="">
        <siteMapNode url="" title=""  description="" />
        <siteMapNode url="" title=""  description="" />
    </siteMapNode>
</siteMap>
```

　　网站地图必须包括 Web.sitemap 文件，而且要存放在网站根文件夹中。

Web.sitemap 默认代码含义：

- Web.sitemap 中<siteMap>为其根元素。
- <siteMap>又包含了<siteMapNode>元素，每个<siteMapNode>都可以包含多个层级的子<siteMapNode>。
- <siteMapNode>常用属性如表 5-2 所示。

表 5-2 &lt;siteMapNode&gt;元素常用属性

| 属性 | 说明 |
| --- | --- |
| title | 超链接显示的文本 |
| description | 超链接含义，当鼠标停留将显示此含义 |
| url | 超链接地址 |
| siteMapFile | 引用另一个 siteMap 文件 |
| roles | 确定哪些角色可以访问当前节点 |

📖 当定义权限时，要在 web.config 中&lt;siteMap&gt;配置&lt;provider&gt;的子元素&lt;add&gt;，需要设置其属性 securityTrimmingEnabled="true"。

通过以上 1）～5）步就可以定义一个站点地图模板，定义完站点地图就可以通过修改 Web.sitemap 默认代码，建立 XML 站点地图文件。例如，修改 Web.sitemap 代码如下：

```
<?xml version="1.0" encoding="utf-8" ?>
<siteMap>
    <siteMapNode url="~/院系介绍.aspx" title="院系介绍"  description="院系介绍">
        <siteMapNode url="~/软件学院.aspx" title="软件学院"  description="软件学院">
            <siteMapNode url="~/软件工程.aspx" title="软件工程"  description="软件工程"/>
            <siteMapNode url="~/网络工程.aspx" title="网络工程"  description="网络工程"/>
        </siteMapNode>
    </siteMapNode>
</siteMap>
```

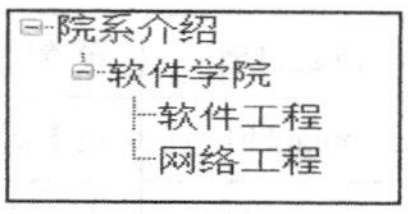

通过上面这段 XML 站点地图代码，可以得到分层结构，如图 5-5 所示。

图 5-5 分层结构图

不难看出，站点地图就是利用 XML 语言分层结构这一特点建立站点的层级，所以要在 Web 页面上显示出这种 XML 分层结构，既可以采用编程方式来实现，也可以采用 Web 控件方式。

## 5.2 导航控件

通常情况下，网站都由若干个 Web 页面组成。用户需要从一个网页跳转到另一个网页，有时候需要从一个网站跳转到另一个网站或者一个网页跳到多个其他页面，这原本需要烦琐复杂的编程过程，然而 ASP.NET 提供了导航控件，使得原本复杂的编程都封装到了单个控件里面，大大简化了开发者的工作。

ASP.NET 4.5 提供了多个导航控件，这里主要介绍 TreeView 控件、Menu 控件、SiteMapPath 控件和 SiteMapDataSource 控件，这几个控件主要有以下特点。

- SiteMapPath 控件需要 XML 文件作为站点地图文件，不需要 SiteMapDataSource 数据源控件。
- TreeView 控件可以配合 SiteMapDataSource 控件或者 XML 数据源使用。
- Menu 控件基本和 TreeView 控件相似，可以手动加入内容，也可使用数据源进行填充。
- SiteMapDataSource 控件为数据源控件，可以为其他导航控件提供数据源。

## 5.2.1 TreeView 控件

### 1. TreeView 控件介绍

TreeView 控件又称视图控件，它是整个网站地图的一部分，包含若干个节点，每个节点都可以链接到一个新的页面。节点可以分为根节点、父节点、子节点和叶节点。主要包括下面几个特点。

1）可以绑定 XML 数据源或者使用 SiteMapDataSource 数据源控件。
2）可以使用编程形式动态设置控件属性。
3）可以为节点实现客户端功能。
4）节点可显示为文本或者链接方式。
5）可以使用样式自定义或者自定义图像显示外观。

### 2. TreeView 控件属性

TreeView 由许多节点和节点展开及收缩等图标组成，这些都决定着该控件的外观和节点内容样式，而决定这些外观和数据的就是 TreeView 控件的属性。常用属性如表 5-3 所示。

**表 5-3 TreeView 控件常用属性**

| 属 性 | 说 明 |
| --- | --- |
| ImageSet | 设置节点图表集，用于表示收缩节点、展开节点和不可展开节点 |
| CollapseImageUrl | 设置收缩节点图标 |
| ExpandImageUrl | 设置展开节点图标 |
| NoExpandImageUrl | 设置不包含子节点图标 |
| ShowExpandCollapse | 是否显示展开节点时的指示图标 |
| ShowCheckBoxes | 是否在节点前显示复选框 |
| EnableClientScript | 是否允许客户端展开或者折叠事件 |
| ExpandDepth | 初始化时显示节点的层数，值 0 表示全部收缩，-1 表示全部展开，1 表示展开 1 层 |

  可以用 SiteMapDataSource 控件或者 XMLDataSource 的 XML 数据源控件，获取数据填充到 TreeView 控件。

TreeView 由若干节点组成，每个节点都可以看成是 TreeNode 类对象，使用编程方式对节点进行操作时，经常会使用到 TreeNode 属性，常用属性如表 5-4 所示。

**表 5-4 TreeNode 控件常用属性**

| 属 性 | 说 明 |
| --- | --- |
| Text | 在 TreeView 控件中显示的内容 |
| Value | 存储该节点的数据值 |
| NavigateUrl | 获取或设置单击节点导航到的 URL |
| ImageUrl | 设置可以在节点中显示图像，该图像显示在节点文本旁 |
| SelectAction | 单击时激发的事件 |

📖 设计站点地图时，可以使用 TreeView 控件的 Node.Add()和 Node.Remove()方法来添加和删除节点。

**3．TreeView 控件应用案例**

TreeView 控件数据源可以利用属性手动创建，还可以利用 SiteMapDataSource 控件得到数据。例 5-2 为数据源手动创建，并且实现 Web 页面客户端交互效果。

【例 5-2】 使用 TreeView 创建公司部门网站导航。

操作步骤如下：

1）启动 VS2012，创建空网站，命名为"example5_2"。

2）将工具箱中 TreeView 控件拖进 Default.aspx 页面。

3）进入页面的设计窗口，单击 TreeView 控件右上角的">"符号，弹出 TreeView 任务对话框，如图 5-6 所示。

4）单击"编辑节点"进入 TreeView 节点编辑器对话框，然后单击添加根节点和子节点，如图 5-7 所示（左上方框中标出的左边符号是添加根节点，右边是添加子节点）。

5）按照图 5-7 所示节点名称修改 TreeView 的 Text 属性，完成添加后单击"确定"按钮。

图 5-6　TreeView 任务对话框

图 5-7　TreeView 节点编辑器对话框

通过以上五个步骤可以完成对 TreeView 节点的添加，这样使用 TreeView 控件手动方式添加一个简单的导航外观就完成了。

单击"运行"按钮，即可以得到如图 5-8 所示运行结果。

如果要实现 Web 页面上客户端动态进行页面交互，就需要使用编程方式实现，例如在 Web 页面上实现客户端添加和删除节点的效果，还需要在上面建立好的导航页面基础上继续完成以下 6）~9）步：

6）进入 Default.aspx 设计窗口，从工具箱里分别拖出两个 Label 控件、两个 TextBox 控件和两个 Button 控件。

7）按照表 5-4 将这几个控件相应的属性值进行修改。

图 5-8　TreeView 节点运行结果

表 5-5 实例 5-2 修改控件属性

| 控件名称 | ID 属性 | Text 属性 |
|---|---|---|
| Lable | Label1 | 部门名称 |
|  | Label2 | 子部门名称 |
| TextBox | txtDep | — |
|  | txtSubDep | — |
| Button | btnAdd | 添加 |
|  | btnRemove | 删除 |

8）双击"添加"按钮，激发 btnAdd_Click 事件，添加如下代码：

```
public partial class _Default : System.Web.UI.Page
{
    TreeNode tn = new TreeNode();
    protected void btnAdd_Click(object sender, EventArgs e)
    {
        if (txtSubDep.Text.Trim().Length < 1)
        {
            return;
        }
        tn.Value = txtSubDep.Text.Trim();
        if (TreeView1.SelectedNode != null)
        {
            TreeView1.SelectedNode.ChildNodes.Add(tn);
        }
        else
        {
            TreeView1.Nodes.Add(tn);
        }
        txtDep.Text = "";
    }
```

9）双击"删除"按钮，激发 btnRemove_Click 事件，添加如下代码：

```
    protected void btnDelete_Click(object sender, EventArgs e)
    {
        if (TreeView1.SelectedNode != null)
        {
            TreeNode parentnode = TreeView1.SelectedNode.Parent;
            parentnode.ChildNodes.Remove(TreeView1.SelectedNode);
        }
    }
}
```

单击"运行"按钮，即可以得到运行结果如图 5-9 所示，当单击"添加"按钮和"删除"按钮时运行结果如图 5-10 和图 5-11 所示。

图 5-9　实例 5-2 运行结果　　　　　　　图 5-10　添加运行结果

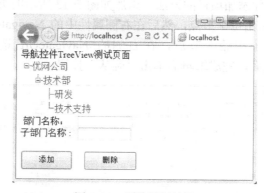

图 5-11　删除运行结果

## 5.2.2　Menu 控件

Menu 控件和 TreeView 控件比较相似，都可以绑定某种数据源，也可以手动使用 MenuItem 对象来添加 Menu 项。

**1．Menu 的显示模式**

Menu 有两种显示模式，静态模式和动态模式。静态模式主要是指 Menu 自始至终都是展开状态的，都是可见的，用户可以单击其任何部分。而动态模式意味着当用户将鼠标放置在父节点上才会显示其子节点。

> 当使用静态模式显示时，StaticDisplayLevels 属性可以控制静态显示行为，StaticDisplayLevels 属性指从根节点起显示静态菜单的层数。例如，StaticDisplayLevels 属性值为 2，指静态显示前两层，其最小值为 1。当使用动态显示时，MaximumDynamicDisplayLevels 属性设置表示静态显示层后应显示的动态显示菜单节点层数。如菜单有 2 个静态层和 1 个动态层，则菜单的前两层应设为 2，后一层设为 1。

**2．Menu 控件的使用**

Menu 可以使用控件自带的添加功能对站点导航页面数据进行添加，也可以使用数据源添加，使用数据源添加时需要将 Menu 控件的 DataSourceID 属性值设为 SiteMapDataSource 控件 ID 值。

【例5-3】使用Menu控件设计网页，显示结构如图5-12所示。

由于Menu控件和TreeView控件页面设置十分相似，操作步骤如下。

1）创建空网站，命名为"example5_3"。

2）分别添加6个页面：电子产品.aspx，解决方案.aspx，手机.aspx，电脑.aspx，云推送.aspx，版本升级.aspx。

3）添加Web新页面Home.aspx。

4）单击工具箱中的Menu控件，进入菜单编辑器。

图5-12 某公司主页显示结构

5）类似TreeView控件添加项目的方法，添加如图5-13所示的页面的网站结构内容。

6）在菜单编辑器中单击每个节点，然后在右侧属性中的NavigateUrl选项中选到相应的节点页面，如单击"电子产品"节点，在右侧的NavigateUrl选项中就选择"电子产品.aspx"页面作为链接页面，完成编辑后单击"确认"按钮。

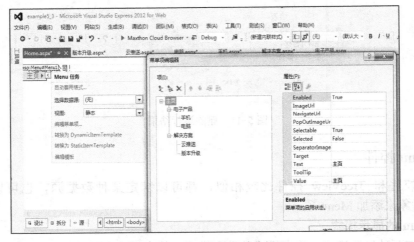

图5-13 Menu控件菜单编辑器

为了测试方便，在每个Web页面上添加一句文字："欢迎进入A公司某页面"，如单击解决方案页面，进入"欢迎进入A公司解决方案页面！"；Home页面主体主要代码如下：

```
<body>
    <form id="form1" runat="server">
        <div>  欢迎进入A公司！
            <asp:Menu ID="Menu1" runat="server" BackColor="#F7F6F3" DynamicHorizontalOffset="2" Font-Names="Verdana" Font-Size="0.8em" ForeColor="#7C6F57" StaticDisplayLevels="3" StaticSubMenuIndent="10px" Target="_blank">
                <DynamicHoverStyle BackColor="#7C6F57" ForeColor="White" />
                <DynamicMenuItemStyle HorizontalPadding="5px" VerticalPadding="2px" />
                <DynamicMenuStyle BackColor="#F7F6F3" />
                <DynamicSelectedStyle BackColor="#5D7B9D" />
                <Items>
```

```
                <asp:MenuItem NavigateUrl="~/Home.aspx" Text="主页" Value="主页">
                <asp:MenuItem NavigateUrl="~/电子产品.aspx" Text="电子产品" Value="电子产品">
                <asp:MenuItem NavigateUrl="~/手机.aspx" Text="手机" Value="手机"></asp:MenuItem>
                <asp:MenuItem NavigateUrl="~/电脑.aspx" Text="电脑" Value="电脑"></asp:MenuItem>
                </asp:MenuItem>
                <asp:MenuItem NavigateUrl="~/解决方案.aspx" Text="解决方案" Value="解决方案">
                    <asp:MenuItem NavigateUrl="~/云推送.aspx" Text="云推送" Value="云推送">
</asp:MenuItem>
                    <asp:MenuItem NavigateUrl="~/版本升级.aspx" Text="版本升级" Value="版本升级">
</asp:MenuItem> </asp:MenuItem>
                </asp:MenuItem>
            </Items>
            <StaticHoverStyle BackColor="#7C6F57" ForeColor="White" />
            <StaticMenuItemStyle HorizontalPadding="5px" VerticalPadding="2px" />
            <StaticSelectedStyle BackColor="#5D7B9D" />
        </asp:Menu>
        </div>
        </form>
    </body>
```

运行结果如图 5-14 所示。

图 5-14　实例 5-3 运行结果

程序说明：

1）本例改变了导航显示样式。通过单击 Menu 控件的 Menu 任务→"控件菜单"→"自动套用格式"→"专业型"，页面菜单显示出灰色底的样式，这里的格式有彩色型、传统型等可供选择，用户可根据自己的需要定义显示风格。

2）Meun 控件的 Target 属性。使用 Target 属性指定单击菜单项时显示该菜单项所链接网页内容的窗口或框架。本例 Menu 属性选择了"_blank"，表示链接的窗口为一个没有框架的新窗口，即单击菜单节点弹出一个链接新的窗口。如果没有定义 Target 属性，则没有新的窗口弹出，而是在原页面进行刷新。

3）Menu 控件的 StaticDisplayLevels 属性表示指定静态菜单的菜单显示级别数，本例中设置了 StaticDisplayLevels 值为 3（默认为 1），如果不改变这个默认值，页面菜单将只显示第一级菜单。

4）可以通过改变 Orientation 来改变导航菜单的显示方向，Vertical 表示垂直显示，Horizontal 表示水平显示。

### 5.2.3 SiteMapPath 控件

SiteMapPath 会显示一个导航路径（也称为痕迹导航或眉毛导航），此路径为用户显示当前网页的位置，并显示返回到主页的路径链接。该控件提供了许多可供自定义链接外观的选项。

SiteMapPath 控件包含来自站点地图的导航数据，此数据包括有关网站中的网页信息，如 URL、标题、说明以及在导航层次结构中的位置。如果将导航数据存储在一个地方，就可以更方便地在网站的导航菜单中添加和删除项。与 Menu 控件和 TreeView 控件不同，SiteMapPath 控件不需要通过 SiteMapDataSource 控件来获取数据。SiteMapPath 控件提供了许多属性，可以支持用户个性化设计自己喜欢风格的各种外观。表 5-6 列出了一些常见的 SiteMapPath 控件属性。

表 5-6　SiteMapPath 控件属性

| 属性 | 说明 |
| --- | --- |
| PathDirection | 获取导航控件中节点的顺序方向，RootToCurrent（默认）和 CurrentToRoot（反方向） |
| PathSeparator | 表示两个节点之间的分隔符，默认为（>） |
| RenderCurrentNodeAsLink | 若值为 True，则表示当前页面的导航节点呈现出一个可单击的链接 |
| ParentLevelsDisplayed | 用于获取当前页面显示最大父层级数量，默认-1 表示显示所有父层级 |

【例 5-4】 使用 XML 设计某大学主页站点地图。

具体操作步骤如下：

1）创建名为"Example5_4"的空网站。

2）按照上一节定义一个站点地图模板的方法新建一个 XML 站点地图。

3）建立 XML 文件元素匹配网站地图节点。即在 Web.sitemap 页面中修改并添加代码，代码如下：

```
<?xml version="1.0" encoding="utf-8" ?>
<siteMap>
    <siteMapNode url="~/院系介绍.aspx" title="院系介绍"  description="院系介绍">
        <siteMapNode url="~/软件学院.aspx" title="软件学院"  description="软件学院">
            <siteMapNode url="~/软件工程.aspx" title="软件工程"  description="软件工程"/>
            <siteMapNode url="~/网络工程.aspx" title="网络工程"  description="网络工程"/>
        </siteMapNode>
    </siteMapNode>
</siteMap>
```

4）在解决方案资源管理器上，右键单击"Example5_4"，单击"添加"→"添加新项"来增加四个新的 Web 窗体，分别命名为"院系介绍.aspx"，"软件学院.aspx"，"软件工程.aspx"，"网络工程.aspx"。

5）在建好的四个 Web 页面上设计相应的页面内容（可以使用母版），并且在每个 Web 页面中都添加一个 SiteMapPath 控件，设置 RenderCurrentNodeAsLink 属性为 True，SiteMapProvider 值设为"XmlSiteMapProvider"。以"软件工程.aspx"页面为例，代码如下：

```
<asp:SiteMapPath ID="SiteMapPath1" runat="server" RenderCurrentNodeAsLink="True"
    SiteMapProvider="XmlSiteMapProvider"> </asp:SiteMapPath>
```

6）由于需要引用在 Web.sitemap 的 XML 文件，因此需要在 Web.config 页面的<system.web></system.web>之间添加如下代码：

```
<system.web>
    <siteMap defaultProvider="XmlSiteMapProvider" enabled="true">
        <providers>
            <add name="XmlSiteMapProvider"
                description="SiteMap provider which reads in .sitemap XML files."
                type="System.Web.XmlSiteMapProvider, System.Web, Version=2.0.0.0, Culture=neutral, PublicKeyToken=b03f5f7f11d50a3a"
                siteMapFile="web.sitemap" securityTrimmingEnabled="true"/>
        </providers>
    </siteMap>
</system.web>
```

> "SiteMapPath" 控件允许用户向后导航——从当前网页导航到网站层次结构中更高层的网页。但是 "SiteMapPath" 控件不允许向前导航——从当前网页导航到网站层次结构中较低层的网页。

运行结果如图 5-15 所示。

图 5-15　SiteMap 测试网页运行结果

程序说明：

1）本例使用 XML 文件建立站点地图，然后使用 SiteMapPath 控件将 XML 数据加载到 SiteMapPath 中，最终显示在 Web 页面上。

2）代码 SiteMapProvider="XmlSiteMapProvider"表示站点地图数据源来自 XML 文件。

### 5.2.4　SiteMapDataSource 控件

SiteMapDataSource 控件是网站导航数据的数据源，这些数据存储在为网站配置的网站地图提供的程序中。使用 SiteMapDataSource 可以将那些并非专门作为站点导航控件的 Web 服务器控件（如 TreeView 控件、Menu 控件和 DropDownList 控件）绑定到分层的网站地图数据上。可以使用这些 Web 服务器控件，以目录形式显示网站地图或者主动在网站内导航。

SiteMapDataSource 最常见的用途是在为某个数据绑定控件（如 TreeView 或 Menu 控件）设置数据源时在数据源配置向导中指定该控件。也可以将 SiteMapDataSource 控件从工具箱任务窗格拖放到网页上，从而将其添加到该网页中。SiteMapDataSource 可以绑定站点地图数据，并基于在站点地图层次结构中指定的起始节点显示其视图，SiteMapDataSource 在检索站点地图数据时，具有下面特点。

- 网站地图数据从 SiteMapProvider 对象（如 XmlSiteMapProvider）中检索，这是 ASP.NET 默认站点地图提供程序。可指定为站点配置的任何提供的程序，以便向 SiteMapDataSource 提供站点地图数据，并且通过访问 SiteMap.Providers 集合，获得可用提供程序的列表。
- 用户线程的实现方式可以被定制或修改，以适应特殊应用的要求。它对于多媒体实时过程等尤其有用。另外，用户线程可以比内核线程实现方法默认情况支持更多的线程。
- 与所有数据源控件一样，SiteMapDataSource 的每个实例都与单个帮助器对象关联，该帮助器对象称为数据源视图。
- 默认情况下，起始节点是层次结构的根节点，但是可将起始节点设置为任何节点。起始节点可以是相对于站点地图中当前位置的一个节点，或者是相对于某个绝对位置的节点。通过设置 StartingNodeUrl 属性可指定起始节点。
- SiteMapDataSource 专用于导航数据，并且不支持排序、筛选、分页或缓存之类的常规数据源操作，也不支持更新、插入或删除之类的数据记录操作。

下面举例说明使用 TreeView 控件和 SiteMapDataSource 来显示页面导航。

【例 5-5】 使用 TreeView 控件绑定 SiteMapDataSource 控件数据源方式显示导航页面。

操作步骤如下：

1）创建名为 Example5_5 的空网站。

2）按照上一节定义一个站点地图模板的方法，新建一个名为 Web.sitemap 的 XML 站点地图文件。

3）建立 XML 文件元素匹配网站地图节点。即在 Web.sitemap 页面中修改并添加代码，代码如下：

```
<?xml version="1.0" encoding="utf-8" ?>
<siteMap>
    <siteMapNode url="~/Home.aspx" title="主页"    description="主页">
        <siteMapNode url="~/product.aspx" title="商品"    description="商品">
            <siteMapNode url="~/electronic.aspx" title="家电"    description="家电"/>
            <siteMapNode url="~/clothes.aspx" title="服装"    description="服装"/>
        </siteMapNode>
    </siteMapNode>
</siteMap>
```

4）在解决方案资源管理器上，右键单击"Example5_5"，单击"添加"→"添加新项"增加四个新的 Web 窗体，分别命名为 Home.aspx，product.aspx，electronic.aspx'clothes.aspx。

5）再添加一个新的 Web 页面，使用默认名称 Default.aspx，添加一个 SiteMapDataSource 控件，ID 属性使用默认的 SiteMapDataSource1。

6）在 Default.aspx 页面再添加一个 TreeView 控件，将 DataSourceID 属性值设为 SiteMapDataSource1，即连接了数据源，Default.aspx 页面上主体代码如下：

```
<body>
    <form id="form1" runat="server">
```

```
            <div>
                <asp:TreeView    ID="TreeView1"    runat="server"    DataSourceID="SiteMapDataSource1"
NodeIndent="10" NodeStyle-ChildNodesPadding="10"></asp:TreeView>
                <asp:SiteMapDataSource ID="SiteMapDataSource1" runat="server" />
            </div>
        </form>
    </body>
```

运行结果如图 5-16 所示。

图 5-16 实例 5-5 运行结果

## 5.3 习题

**1．填空题**

1）ASP.NET4.5 主要导航控件有（　　　　），（　　　　）和（　　　　）。

2）网站地图文件的扩展名是（　　　　）。

3）<siteMapNode>元素的 siteMapFile 属性表示（　　　　）。

4）Menu 控件的 StaticDisplayLevels 属性值等于 2 表示（　　　　）。

5）使用 Menu 控件时，要想在单击一个节点时链接到一个新的页面，必须设置 Target 属性值为（　　　　）。

6）要想使用 TreeView 控件绑定 SiteMapDataSource 数据源控件，必须将 TreeView 控件的（　　　　）属性值设为"SiteMapDataSource1，即连接了数据源。

**2．程序设计题**

使用 TreeView 控件和 XML，一个 SiteMapDataSource 数据源控件，设计一个新闻首页的导航，导航包括至少两层节点。

# 第 6 章 ASP.NET 语法基础

ASP.NET 页面文件是文本文件，其中包含在 Web 服务器上执行以生成动态内容的代码，这些代码由标记语法组成。标记语法由 ASP.NET DLL 文件 aspnet.isapi.dll 处理，后者在服务器上运行。ASP.NET 程序可以用 C#、Visual Basic.NET、JavaScript 等来实现，本书采用 C#语言来实现 ASP.NET 中的所有对象和程序。本章主要内容包括 ASP.NET 语法和 C#基础。

## 6.1 ASP.NET 语法

ASP.NET 文件以".aspx"为扩展名，.aspx 文件是 ASP.NET 动态网页，若为第一次执行，则启动编译器先译成 IL，再调用 JIT 编译器译成计算机编码执行；若不是第一次执行，且网页也没有变动，IIS 会直接调用 JIT 编译器将 IL 编译成计算机编码并执行，所以在编写 ASP.NET 程序时要将存盘扩展名设置为.aspx。

.aspx 文件不能用打开文件的方式执行，必须用浏览网页的方式打开，即在浏览器的地址栏中输入对应的网址与文件全名方可执行，用这种执行方式系统才会启动 IIS，ASP.NET 程序必须在 IIS Web 服务器环境下才可以顺利执行。

ASP.NET 文件由两部分组成：可视元素和编辑逻辑。可视元素由 HTML 标签、静态文本和 ASP.NET 服务器控件组成，用于实现 Web 应用程序的可视外观。编辑逻辑由编程语言（如 C#）编写的代码组成，用于实现 Web 应用程序的功能。

一个 ASP.NET 的 Web 页面包含以下几个部分。

1）指令：供编译器处理的 ASP.NET 页面和用户控件使用的命令。
2）HTML 标签：作为外观设计的一部分，不能在代码中被访问。
3）服务器控件：允许用户与页面交互的控件，在服务器上被处理，允许引发服务器端事件。
4）代码声明块：定义当呈现页时执行的内联代码或内联表达式，放在<%...%>标记中。
5）代码呈现块：把用 C#语言编写的代码放在<script>标签中。
6）页面事件：页面触发时的事件。
7）控件事件：在客户端被用户触发的事件。

### 6.1.1 标签

在 ASP.NET 页面中，可以包含普通 HTML 标签，但它们只是作为页面外观的一部分，并不能在代码中被访问。如果想在代码中访问这些 HTML 标签，可以把它们转化为服务器控件。只需将 runat="server"属性和 id 属性添加到 HTML 标签中，即可完成转换。示例代码如下：

```
<head id="head1" runat="server">
```

在 HTML 标签中重点强调<form>标签，如果 ASP.NET 页面包含与用户进行交互的控件，则该页面必须包含一个<form>标签，并且该<form>标签的 runat 属性值必须为"server"，表明该 form 是在服务器端运行的，语法格式为：

```
<form runat="server">
</form>
```

## 6.1.2 注释

在.aspx 文件中使用注释有两种方法。如果 HTML 标签或<script>代码块中的代码需要注释，需使用<！--注释-->语句形式进行注释，此时服务器端 ASP.NET 会对注释代码进行解析；如果对 ASP.NET 服务器控件进行注释，则需要使用<%--注释--%>语句形式，此时服务器端 ASP.NET 不进行解析。

例如，对 HTML 标签进行注释：

```
<!--
<p>客户端浏览器不显示注释</p>
-->
```

对<script>代码块中的代码进行注释：

```
<script language="JavaScript" runat="Server">
<!--注释内容-->
</script>
```

对服务器控件进行注释：

```
<%--
<% Response.Write("注释语句测试！")%>
<asp:TextBox id="TextBox" runat="Server"></asp:TextBox>
<asp:Button id="Button" runat="Server" text="Button"/>
--%>
```

> 如果将服务器控件放在<%--注释--%>里，这些服务器控件仍将运行，只是在显示时不进行显示。服务器端注释用于页面的主体，但不在服务器端代码块中使用，并且服务器端注释块不能被嵌套。当在代码声明块（包含在<script runat="server"></script>标记中的代码）或代码呈现块（包含在<% %>标记中的代码）中使用特定语言时，应使用用于编码语言的注释语法。如果在<% %>块中使用服务器端注释块，则会出现编译错误。

## 6.1.3 Page 指令

Page 指令定义了 ASP.NET 页面分析器和编译器使用的页面特定属性和值，这是 ASP.NET 文件最常用的一个指令。ASP.NET 页面是 ASP.NET 的一个重要部分，它包含许多属性。表 6-1 总结了 Page 指令的常用属性。

表 6-1　Page 指令的常用属性

| 属性 | 说明 |
|---|---|
| AutoEventWireUp | 指示页的事件是否自动绑定。如果启用了事件自动绑定，则为 true；否则为 false。默认值为 true |
| Buffer | 确定是否启用了 HTTP 响应缓冲。如果启用了页缓冲，则为 true；否则为 false。默认值为 true |
| CodeFile | 指定指向页引用的代码隐藏文件的路径 |
| Debug | 指示是否应使用调试符号编译该页。如果应使用调试符号编译该页，则为 true；否则为 false。由于此设置影响性能，因此只应在开发期间将此属性设置为 true |
| EnableSessionState | 定义页的会话状态要求。如果启用了会话状态，则为 true；如果可以读取会话状态但不能进行更改，则为 ReadOnly；否则为 false。默认值为 true。这些值不区分大小写 |
| EnableTheming | 指示是否在页上使用主题。如果使用主题，则为 true；否则为 false。默认值为 true |
| EnableViewState | 指示是否在页请求之间保持视图状态。如果要保持视图状态，则为 true；否则为 false。默认值为 true |
| Inherits | 定义供页继承的代码隐藏类。它与 CodeFile 属性（包含指向代码隐藏类的源文件的路径）一起使用 |
| Language | 指定在对页中的所有内联呈现（<% %> 和 <%= %>）和代码声明块进行编译时使用的语言。值可以表示任何 .NET Framework 支持的语言，如 C# |
| Theme | 指定在页上使用的有效主题标识符。如果设置 Theme 属性时没有使用 StyleSheetTheme 属性，则将重写控件上的单独的样式设置，允许创建统一而一致的页外观 |
| Trace | 指示是否启用跟踪。如果启用了跟踪，则为 true；否则为 false。默认值为 false |

使用 Page 指令的示例代码如下：

```
<%@Page Language="C#" AutoEventWireup="true" CodeFile="Default.aspx.cs"
Inherits="_Default" %>
```

**1．指令作用**

@Page 指令只能在 Web 窗体页中使用，用来定义 ASP.NET 页面分析器和编译器使用的属性，每个 .aspx 文件只能有一条这样的指令。@Page 指令可以指定页面中代码的服务器编程语言，比如 C# 语言，每个 .aspx 页只能使用和指定一种语言；页面可以将服务器代码直接包含在其中，还可以将代码包含在单独的类文件中；调试和跟踪选项，以及页面是否为某母版页的内容页。

**2．指令使用说明**

若要定义 @Page 指令的多个属性，可使用一个空格分隔每个属性/值对。对于特定属性，不要在该属性与其值相连的"="两侧加空格。ASP.NET 页触发的事件，如 Init、Load 等，在默认情况下，可以使用"Page_事件名"的命名约定将页事件绑定到相应的方法。页面编辑时，ASP.NET 将查找基于此命名约定的方法，并自动执行。CodeFile 属性与 Inherits 属性一起使用，可以将代码隐藏源文件与网页相关联。

## 6.1.4　Import 指令

Import 指令允许指定要导入到 ASP.NET 页面或用户控件中的名称空间。导入了名称空间后，该名称空间中的所有类和接口就可以在页面和用户控件中使用了。这个指令只支持属性 Namespace。

Namespace 属性带有一个 String 值，它指定要导入的名称空间。示例代码如下：

```
<%@Import Namespace="System.Data" %>
```

@Import 指令用于将命名空间显示导入到页或用户控件中，并且导入该命名空间的所有类和接口。导入的命名空间可以是.NET Framework 类库的一部分，也可以是用户定义的命名空间的一部分。

把名称空间导入到 ASP.NET 页面或用户控件后，在使用类时就不必完全限定类名。例如，在 ASP.NET 页面中导入 System.Data.OleDb 名称空间，就可以使用单个类名来引用这个名称空间中的类（即使用 OleDbConnection，而不使用 System.Data.OleDB.OleDb Connection）。示例代码如下：

```
<%@ Import Namespace="System.Data.OleDb" %>
```

> @Import 指令的 Namespace 属性用来指定要导入命名空间完全限定名。不能在一条指令中指定多个 Namespace 属性。若要导入多个命名空间，则需要使用多条@Import 指令来完成。

## 6.2 C#基础

C#语言是一种精确、简单、类型安全和面向对象的程序设计语言，它使开发人员可以方便地构建广泛的应用程序。

C#一个重要的特点就是能够与 Web 紧密结合，因为有了 Web 服务框架的支持，对开发人员来说，可以很方便地利用已掌握的面向对象的知识和技巧来开发 Web 服务。而且，只需要使用简单的 C#语言结构，C#组件就可以方便为 Web 服务，并允许它们通过 Internet 被运行在任何操作系统上的任何语言调用。

### 6.2.1 变量与类型

**1．常量与变量**

（1）常量

常量即在程序运行过程中不会发生改变的量。常量的声明，就是声明程序中要用到的常量的类型、名称和它的值。常量声明的格式如下：

　　常量修饰符 const 类型 常量名=常量表达式;

其中常量修饰符可以是 public、private、protected、internal 和 protected internal，这些访问修饰符用于定义访问该常量的方式。常量修饰符可以省略。

例如，可以定义常量如下：

```
public const int a=1;
```

常量定义中，"常量表达式"的意义在于该表达式不能包含变量及函数等值会发生变化的内容，代码如下：

```
const int MAX=10;
const double PI=3.1415926;
const double AREA=PI*MAX*MAX;      //合法
int iNum=10;
const double AREA=PI*iNum*iNum;    //不合法
```

（2）变量

变量表示数值、字符串值或类的对象，其存储的值可能会发生更改，但名称保持不变。变量是字段的一种类型。

变量的一般定义形式为：

[变量修饰符] 类型 变量名 [=变量表达式];

变量修饰符有 public、private、protected、internal、new、static 和 readonly，默认为 private。

例如，可以如下定义变量：

static public int a=1;
public int number;
int[] animals=new int[2];

C#中变量名的命名规则如下：

● 必须以字母开头。
● 只能以字母、数字、下划线组成，不能包含空格、标点、操作符等特殊符号。
● 不能与C#中的关键字同名。
● 不能与C#中的库函数同名。
● 可以以@开始。

在 C#中，定义了 7 种变量类型：静态变量、实例变量、数组变量、值参数、引用参数、输出参数和局部变量。

1）用 static 修饰符声明的字段被称为静态变量。当静态变量所属的类被加载以后，静态变量就一直存在，并且所有属于这个类的实例都共用同一个变量。

2）所有没有 static 修饰的变量都是实例变量，它们属于类的实例。类的实例变量在开始创建该类的新实例时存在，在所有对该实例的引用都终止且执行了该类的析构函数时终止。

3）数组变量在开始创建实例时存在，在没有对该数组实例的引用时终止。

4）未用 ref 或 out 修饰符声明的参数是值参数。值参数在开始调用参数所属的函数成员时存在，当返回该函数成员时值参数终止。

5）用 ref 修饰符声明的参数是引用参数。引用参数的值与被引用的基础变量相同，因此引用参数不创建新的存储位置。

6）用 out 参数修饰符声明的参数是输出参数。输出参数也不创建新的存储位置，因为它表示的是函数调用中的那个基础变量。

7）局部变量是在某一个独立的程序块中声明的，作用域仅仅局限于程序块，如块语句、for 语句、switch 语句和 using 语句。

（3）类型转换

隐式转换是系统自动执行的数据类型转换。隐式转换的基本原则是允许数值范围小的类型向数值范围大的类型转换，允许无符号整数类型向有符号整数类型转换。

显式转换也称为强制转换，是在代码中明确指示将某一类型的数据转换为另一种类型。显式转换语句的一般格式为：

（数据类型名称）数据；

例如：

  int a = 600;
  short b=(short)a;

**2．值类型**

  C#的数据类型分为值类型、引用类型和指针类型三大类。值类型直接存储它的数据内容，包括简单数据类型、结构类型和枚举类型；引用类型不存储实际数据内容，而是存储对实际数据的引用，包括类、字符串、数组、委托和接口等；指针类型一般使用得较少，并且只能用于不安全模式。本节只介绍值类型和引用类型。

  值类型包括所有简单数据类型、结构类型和枚举类型。在 C#函数中声明一个值类型变量，或在 C#类中定义某个字段，编译器并不会对这些变量进行初始化。而 C#作为一种类型安全的语言，要求用户必须初始化变量才能使用。

  （1）简单数据类型

  简单数据类型都是.NET 系统类型的别名，由简单数据类型组成的常量表达式仅在编译时受检测，而且它可以按字面被初始化。表 6-2 列出了所有的简单数据类型及其说明。

表 6-2　简单数据类型及其说明

| 类　型 | 关键字 | 大小/精度 | 范　围 | .NET Framework 类型 |
|---|---|---|---|---|
| 整型 | byte | 无符号 8 位整数 | 0~255 | System.Byte |
| | sbyte | 有符号 8 位整数 | −128~127 | System.SByte |
| | short | 有符号 16 位整数 | −32768~32767 | System.Int16 |
| | ushort | 无符号 16 位整数 | 0~65535 | System.UInt16 |
| | int | 有符号 32 位整数 | −2147483648~2147483647 | System.Int32 |
| | uint | 无符号 32 位整数 | 0~4294967295 | System.UInt32 |
| | long | 有符号 64 位整数 | −9223372036854775808~9223372036854775807 | System.Int64 |
| | ulong | 无符号 64 位整数 | 0~18446744073709551615 | System.UInt64 |
| 浮点型 | float | 32 位浮点值，7 位精度 | $\pm 1.5 \times 10^{-45} \sim \pm 3.4 \times 10^{38}$ | System.Single |
| | double | 64 位浮点值，15~16 位精度 | $\pm 5.0 \times 10^{-324} \sim \pm 1.7 \times 10^{308}$ | System.Double |
| 十进制型 | decimal | 128 位数据类型，28~29 位精度 | $\pm 1.0 \times 10^{-28} \sim \pm 7.9 \times 10^{28}$ | System.Decimal |
| 字符型 | char | 16 位 Unicode 字符 | U+0000~U+ffff | System.Char |
| 布尔型 | bool | 8 位空间，1 位数据 | true 或 false | System.Boolean |

  1）整型：整型变量的值为整数。C#中有 8 种整数类型：短字节型 sbyte、字节型 byte、短整型 short、无符号短整型 ushort、整型 int、无符号整型 uint、长整型 long、无符号长整型 ulong，划分的依据是根据该类型的变量在内存中所占位数的概念，也就是按照 2 的指数次幂来定义。

  例如，创建一个整型变量，可使用如下语法：

    int a=1 ;

2）实型：实数类型分为浮点型和十进制型。在 C#中采用单精度 float 和双精度 double 两种数据类型来表示浮点数，它们的差别在于取值范围和精度，不同计算机对浮点数的运算速度大大低于对整数的运算，所以在对精度要求不是很高的浮点数运算中可以采用 float 型，而采用 double 型获得的结果将更为精确。当然如果在程序中大量地使用双精度类浮点数，将会占用更多的内存单元，而且计算机的处理任务也将更加繁重。例如，创建一个双精度型变量，可使用如下语法：

    double a =3.14;

C#还专门定义了一种十进制型（decimal），主要用于金融和货币方面的计算。十进制型是一种高精度 128 位数据类型，运算结果精确到 28 个小数位，十进制型的取值范围比 double 类型的范围要小得多但更精确。当定义一个 decimal 变量并赋值给它时，使用 m 下标以表明它是一个十进制型，例如：

    decimal salary = 100.0m;

📖 如果省略了 m，在变量被赋值之前它将被编译器当作双精度 double 类型来处理。

3）字符型：除了数字以外，计算机处理的信息主要就是字符了。字符包括数字字符、英文字母、表达符号等。C#提供的字符类型按照国际上公认的标准采用 Unicode 字符集，一个 Unicode 的标准字符长度为 16 位，用它能够表示世界上大多数语言。可以按如下方法给一个字符变量赋值：

    char c = 'A';

和 C、C++一样，在 C#中仍然存在着转义字符，用来在程序中指代特殊的控制字符，如表 6-3 所示。

表 6-3 转义字符

| 转 义 字 符 | 字 符 名 称 |
| --- | --- |
| \' | 单引号 |
| \" | 双引号 |
| \\ | 反斜杠 |
| \0 | 空字符 |
| \a | 感叹号 |
| \b | 退格 |
| \f | 进纸 |
| \n | 换行 |

4）布尔型：布尔型是用来表示真和假这两个概念的，虽然看起来很简单，但实际应用非常广泛。计算机实际上就是用二进制来表示各种数据的，即不管何种数据，在计算机的内部都采用二进制方式处理和存储。布尔类型表示的逻辑变量只有两种取值——真或假，在 C#中分别采用 true 和 false 两个值来表示。例如，创建一个布尔型变量，可使用如下语法：

    bool var=true;
    bool var=(v>0 &&v<10);

```
bool var=(20>30);
```

在 C 和 C++中用 0 来表示假，其他任何非 0 的值都表示真，这种不正规的表达在 C#中已经被废弃。在 C#中，true 值不能被其他任何非 0 值所代替，在其他整数类型和布尔型之间不再存在任何转换，将整数类型转换成布尔型是不合法的。因此，以下用法是错误的：

```
int b=30;
if(b) b=10;        //不合法
```

（2）结构类型

结构类型是一种可包含构造函数、常数、字段、方法、属性、索引器、运算符、事件和嵌套类型的值类型。结构类型适合表示点、矩形、颜色等轻量对象。虽然可以将一个点表示为类，但相对而言使用结构不需要额外的引用，可以节省内存，因而显得更为有效。结构类型的变量采用 struct 来声明，格式如下：

```
[attributes][modifiers] struct identifier [:interfaces] body [;]
```

其中各参数含义如下：

- attributes（可选）为附加的声明性信息。
- modifiers（可选）为 new 和 public、protected、internal 与 private 这 4 个访问修饰符。
- struct 是定义结构类型的关键字。
- identifier 为结构类型的名称。
- interfaces（可选）包含结构所实现的接口列表，接口间由逗号分隔。
- body 包含成员声明的结构体。

可以用结构类型定义学生信息如下：

```
struct Student
{public string number;
 public string name;
 public int score;
}Student stu1;//定义了一个结构体变量 stu1
```

stu1 就是一个 Student 结构类型的变量。对结构成员的访问通过结构变量名加上访问的"."号，再跟成员名，例如：

```
stu1.name="小华";
```

这行代码就是将结构体变量 stu1 的 name 值赋值为"小华"。

> 结构类型包含的成员类型没有限制，结构类型的成员还可以使用结构变量。

【例 6-1】定义一个表示矩形的结构。

```
using System;
class Program
{
    struct Rectangle
```

```
            {   public int x, y;                //矩形左上角的坐标
                public int width, height;       //矩形的宽和高
            }
            static void Main()
            {
                Rectangle myRect;                       //声明一个 Rectangle 对象
                myRect.x = 20;                          //初始化对象
                myRect.y = 30;
                myRect.width = 200;
                myRect.height = 300;
                Console.WriteLine("My Rectangle: x =" +    myRect.x);      //输出对象的值
                Console.WriteLine("My Rectangle: y =" +    myRect.y);
                Console.WriteLine("My Rectangle: width =" +   myRect.width);
                Console.WriteLine("My Rectangle: height =" +   myRect.height);
            }   }
```

执行该程序，输出结果如下：

```
My Rectangle: x =20
My Rectangle: y =30
My Rectangle: width =200
My Rectangle: height =300
```

上述代码声明了一个结构体 Rectangle，在结构体 Rectangle 内定义了 4 个整型变量 x、y、width 和 height，在 Main 中定义了 Rectangle 结构类型的变量 myRect，将 myRect 的 x、y、width、height 分别赋值为 20、30、200、300，并输出最终的结果。

（3）枚举类型

枚举类型为一组指定常量的集合。每种枚举类型均有一种基础类型，该基础类型可以是除 char 类型以外的任何整型。枚举类型的声明格式如下：

[attributes] [modifiers] enum identifier [:base-type] {enumerator-list} [;]

其中各参数含义如下：

- attributes（可选）为附加的声明性信息。
- modifiers（可选）为 new 和 public、protected、internal 与 private 这 4 个访问修饰符。
- enum 是定义枚举类型的关键字。
- identifier 为枚举类型的名称。
- base-type（可选）指定分配给每个枚举数的存储大小的基础类型，可以是除 char 类型外的整型之一。
- enumerator-list 是由逗号分隔的枚举数标识符，也可以包括值分配。

枚举类型 enum 实际上是为一组在逻辑上密不可分的整数值提供便于记忆的符号。比如声明一个代表星期的枚举类型变量：

```
enum WeekDay{Sunday, Monday, Tuesday, Wednesday, Thursday, Friday, Saturday };
WeekDay day;
```

📖 结构是由不同类型的数据组成的一组新的数据类型，结构类型变量的值是由各个成员的值组合而成的，而枚举则不同，枚举类型的变量在某一时刻只能取枚举中某一个元素的值，比如表示星期的枚举类型变量 day，它的值要么是 Sunday，要么是 Monday 或其他的星期元素，但它在一个时刻只能代表具体的某一天，如不能既是星期二又是星期三。

系统默认枚举中的每个元素类型都是 int 型，且第一个元素的值为 0，它后面的每一个连续的元素的值按加 1 递增。在枚举中也可以给元素直接赋值如下，把星期天的值设为 1，其后的元素的值分别为 2，3，…。例如：

enum WeekDay {Sunday=1, Monday, Tuesday, Wednesday, Thursday, Friday, Saturday };

📖 为枚举类型的元素所赋值的类型限于 long、int、short 和 byte 等整数类型。

【例 6-2】 枚举的例子。

```
using System;
class Program
{   enum Range : long { Max = 2147483648L, Min = 255L }
    static void Main()
    {
        long a = (long)Range.Max;
        Range b = Range.Min;
        Console.WriteLine("Max =" + a);
        Console.WriteLine("Max =" + b);
    }   }
```

执行该程序，输出结果如下：

Max =2147483648
Max =Min

上述代码将枚举类型 long 的变量 Max 的值强制转化为长整型，将变量 Min 赋值给枚举变量 b，b 表示枚举类型 long 的枚举值 Min。

**3．引用类型**

C#中另一大数据类型为引用类型，引用类型与值类型的区别在于：引用类型变量不直接存储所包含的值，而是实际数据的地址。在 C#中，引用类型包括对象类型、委托、类类型、字符串类型、接口、数组等。

（1）对象类型

对象类型（Object）在.NET 框架中是 System.Object 的别名，它是其他类型的基类，可将任何类型的值赋予对象类型的变量。以下是将整型值赋予对象类型的一个例子：

object objValue = 12;

（2）委托

面向对象应用程序中，对象和对象之间通过消息和事件建立联系，当一个对象发生了某种事件时，会发出一定的消息去引发其他对象的方法来响应该事件。.NET 框架提供了一种特殊的类型"委托（Delegate）"用来实现对一种方法的封装。委托声明定义了一种引用类型，该类型可用于将方法用特定的签名封装。

委托有几点需要注意的问题。

- 委托的定义和方法的定义类似，只是在前面加了一个 delegate，但委托不是方法，它是一种特殊的类型，看成是一种新的对象类型比较好理解。用于对与该委托有相同签名的方法调用。
- 委托相当于 C++中的函数指针，但它是类型安全的。
- 不能从一个委托类型进行派生。
- 委托既可以对静态方法进行调用，也可以对实例方法进行调用。
- 每个委托类型包含一个自己的调用列表，当组合一个委托或从一个委托中删除一个委托时，都将产生新的调用列表。
- 两个不同类型的委托即使它们有相同的签名和返回值，但还是两个不同类型的委托，其实在使用中可看做是相同的。

委托的声明格式如下：

```
public delegate void TestDelegate (string message);
```

委托的声明与方法的声明有些类似，这是因为委托就是为了进行方法的引用，但委托是一种类型。例如：

```
public delegate double MyDelelgate (double x);
```

上面代码声明一个委托类型，下面声明该委托类型的变量。

```
MyDelegate d;
```

对委托进行实例化的方法如下：

```
new 代理类型名(方法名);
```

其中，方法名可以是某个类的静态方法名，也可以是某个对象实例的方法名，但方法的返回值类型必须与委托类型中所声明的一致。例如：

```
MyDelegate d1=new MyDelegate(System.Math.Sqrt);
MyDelegate d2=new MyDelegate(obj.myMethed());
```

【例6-3】 委托的综合应用。

```
using System;
class Program
{   static void Main(string[] args)
    {   //创建一个委托实例，封装C类的静态方法M1
        MyDelegate d1 = new MyDelegate(C.M1);
        d1(" D1");   //M1
        //创建一个委托实例，封装C类的静态方法M2
        MyDelegate d2 = new MyDelegate(C.M2);
        d2(" D2");   //M2
        //创建一个委托实例，封装C类的静态方法M3
```

```csharp
        MyDelegate d3 = new MyDelegate(C.M3);
        d3(" D3");    //M3
        //从一个委托 d3 创建一个委托实例
        MyDelegate d4 = new MyDelegate(d3);
        d4(" D4");    //M3
        //组合两个委托
        MyDelegate d5 = d1 + d2;
        d5 += d3;
        d5(" D5");    //M1,M2,M3
        //从组合委托中删除 d3
        MyDelegate d6 = d5 - d3;
        d6(" D6");    //M1,M2
        d6 -= d3;     //虽然 d6 调用列表中已经没有 d3 了，但这样只是不可能的移除没有错误发生
        d6(" D6");    //M1,M2
        d6 -= d6;     //此时 d6 的调用列表为空，d6 为 null，所以引发 System.NullReferenceException
        MyDelegate d7 = new MyDelegate(C1.P1);
        d7(" D7");    //C1.P1
        MyDelegate d8 = new MyDelegate(C2.P1);
        d8(" D8");    //C2.P1
    }}
//声明一个委托 MyDelegate
public delegate void MyDelegate(string str);
public class C
{   public static void M1(string str)
    {   Console.WriteLine("From:C.M1:    ", str);  }
    public static void M2(string str)
    {   Console.WriteLine("From:C.M2:    ", str);  }
    public static void M3(string str)
    {   Console.WriteLine("From:C.M3:    ", str);  }
}
public class C1
{   public static void P1(string str)
    {   Console.WriteLine("From:C1.P1:    ", str);  }
}
public class C2
{   public static void P1(string str)
    {   Console.WriteLine("From:C2.P1:    ", str);  }
}
```

执行该程序，输出结果如下：

From:C.M1:
From:C.M2:
From:C.M3:
From:C.M3:
From:C.M1:

```
From:C.M2:
From:C.M3:
From:C.M1:
From:C.M2:
From:C.M1:
From:C.M2:
From:C1.P1:
From:C2.P1:
```

上述代码声明了委托类型，在 Main 中创建了委托类型的实例，委托的组合和删除，从输出结果可以看出委托类型的调用与方法非常类似。

（3）类类型

类是面向对象编程的基本单位，其中包含数据成员、函数成员和嵌套类型的数据结构。类的数据成员有变量、字段和事件。函数成员包括方法、属性、索引指示器、运算符、构造函数和析构函数，类支持继承机制，派生类可以扩展基类的数据成员和函数成员。

类和结构的功能非常相似，但结构是值类型，而类是引用类型。

在 C#中仅允许单继承，但一个类可以派生多重接口。类是使用关键字 class 声明的，格式如下：

[attributes] [modifiers] class identifier [:base-list] { class-body }[;]

其中各参数含义如下：

- attributes（可选）为附加的声明性信息。
- modifiers（可选）为 new 和 public、protected、internal 与 private 这 4 个访问修饰符。
- class 是定义类类型的关键字。
- identifier 为类名。
- base-tlist（可选）包含一个基类和任何实现的接口列表，各项之间由逗号分隔。
- class-body 是类成员的声明。

以下是一个简单的类定义的例子：

```
class PhoneBook
{   private string name;
    private string phone;
    private struct address
    {   public string city;
        public string street;
        public unit number; }
    public string Phone
    {   get { return phone; }
        set { phone = value; }
    }
    public PhoneBook(string n)
    {   name = n;   }
}
```

146

以上代码创建了一个名叫 PhoneBook 的类。

（4）字符串类型

字符串类是 C#中定义的一个专门用于对字符串进行操作的类。它是 System.string 类在命名空间 System 中的别名。

尽管 string 是引用类型，但相等和不相等运算（==和!=）被定义比较 string 对象的值，这使得比较字符相等性变得更为直观，代码如下：

```
string a="hello";
string b="h";
b+="ello";          //b 此时为 hello
a= =b;              //值相等
(object)a= =b;      //值不等
```

上面这段代码中，使用"+"运算符来连接字符串。还可以用"[]"运算符来访问字符串中的字符，代码如下：

```
char x="hello"[1];  //x 的值为 e
```

（5）接口

接口（Interface）是用来定义一种程序的协定。实现接口的类或者结构要与接口的定义严格一致。有了这个协定，理论上就可以抛开编程语言的限制。接口可以从多个基接口继承，而类或结构可以实现多个接口。接口可以包含方法、属性、事件和索引器。接口本身不提供它所定义的成员的实现。接口只指定实现该接口的类或接口必须提供的成员。

接口好比一种模版，这种模版定义了对象必须实现的方法，其目的就是让这些方法可以作为接口实例被引用。接口不能被实例化。类可以实现多个接口并且通过这些实现的接口被索引。接口变量只能索引实现该接口的类的实例。接口的声明要用到 interface 关键字，格式如下：

[attributes] [modifiers] interface identifier [:base-list] {interface-body}[;]

其中各参数含义如下：

- attributes（可选）为附加的声明性信息。
- modifiers（可选）为 new 和 public、protected、internal 与 private 这 4 个访问修饰符。
- interface 是定义接口类型的关键字。
- identifier 为接口的名称。
- base-tlist（可选）包含一个或多个显示接口的列表，接口之间由逗号分隔。
- interface-body 是接口成员的定义部分。

以下是一个简单的接口定义的例子：

```
public interface MyIface
{   void ShowFace();   }
```

【例 6-4】 接口的使用。

```
using System;
```

```csharp
class Program
{   interface IMyExample
    {   void Print(Object o);
        int x { get; set; }
        int y { get; set; }   }
    static void Main()
    {   myPoint p = new myPoint(20, 30);
        p.Print(p);   }
    public class myPoint : IMyExample    //类 myPoint 继承自接口 IMyExample
    {   private int _x;
        private int _y;
        public myPoint(int _x, int _y)
        {   x = _x;
            y = _y;   }
        public void Print(object o)
        {   IMyExample tp = (IMyExample)o;
            Console.WriteLine("点坐标 x:{0},y:{1}", tp.x, tp.y);   }
        public int x
        {   get { return _x; }
            set { _x = value; }
        }
        public int y
        {   get { return _y; }
            set { _y = value; }
        }   }   }
```

执行该程序，输出结果如下：

点坐标 x:20,y:30

上述代码定义了一个接口 IMyExample，又定义了一个继承自接口 IMyExample 的类 myPoint，在类 myPoint 中显示点坐标。

（6）数组

一个数组包含有通过计算下标访问的变量。同一个数组中的各个元素变量必须是同一类型。数组可以存储整数对象、字符串对象或任何一种用户提出的对象。数组是同一类型的数据的有序结合。声明格式如下：

数组类型[]  数组名；

以下代码声明一个名叫 arr 的整型数组：

int[] arr;

使用数组元素时，可以用数组名[下标]来获取对应的数组元素。C#中的数组元素下标从 0 开始，以后逐个加 1。C#中的数组可以是一维的，也可以是多维的。在数组声明的时候可以对数组进行初始化。一维及多维数组的定义和初始化举例如下：

```
String[] a1= new int[] {1,2,3};              //一维数组
String[,]a2= new int[] {1,2,3},{4,5,6};      //二维数组
String[, ,]a3= new int[] {10,20,30};         //三维数组
```

**【例 6-5】** 数组值作为参数传递给一个方法。

```
using System;
class ArrayClass
{   //定义以用一维数组作为参数传递的方法
    static void PrintArray(string[] arr)
    {   for (int i = 0; i < arr.Length; i++)
        {   //依次输出数组的值
            System.Console.Write(arr[i] + "{0}", i < arr.Length - 1 ? " " : "");   }
        System.Console.WriteLine();   }
    static void Main()
    {   // 初始化数组
        string[] weekDays = new string[] { "Sun", "Mon", "Tue", "Wed", "Thu", "Fri", "Sat" };
        // 调用 PrintArray()方法
        PrintArray(weekDays);   }   }
```

执行该程序，输出结果如下：

Sun Mon Tue Wed Thu Fri Sat

（7）装箱与拆箱

任何值类型、引用类型可以和对象类型之间进行转换。装箱转换是指将一个值类型隐式或显式地转换成一个对象类型，或者把这个值类型转换成一个被该值类型应用的接口类型。把一个值类型的值装箱，就是创建一个对象实例并将这个值复制给这个对象，装箱后的对象中的数据位于堆中，堆中的地址在栈中。被装箱的类型的值是作为一个拷贝赋给对象的。例如：

```
int i = 10;
object obj = i;
```

或者

```
object obj = object(i);
```

图 6-1 所示为装箱过程的示意图。

和装箱过程正好相反，拆箱转换是指将一个对象类型显式地转换成一个值类型，或是将一个接口类型显式地转换成一个执行该接口的值类型。注意装箱操作可以隐式进行，但拆箱操作必须是显式的。拆箱过程分成两步：首先，检查这个对象实例，看它是否为给定的值类型的装箱值；然后，把这个实例的值复制给值类型的变量。例如：

```
int i = 10;
object obj = i;
int j = (int)obj;
```

图 6-2 所示为拆箱过程的示意图。

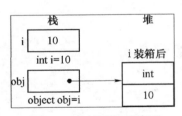
图 6-1 装箱过程示意图

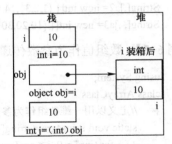
图 6-2 拆箱过程示意图

### 6.2.2 操作符与表达式

表达式由操作数和操作符组成。操作符揭示了应用在操作数上的操作。操作符按操作数的数目，分为一元操作符（如++），二元操作符（如+）和三元操作符（如?:)。

一元操作符有前缀表达法和后缀表达法之分。前缀表达法是指操作符出现在操作数的前面，其用法如下：

  操作符　操作数　//前缀表示法

后缀表达法是指操作符出现在操作数的后面，其用法如下：

  操作数　操作符　//后缀表示法

所有的二元操作符都要采用中缀表达式，其用法如下：

  操作数1　操作符　操作数2　//二元的中缀表达式

按照功能来分，可将操作符分为以下几类：
1) 算术操作符（+，?，*，/，%，++，??）。
2) 赋值操作符（=，及其扩展赋值操作符如+=）。
3) 关系操作符（>，<，>=，<=，==，!=）。
4) 逻辑操作符（!，&&，||）。
5) 条件操作符（?:）。
6) 其他，包括移位操作符">>，<<"；成员访问操作符"."；下标操作符"[]"；类型信息操作符"as，is，sizeof，typeof"；创建对象操作符"new"；强制类型转换操作符；方法调用操作符"()"等。

**1. 算术操作符与算术表达式**

算术操作符作用于整型或浮点型数据的运算。算术操作符有一元操作符与二元操作符两种。

一元操作符：-（取负）、+（取正）、++（增量）、--（减量）。

二元操作符：+（加）、-（减）、*（乘）、/（除）、%（求余）。

表 6-4 列出了一元算术操作符。

表 6-4　一元算术操作符（op：操作数）

| 操作符 | 用法 | 说明 |
|---|---|---|
| + | +op | 如果操作数是 byte，short 或 char，那么将它扩展为 int |
| - | -op | 得到操作数的算术负值 |
| ++ | op++，++op | 加 1 |
| -- | op--，--op | 减 1 |

其中，op++ 与 ++op 的区别是 op++ 在使用 op 之后，使 op 的值加 1，因此执行完 op++ 后，整个表达式的值为 op，而 op 的值变为 op+1；++op 在使用 op 之前，先使 op 的值加 1，因此执行完 ++op 后，整个表达式的值和 op 的值均为 op+1。op-- 与 --op 的区别与此类似。

表 6-5 列出了二元算术操作符。

表 6-5　二元算术操作符（op1：操作数 1；op2：操作数 2）

| 操作符 | 用法 | 说明 |
|---|---|---|
| + | op1+op2 | 将操作数 1 和操作数 2 相加，还能够进行字符串的连接 |
| - | op1-op2 | 从操作数 1 中减去操作数 2 |
| * | op1*op2 | 将操作数 1 和操作数 2 相乘 |
| / | op1/op2 | 将操作数 1 除以操作数 2 |
| % | op1%op2 | 计算操作数 1 除以操作数 2 的余数 |

【例 6-6】　算术操作符的应用。

```
using System;
class example
{   public static void Main()
    {   int x = 11;
        int y = 5;
        int z = 3;
        Console.WriteLine(x++);
        Console.WriteLine(y--);
        Console.WriteLine(z = x + y);
        Console.WriteLine(z = z - x);
        Console.WriteLine(z = x * y);
        Console.WriteLine(z = z / y);
        Console.WriteLine(z = ++x % y);
    }   }
```

执行该程序，输出结果如下：

11
5
16
4
48
12

从结果可以看出，x++、y--都是后置++、--，所以先输出原值，然后进行+1、-1的操作，x 变成 12，y 变成 4，参与后面的+、-、*、/的运算，最后一行 z=++x%y 这个表达式中，++x 先让 x 进行+1 变成 13，然后再求%运算，结果为 1。

**2．赋值操作符与赋值表达式**

在赋值表达式中，赋值操作符左边的操作数叫左操作数，赋值操作符右边的操作数叫右操作数。其中左操作数必须是一个变量或属性，而不能是一个常量。

基本表达式赋值操作符"="用于将一个值赋给另一个。以下是几个简单的例子：

  int i=5;
  char c= 'S';
  boolean a=false;

赋值操作符"="称为"简单赋值操作符"，它与其他算术操作符结合在一起，可组成"复合赋值操作符"，如"*="、"/="、"%="、"+="、"-="等。表 6-6 列出了几种简写的赋值操作符。

表 6-6 赋值操作符（op1：操作数 1；op2：操作数 2）

| 操 作 符 | 用 法 | 等 效 语 句 |
| --- | --- | --- |
| += | op1+=op2 | op1=op1+op2 |
| -= | op1-=op2 | op1=op1-op2 |
| *= | op1*=op2 | op1=op1*op2 |
| /= | op1/=op2 | op1=op1/op2 |
| %= | op1%=op2 | op1=op1%op2 |
| &= | op1&=op2 | op1=op1&op2 |
| \|= | op1\|=op2 | op1=op1\|op2 |
| ^= | op1^=op2 | op1=op1^op2 |
| <<= | op1<<=op2 | op1=op1<<op2 |
| >>= | op1>>=op2 | op1=op1>>op2 |

**3．关系操作符与关系表达式**

关系表达式由操作数和关系操作符组成。关系表达式中既可以包含数值，也可以用于字符或字符串，但是用于字符串的关系操作符只有相等"=="和不等"!="两种操作符。关系操作符用来比较两个值，它返回布尔类型的值 true 或 false。表 6-7 所示为关系操作符中的二元操作符。

表 6-7 关系操作符（op1：操作数 1；op2：操作数 2）

| 操 作 符 | 用 法 | 说 明 |
| --- | --- | --- |
| > | op1>op2 | 如果操作数 1 大于操作数 2，返回 true |
| >= | op1>=op2 | 如果操作数 1 大于或等于操作数 2，返回 true |
| < | op1<op2 | 如果操作数 1 小于操作数 2，返回 true |
| <= | op1<=op2 | 如果操作数 1 小于或等于操作数 2，返回 true |
| == | op1==op2 | 如果操作数 1 等于操作数 2，返回 true |
| != | op1!=op2 | 如果操作数 1 不等于操作数 2，返回 true |

在 C#中，任何基本数据类型的数据都可以通过==或!=来比较是否相等。除了上述的二

元关系操作符,在 C#中还存在 is 关系操作符。is 操作符用来检查一个对象运行时,类型是否与给定的类型兼容,其表达式是 a is T。其中,a 必须是一个引用类型的表达式,T 必须是引用类型。

【例 6-7】 关系操作符的应用。

```
using System;
class example
{   public static void Main()
    {   int x = 1;
        int y = 2;
        Console.WriteLine(x > y);
        Console.WriteLine(y >= x);
        Console.WriteLine(x < y);
        Console.WriteLine(y <= x);
        Console.WriteLine(1 == 2);
        Console.WriteLine(2 != 1);
        Console.WriteLine(1 is int);
        Console.WriteLine(1 is float);
    }
}
```

执行该程序,输出结果如下:

False
True
True
False
False
True
True
False

在 C#中,True 值不能被其他的非 0 值所代替,False 值也不能被 0 代替。

**4. 逻辑操作符与逻辑表达式**

逻辑表达式由逻辑操作符连接常量或表达式组成,其取值为布尔值(True 或 False)。通过条件表达式可对应用程序计算结果或用户输入值进行判断,并根据判断结果选取执行不同的代码段。

逻辑操作符的操作数是布尔型,运算结果也是布尔型。最常用的逻辑操作符是!(非)、&&(与)、||(或),如表 6-8 所示。

表 6-8 逻辑操作符(op1:操作数 1;op2:操作数 2)

| 操作符 | 用法 | 说明 |
| --- | --- | --- |
| && | op1&&op2 | 如果操作数 1 和操作数 2 都是 true,返回 true |
| \|\| | op1\|\|op2 | 如果操作数 1 或操作数 2 是 true,返回 true |
| ! | !op | 如果操作数是 false,返回 true |

对于逻辑运算,先求出操作符左边表达式的值,如果或运算为 true,则整个表达式的结

果为 true，如果与运算为 false，则整个表达式的结果为 false，不必对操作符右边的表达式再进行计算。

**【例 6-8】** 逻辑操作符的应用。

```
using System;
class example
{   public static void Main()
    {   int x = 1;
        int y = 2;
        if ((x > y) && (y > 0))
        {   Console.WriteLine("(x > y) && (y > 0)");   }
        if ((x > y) || (x > 0))
        {   Console.WriteLine("(x > y) || (x > 0)");   }
        if (!(x > y))
        {   Console.WriteLine("x < y");   }
    } }
```

执行该程序，输出结果如下：

(x > y) || (x > 0)
x < y

**5．条件操作符与条件表达式**

条件赋值表达式可以看作是逻辑表达式和赋值表达式的组合，它可根据逻辑表达式的值（true 或 false）返回不同的结果。条件操作符由符号"?"与":"组成，通过操作三个操作数完成运算，它是 if-else 语句的简写，其一般格式为：

逻辑表达式 ? 表达式 1 : 表达式 2

条件赋值表达式在运算时，首先运算"逻辑表达式"的值，如果为 true，则运算结果为"表达式 1"的值，否则运算结果为"表达式 2"的值。

例如：

```
class example
{   public static void Main()
    {   int mark = 95;
        boolean isExcellent;
        Console.WriteLine(isExcellent = (mark >= 90)?true:false);
        //如果成绩大于或等于 90 就是优秀
    } }
```

上述代码输出结果为 true，即"逻辑表达式"为真时，输出"表达式 1"的值。

**6．位操作符**

在计算机中，所有的信息都是以二进制形式存储的，因此 C#中提供了专门针对二进制数据操作的位操作符。位操作符包括以下 6 种。

- &（与）：按二进制进行与操作。
- |（或）：按二进制进行或操作。

- ^（异或）：按二进制进行异或操作。
- ~（取补）：按二进制进行取补运算。
- <<（左移）：按二进制进行左移操作，高位被丢弃。
- >>（右移）：按二进制进行右移操作，低位被丢弃。

**7. 操作符的优先级与结合性**

（1）优先级

当一个表达式中包含多个操作符时，操作符的优先级控制每个操作符求值的顺序。表 6-9 所示为 C#中操作符的优先级。

表 6-9 操作符的优先级

| 类别 | 操作符 |
| --- | --- |
| 一元操作符 | +（取正） -（取负） !（非） ++x（前增量） --x（前减量） |
| 乘除求余操作符 | * / % |
| 加减操作符 | + - |
| 关系操作符 | < > <= >= is |
| 关系操作符 | == != |
| 逻辑与操作符 | && |
| 逻辑或操作符 | \|\| |
| 条件操作符 | ?: |
| 赋值操作符 | = *= /= %= += -= <<= >>= &= ^= \|= |

（2）圆括号

为了使表达式按正确的顺序进行运算，避免实际运算顺序不符合设计要求，同时为了提高表达式的可读性，可以使用圆括号明确运算顺序。

使用括号还可以改变表达式的运算顺序。例如，b*c+d 的运算顺序是先进行"b*c"的运算，然后再加上"d"，如果表达式加上括号，变为 b*(c+d)，则运算时会先进行括号内的运算，然后将结果乘以"b"。

（3）结合性

在多个同级操作符中，赋值操作符与条件操作符是由右向左结合的，除赋值操作符以外的二元操作符是由左向右结合的。例如，x+y+z 是按(x+y)+z 的顺序运算的，而 x=y=z 是按 x=(y=z)的顺序运算（赋值）的。

## 6.2.3 控制语句

程序中的执行路线并非都是直线型，也有分支和循环，而分支和循环需要流程控制语句，流程控制语句主要有分支语句和循环语句。

**1. 分支语句**

C#主要有两个分支结构，一个是负责实现双分支的 if 语句，另一个是负责实现多分支的开关语句 switch。

（1）if 语句

if 语句的基本语法格式有如下三种形式。其中前两种为 if…else 结构，最后一种为

if…else if 结构。

形式一：

  if（条件表达式）
  { if 内含语句； }

形式二：

  if（条件表达式）
  { 语句块 1； }
  else
  { 语句块 2； }

形式三：

  if(条件表达式 1)
  { 条件表达式 1 成立时执行的语句序列； }
  else if(条件表达式 2)
  { 条件表达式 2 成立时执行的语句序列； }
  ……
  else if(条件表达式 n)
  { 条件表达式 n 成立时执行的语句序列； }
  else
  { 所有条件都不成立时执行的语句序列； }

执行过程为先判断条件表达式的值，如果为 true，则执行 if 内部语句，否则执行 else 内部语句。

例如：

  int a=20, b=30, max;
  if(a>b) max=a;
  else max=b;

（2）switch 语句

switch 语句是一个多分支选择结构，当表达式取不同值时执行不同的动作，语法格式如下：

  switch(控制表达式)
  {
    case 常量表达式 1：语句块 1; break;
    case 常量表达式 2：语句块 2; break;
    ……
    case 常量表达式 n：语句块 n; break;
    default :默认语句块;
  }

控制表达式所允许的数据类型是有限制的，C#语言包括 sbyte、byte、short、ushort、int、uint、long、ulong、char、string、枚举类型以及用户自定义类型。只要使其他不同数据类型能隐式转换成上述任何类型，其他类型的语句也可以作为控制表达式。switch 语句执行的顺序如下：

1）控制表达式求值。
2）如果 case 标签后的常量表达式符合控制语句所求出的值，内含语句块被执行。
3）如果没有常量表达式符合控制语句，在 default 标签内的内含语句块被执行。
4）如果没有一个符合 case 标签且没有 default 标签，控制转向 switch 语段的结束。

例如，判断每月有多少天的代码如下：

```
int days=0;
int month=7;
switch(month)
{
    case 1: case 3: case 5:
    case 7: case 8: case 10:
    case 12:   days=31;break;
    case 2:    days=28;break;
    case 4: case 6: case 9: case 11:   days=30;break;
    default:   days=0;
}
```

📖 在 switch 语句中，不允许出现"贯穿"情况，即在某一 case 分支中没有跳转语句，从而使程序直接运行到下一个 case 分支，不能出现两个相同的 case，每个 case 应该以 break 结尾。

### 2．循环语句

循环结构实际上是一种特殊结构的选择结构。程序根据判断循环条件的结果，决定是否执行循环体语句。循环体语句是循环结构中的处理语句块，用来执行重复的任务。

例如，计算高斯数列 1+2+3+4+……+100 的和。根据题意需要设置 100 次循环，即执行 100 次加法运算。将循环变量 i 的初始值设置为 1，每次将循环变量加 1 并将其累加到另一个变量 s 中，循环条件为 i<=100。

无论何种类型的循环结构，其特点都是循环体执行次数多少都必须由循环类型与条件来决定，而且必须确保循环体的重复执行能在适当的时候（满足某种条件时）得以终止（即非死循环）。而且循环结构也是可以嵌套使用的。

在 C#中循环语句主要有 4 种：while 语句、do-while 语句、for 语句和 foreach 语句。

（1）while 语句

在实际应用中，常会遇到一些不定次循环的情况。例如，统计全班学生的成绩时，不同班级的学生人数可能是不同的，这就意味着循环的次数在设计程序时无法确定，能确定的只是某条件被满足（后面不再有任何学生了）。此时，使用 while 语句最为合适。while 语句的一般格式为：

```
while(条件表达式)
{  循环体;  }
```

while 语句的作用是判断一个条件表达式，以便决定是否进入并执行循环体。当条件满足时进入循环，不满足就退出循环。例如：

```
int i=1;
```

```
while(i<5)
{ Console.WriteLine("i");
    i++; }
```

（2）do-while 语句

do-while 语句非常类似于 while 语句。一般情况下，可以相互转换使用。它们之间的差别在于 while 语句的测试条件在每一次循环开始时执行，而 do-while 语句的测试条件在每一次循环体结束时进行判断。do-while 语句的一般格式为：

```
do
{ 循环体; }
while (条件表达式);   //至少执行一次
```

do-while 语句不像 while 语句那样先计算条件表达式的值，而是无条件地先执行一遍循环体，再来判断条件表达式。如果表达式的值为 true，则再运行循环体，否则跳出循环体。可以看出 do-while 语句至少要执行一次。例如：

```
int i=1;
do
{ Console.WriteLine("i");
    i++
}while(i<5);
```

（3）for 语句

for 语句常常用于已知循环次数的情况（也称为"定次循环"），使用该语句时，测试是否满足某个条件，如果满足条件，则进入下一次循环，否则退出该循环。for 语句的一般格式为：

```
for(表达式1; 表达式2; 表达式3)
{ 循环体; }
```

其中，表达式 1 完成初始化循环变量的工作；表达式 2 是条件表达式，用来判断循环是否继续；表达式 3 用来修改循环变量，改变循环条件。

for 语句的执行过程：

1）先求解表达式 1；

2）求解表达式 2，若其值为 true，执行循环体，然后执行下面第 3）步。若为 false，则结束循环，转到第 5）步。

3）求解表达式 3。

4）转回上面步骤 2）继续执行。

5）循环结束，执行 for 语句下面的一个语句。

要注意初始化变量的值。例如：

```
for(int i=1;i<5;i++)
{ Console.WriteLine("i"); }
```

（4）foreach 语句

foreach 语句是 C#语言提供的一种新的循环语法结构。该语句提供一种简单的方法来循

环访问数组或集合中的元素。其语法基本格式如下:

```
foreach(数据类型 标识符 in 表达式)
{ 循环体; }
```

foreach 语句为数组或对象集合中的每个元素重复一个嵌入语句组。foreach 语句用于循环访问集合以获取所需信息,为集合中所有元素完成迭代后,控制传给 foreach 块之后的下一个语句。

foreach 语句的简单应用实例如下:

```
int[] i={1,2,3};
int sum=0;
foreach(int m in i)    //每执行一次,循环变量就依次取数组中的一个元素代入其中
{ sum+=m; }
```

上述代码的运行结果就是依次遍历数组 i 的值,将数组 i 的值依次相加并赋值给变量 sum。

> 循环语句必须提供正确的循环结束条件;最好不要采用浮点型变量控制计数循环,以免产生不精确的计数值。

### 3. 异常处理语句

无论多么优秀的程序在运行时都有可能产生异常,这就需要有一种机制来捕获和处理异常。C#使用 try 语句来捕获和处理程序执行过程中产生的异常。其语法格式如下:

```
try
{ 被保护的语句块; }
catch
{ 异常声明 1; }
{ 语句 1; }
finally
{ 完成善后工作的语句块; }
```

其中:

- **try 块**:封装了程序要执行的代码,如果执行这段代码的过程中出现错误或者异常情况,就会抛出一个异常。
- **catch 块**:在 try 块的后面,封装了处理在 try 代码块中出现的错误所采取的措施。
- **finally 块**:在错误处理功能的例程末尾,无论是使用函数处于正常状态,还是因为抛出错误而处于不正常状态,这个块中的代码都要执行。另外,不能跳出 finally 块。如果跳转语句要跳出 try 块,仍要执行 finally 块。

> 在 catch 块中,不能访问 try 块中定义的局部变量,每个 catch 块只能处理一种异常。

【例 6-9】 异常处理的应用。

```
using System;
class CatchIT
{    static void Main(string[] args)
```

```
        {   try
            {   int nTheZero = 0;
                int nResult = 10;
                Console.WriteLine(nResult/nTheZero);    }
            catch(DivideByZeroException divEx)   //除数为 0 时的处理
            {   Console.WriteLine("除数为 0"); }
             catch(Exception Ex)
            {   Console.WriteLine("出现其他异常"); }
            finally
            {   Console.WriteLine("执行 finally 语句块"); }
        }   }
```

执行该程序，输出结果如下：

    除数为 0
    执行 finally 语句块

在上面程序中，由于除数 nTheZero 被设成了 0，所以引发 DivideByZeroException 异常，执行第一个 catch 语句块中的语句。

## 6.3 案例：求指定范围内所有奇数的和及偶数的和

输入一个整数范围，分别计算出该范围内所有奇数的和及偶数的和。程序运行结果如图 6-3 所示。

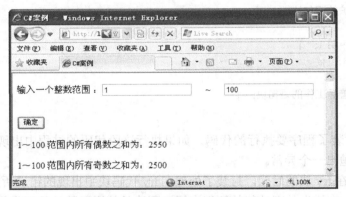

图 6-3 奇偶数求和程序运行结果

### 6.3.1 案例设计

如果用户没有输入整数范围的上限或下限，或二者均为空，在单击"确定"按钮时，屏幕上将显示图 6-4 所示的错误提示信息。

如果用户输入的数据包含有负值，在单击"确定"按钮时，屏幕上将显示图 6-5 所示的错误提示信息。

如果用户在第一个文本框内输入的数据比第二个文本框内输入的数据大，程序能自动进行交换，以保证代码能被正确执行。

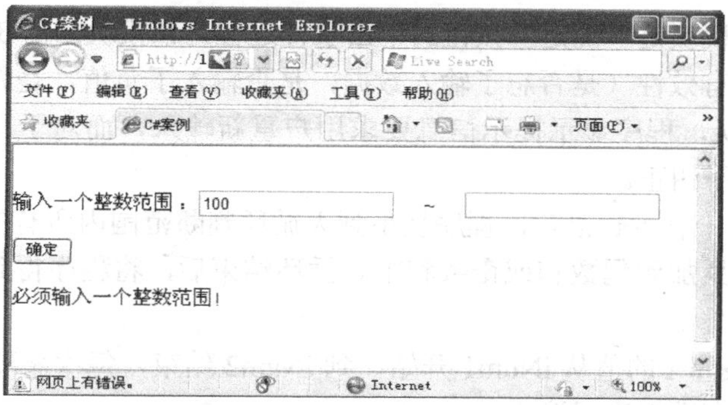

图 6-4　输入数据不完整

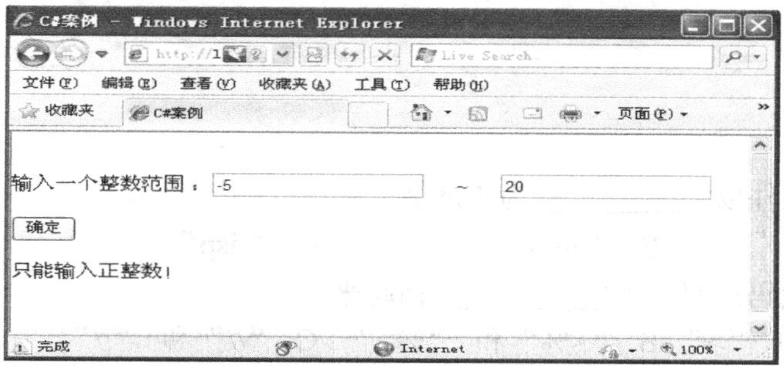

图 6-5　不能输入负值

## 6.3.2　案例实现

**1．设计 Web 页面**

新建一个 ASP.NET 网站，在"源"视图中的 6-10.aspx 页面中添加需要的文字、符号及 2 个文本框控件 TextBox1 和 TextBox2；1 个按钮控件 Button1；2 个标签控件 Label1 和 Label2。

**2．设置对象属性**

页面中各对象的初始属性设置，如表 6-10 所示。

表 6-10　各控件对象的属性设置

| 控件 | 属性 | 值 | 说明 |
| --- | --- | --- | --- |
| TextBox1 | ID | txtNum1 | 文本框 1 在程序中使用的名称 |
| TextBox2 | ID | txtNum2 | 文本框 2 在程序中使用的名称 |
| Button1 | ID | btnOK | 按钮 1 控件在程序中使用的名称 |
| | Text | 确定 | 按钮1控件上显示的文本 |
| Label1 | ID | lblEven | 标签 1 控件在程序中使用的名称 |
| Label2 | ID | lblOdd | 标签 2 控件在程序中使用的名称 |

设计页面代码见网上课程下载资源包。

**3．编写事件代码**

逻辑代码见网上课程下载资源包，事件代码保存在 6-10.aspx.cs 文件中。

本例的核心处理模块是"确定"按钮的单击事件过程，该模块的前 3 个 if 选择结构用于判断用户输入数据的有效性（是否忘了输入数据，是否输入了负值，是否写错了上、下限位置）。对于前两个错误，程序显示提示信息要求用户重新输入，而对于写错了上、下限位置的错误，程序自动给予纠正。

数据累加使用了一个 for 语句，程序从小到大循环判断范围内所有的数据是否为偶数，并根据判断结果将其累加到偶数和或奇数和中。循环结束后，将程序得到的结果显示到标签控件中。

for 语句的循环变量 i 的值从 iNum1 开始，到 iNum2 结束，每次循环，i 值加 1。这使得程序能对范围内的所有数据实现遍历。

## 6.4 习题

**1．选择题**

1）ASP.NET 文件以_____为扩展名。
  A．".aspx"　　　　B．".html"　　　　C．".jsp"　　　　D．".c"

2）ASP.NET 代码声明块用_____括起来。
  A．"<" 和 ">"　B．"<%" 和 "%>"　C．"//" 和 "//"　D．"{" 和 "}"

3）通常在 ASP.NET 页面的第一行有如下代码：

　　　　<%@ Page Language="C#" CodeFile="MyForm.aspx.cs" Inherits="MyAspx.WebForm1" %>

则代码隐藏类文件为_____。
  A．MyForm　　　　　　　　　　　　B．MyAspx
  C．MyForm.aspx.cs　　　　　　　　D．MyAspx.WebForm1

4）能作为 C#程序的基本单位的是_____。
  A．字符　　　　　B．语句　　　　　C．函数　　　　　D．源程序文件

5）可用作 C#程序用户标识符的一组标识符的是_____。
  A．void    define    +WORD　　　　B．a3_b3    _123    YN
  C．for     -abc      Case　　　　　D．2a       DO      sizeof

6）在 C#中定义接口时，使用的关键字是_____。
  A．interface　　　B．:　　　　　　　C．class　　　　　D．overrides

7）假定一个 10 行 20 列的二维整型数组，下列哪个定义语句是正确的_____。
  A．int[]arr = new int[10,20]　　　　B．int[]arr = int new[10,20]
  C．int[,]arr = new int[10,20]　　　　D．int[,]arr = new int[20;10]

8）小数类型（decimal）和浮点类型都可以表示小数，说法正确的是_____。
  A．两者没有任何区别　　　　　　　　B．小数类型比浮点类型取值范围大
  C．小数类型比浮点类型精度高　　　　D．小数类型比浮点类型精度低

9）以下正确的描述是_____。
  A．函数的定义可以嵌套，函数的调用不可以嵌套
  B．函数的定义不可以嵌套，函数的调用可以嵌套

C．函数的定义和函数的调用均可以嵌套

D．函数的定义和函数的调用均不可以嵌套

10）在C#中，下列关于程序的各种说法，错误的是_____。

A．只通过调试无法确保程序运行完全正常

B．通过异常处理，可以捕获运行错误

C．逻辑错误编译时不能被发现，但是可以通过调试发现

D．语法错误容易在运行时发现

11）在C#中，下列代码的运行结果是_____。

```
int a=30,b=20;
b=a;
a=10;
Console.WriteLine(a);
Console.WriteLine(b);
```

A．10  10        B．10  30        C．30  20        D．10  20

12）接口是一种规范和标准，它可以约束类的行为。下列接口定义正确的是_____。

A. public interface IBicycle
   {
       public void ride();
   }

B. public interface IBicycle
   {
       void ride();
   }

C. public interface IBicycle
   {
       String Type
       {
           Get();
           Set();
       }
   }

D. interface IBicycle
   {
       string color;
   }

13）在C#中，下列代码运行后，变量c的值是_____。

```
int a=15,b=10;
float c=(float)a/b;
```

A．0        B．1        C．1.5        D．5

14）在 C#中，常量是在程序中一旦设定就不允许被修改的变量，常量使用_____关键字声明。

A．const       B．enum       C．final       D．static

15）分析如下所示的C#代码段，在该段代码中一共进行了_____次装箱操作。

```
static void Main(string[] args)
{
    int age = 18;
```

```
        Object refage= (Object)age;
        int valage = (int)refage;
        Test(valage);
        Console.ReadLine();
    }
    Public void Test(int number)
    {
        Console.WriteLine(number);
    }
```

A．0　　　　　　　　B．1　　　　　　　　C．2　　　　　　　　D3

**2．填空题**

1）当在程序中执行到（　　　　）语句时，将结束所在循环语句中循环体的一次执行。

2）枚举是从（　　　　）类继承而来的类型。

3）C#值类型的简单类型包括（　　　　）、（　　　　）、（　　　　）和（　　　　）。

4）C#中的分支控制语句包含（　　　　）语句和（　　　　）语句。

5）int[] s = new int[6]{1,2,3,4,5,6};　s[4] =（　　　　）。

6）面向对象的三个特性为（　　　　）、（　　　　）和（　　　　）。

7）C#数据类型分为（　　　　）、（　　　　）和（　　　　）三大类。

8）元素类型为 double 的 2 行 5 列的二维数组共占用（　　　　）字节的存储空间。

**3．简答题**

1）一个 ASP.NET 的 Web 页面包含几部分？

2）简述 Page 指令的属性。

3）public、protect、private 和 internal 修饰符的区别。

4）值类型和引用类型的区别。

5）什么是装箱和拆箱？

**4．程序阅读题**

1）写出下列函数的功能。

```
static int SA(int a,int b)
{
    if (a>b)    return 1;
    else if (a==b)    return 0;
    else    return -1;
}
```

2）写出下列程序的功能。

```
static void WA(ref int[] a, int n)
{
    for(int i=0;i<n-1;i++)
    {
        int k=i;
        for(int j=i+1;j<n;j++)
            if(a[j]<a[k]) k=j;
```

```
            int x=a[i]; a[i]=a[k]; a[k]=x;
        }
    }
```

3）写出下列函数的功能。

```
static float FH()
{
    float y=0,n=0;
    int x = Convert.ToInt32(Console.ReadLine()); //从键盘读入整型数据赋给 x
    while (x!=-1)
    {
        n++; y+=x;
        x = Convert.ToInt32(Console.ReadLine());
    }
    if (n==0)     return y;
    else          return y/n;
}
```

4）写出下列程序的功能。

```
static void f2(ref double[] a, int n)
{
    int i; double sum=0;
    for(i=0;i<n;i++) sum+=a[i];
    sum/=n;
    for(i=0;i<n;i++)
    if(a[i]>=sum)
    Console.Write( a[i] + "   " );
    Console.WriteLine ();
}
```

5）分析下列程序的输出结果。

```
using System;
class Test
{
    static int[] a = { 1, 2, 3, 4, 5, 6, 7, 8 };
    public static void Main()
    {
        int s0, s1, s2;
        s0 = s1 = s2 = 0;
        for (int i = 0; i < 8; i++)
        {
            switch (a[i] % 3)
            {
                case 0: s0 += Test.a[i]; break;
                case 1: s1 += Test.a[i]; break;
                case 2: s2 += Test.a[i]; break;
```

```
        }
    }
    Console.WriteLine(s0 + " " + s1 + " " + s2);
  }
}
```

6) 分析下列程序的输出结果。

```
using System;
class Test
{
    const int N=5;
    public static void Main ()
    {
        int a = 0;
        for(int i=1; i<N; i++)
        {
            int c=0, b=2;
            a+=3; c=a+b;
            Console.Write (c + " " );
        }
    }
}
```

7) 分析下列程序的输出结果。

```
using System;
class Test
{
    static void LE(ref int a, ref int b)
    {
        int x = a;
        a = b;
        b = x;
        Console.WriteLine (a + "    " +b);
    }
    public static void Main ()
    {
        int x=10, y=25;
        LE(ref x, ref y);
        Console.WriteLine (x +"    " +y);
    }
}
```

8) 分析下列程序的输出结果。

```
using System;
class Test
{
```

```
public static void Main()
{
    int x = 5;
    int y = x++;
    Console.WriteLine(y);
    y=++x;
    Console.WriteLine(y);
}
```

### 5．程序设计题

1）用 C#编写一个程序，从键盘上输入三个数，用三元操作符（?:）找出最大数。

2）输入一个字符，判定它是什么类型的字符（大写字母，小写字母，数字或者其他字符）。

3）用 C#编写一个程序，找出 2 到 100 之间的素数。

4）用 C#编写一个程序，输入 0~100 的一个学生成绩分数，用 switch 语句输出成绩等级（成绩优秀（90~100），成绩良好（80~89），成绩及格（60~79）和成绩不及格（59 以下））。

5）用 C#编写一个程序，输入用户名和密码，实现用户登录程序的功能，至多允许输入三次，超过三次不允许登录。

6）用 C#编写一个程序，从键盘输入 10 个实数，存入一个数组，用冒泡法对这个数组元素做升序排序。

7）用 C#编写一个程序，定义结构类型（有学号、姓名、性别和程序设计成绩四个字段），声明该结构类型变量，用赋值语句对该变量赋值以后再输出。

8）用 C#编写一个程序，定义一个数组，再定义类以及方法，用方法（out 参数传递数据）找出这组数据中的最大数和最小数。

# 第 7 章　网站环境配置

在开发 ASP.NET 网站之前，会根据开发需要搭建相应的 ASP.NET 开发环境，即网站环境。因此在开发 ASP.NET 应用程序之前，需要配置文件和网站开发环境。本章将重点介绍配置文件的作用、Web.config 配置和 Global.asax 文件。

## 7.1　配置文件的作用

ASP.NET 应用程序的配置功能放在 Web.config 文件中，该文件的信息存储是基于 XML 的，开发人员可以使用任何标准的文件编辑器或 XML 分析器来创建和编辑 Web.config 文件。

ASP.NET 应用程序可以拥有多个配置文件，而且配置文件的名称都是 Web.config。这些配置文件可以出现在 ASP.NET Web 应用程序服务器上的多个目录中。每个 Web.config 文件都将配置设置应用于它所在的目录或其下所有子目录。子目录中的文件配置可以提供除从父目录继承的配置信息以外的配置信息，子目录配置设置可以重写或修改父目录中定义的设置。名为%systemroot%\Microsoft.NET\Framework\V 版本号\CONFIG\Machine.config 的根配置文件提供整个 Web 服务器的 ASP.NET 配置设置。一个系统可能只有一个 Machine.config 文件，也可以有多个 Web.config 文件，Machine.config 文件包含 ASP.NET 所需要的机器特定配置信息，而 Web.config 文件包含每一个具体 Web 应用程序的配置信息，它可以覆盖 Machine.config 文件中的默认配置，从而为 Web 应用程序创建特定的运行环境。页面初始化时，程序首先访问 Machine.config 文件，然后再访问 Web.config 文件，Web.config 文件的配置信息扩充或覆盖继承自 Machine.config 文件的设置。

在运行时，ASP.NET 使用分层虚拟目录结构的 Web.config 文件提供的配置信息，为每个唯一的 URL 资源计算一组配置设置，然后缓存配置设置结果，以供所有后面对资源的请求使用。继承是由传入请求路径（URL）定义的，而不是磁盘上资源的文件系统路径（物理路径）定义的。

ASP.NET 检测对配置文件的更改并自动将新配置设置应用于受该更改影响的 Web 资源。不需要重新启动服务器让更改生效，只要层次结构中的配置文件被更改，就将自动重新计算并重新缓存分层配置设置。ASP.NET 配置系统是可以扩展的，开发人员可以定义新配置参数并编写配置节处理程序，以对它们进行处理。

Web.config 文件对于访问站点的用户是不可见的，而且也是不可访问的。ASP.NET 通过配置 IIS 防止浏览器直接访问配置文件来保护配置文件不受外部访问。向任何试图直接请求配置文件的浏览器返回 HTTP 访问错误 403（禁止）。

Web.config 文件是基于 XML 的，每个配置文件都包含 XML 标记和子标记的嵌套层次结构，所以配置文件存在以下特点。

- 它们有唯一的根元素<configuration>，该元素可以包含所有其他元素。即所有配置信息都包含在<configuration>和</configuration>根 XML 标记之间。

- 因为配置文件是基于 XML 的，所以文件对大小写是敏感的，书写的方式一般采用驼峰的形式。
- 任何属性、关键字或键值都应该封闭在双引号内，不能使用单引号。常见的使用方式如下：

    <add key="KeyName" Value="value"></add>

## 7.2 Web.config 配置

Web.config 文件是一个 XML 文本文件，它用来存储 ASP.NET Web 应用程序的配置信息（如最常用的设置 ASP.NET Web 应用程序的身份验证方式），它可以出现在应用程序的每一个目录中。当通过.NET 新建一个 Web 应用程序后，默认情况下会在根目录自动创建一个默认的 Web.config 文件，包括默认的配置设置，所有的子目录都继承它的配置设置。如果想修改子目录的配置设置，开发人员可以在该子目录下新建一个 Web.config 文件。它可以提供除从父目录继承的配置信息以外的配置信息，也可以重写或修改父目录中定义的设置。

Web.config 是以 XML 文件规范存储的，配置文件分为以下 4 种格式。
- 配置节处理程序声明：位于配置文件的顶部，包含在<configSections>标志中。
- 特定应用程序配置：位于<appSetting>中，可以定义应用程序的全局常量设置等信息。
- 配置节设置：位于<system.Web>节中，控制 ASP.NET 运行时的行为。
- 配置节组：用<sectionGroup>标记，可以自定义分组，可以放到<configSections>内部或其他<sectionGroup>标记的内部。

### 7.2.1 身份验证与授权

对于一个 Web 应用程序来说，很重要的一点就是能够辨别访问者的角色和对资源访问的限制。为了做到这一点，就要对其身份进行验证。在解决谁能进入系统的问题时，通常会维护一张允许进入系统的用户名单，当用户要求进入的时候，判断他是否是合法用户。这样一来，问题就转化为如何有效地判别一个用户是否是系统的有效用户，称之为"身份验证"过程。一个常见的验证过程是，当进入某些系统时，被要求输入用户和口令。当用户进入以后，只允许他访问事先指定给他的资源，这一过程称为"授权"。只有通过授权检查后，用户才能够对相应资源进行操作。在 ASP.NET 环境中，ASP.NET 和 IIS 结合在一起为用户提供身份验证和授权服务。

ASP.NET 和 IIS 一起为用户提供身份验证服务，用户验证方式有 3 种，即基本验证方式（Basic）、简要验证方式（Digest）和窗口验证方式（Windows）。同时 ASP.NET 支持微软的"护照"（Passport）验证服务，它单方面提供签到服务和用户描述服务。此外，ASP.NET 还提供了 Cookies，帮助建立一种基于用户 Form 的验证方式，通过 Cookies，用户的应用程序可以用自己的代码和逻辑实现用户定义的可信性验证。

由于 ASP.NET 的验证服务是建立在 IIS 的验证服务之上的，因此在设立自己的应用服务时，有时需要在 IIS 中进行相应的设置。例如，为实现 ASP.NET 的基本验证服务，就必须利用 Internet Service Tool 工具把该应用设置成基本验证服务方式。

具体方法为：
1）选择 "开始"→"控制面板"→"管理工具"→"Internet 信息服务"。
2）打开默认 Web 站点，选择应用站点，比如此处为"Web"。
3）右键单击鼠标，选择属性，再选择目录安全性标签。
4）在匿名访问和身份验证控制框中，单击"编辑"按钮。
5）在出现的身份验证方法窗口中，选择"基本身份验证"。
6）单击"确认"按钮，完成设置。

图 7-1 显示了具体的设置方法。

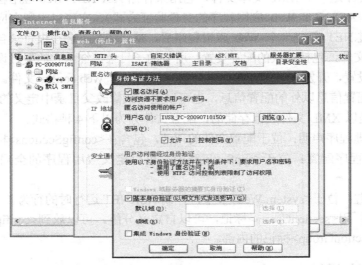

图 7-1　设置 ASP.NET 的基本身份验证服务

要使 ASP.NET 的身份验证机制生效，需要对应用的配置文件 Web.config 进行设置。设置身份验证需要包含在<security>和</security>标记之间。它使用<authentication mode="..." >语法形式，其中 mode 属性指定了身份验证采用的方式，具体的验证模式如表 7-1 所示。

表 7-1　ASP.NET 的身份验证模式

| 模　式 | 描　述 |
|---|---|
| None | 没有任何 ASP.NET 的身份验证服务被激活 |
| Windows | ASP.NET 和 Windows 的机制一起配合使用，可以授权限制 Windows NT 的用户和工作组的访问 |
| Cookie | ASP.NET 验证服务可以管理 Cookies，可以引导使一个未经授权的用户去登录网页。这种模式经常和 IIS 一起配合，可以让一个匿名用户去访问应用程序 |
| Passport | ASP.NET 验证服务通过使用护照（Passport）服务软件包，附属在服务的外层，更加强了身份验证服务，这种软件包必须安装到系统中才能使用 |

举例来说，使用 Cookie 身份验证方式对某个应用进行验证，那么在其应用的配置文件 Web.config 中，应该含有以下几行：

```
<configuration>
    <security>
        <authentication mode="Cookie"/>
```

```
        </security>
    </configuration>
```

  ASP.NET 提供了两种授权方式：基于 ACL（访问控制列表）及资源权限的授权方式和 URL 授权。基于 ACL 及资源权限的授权方式有点类似于 UNIX 下的文件权限检查，不过它更加严格和完备，当用户请求某个页面时，ASP.NET 检查该页面的 ACL 和该文件的权限，看该用户是否有权限读取该页面，如果有则该页面称作"已授权"。这种授权方式主要通过系统管理员对文件权限设定来实现。

  而 URL 授权对于某个用户的页面请求并不是从文件权限出发，而是根据系统的配置情况来决定用户的请求是否经过授权。URL 授权方式的实现通常通过设置应用配置文件 Web.config 中关于授权和角色的配置节来实现。

### 1．基于 Windows 的验证

  当采用基于 Windows 方式的验证以后(<authentication mode="Windows"/>)，ASP.NET 对每一个页面请求产生一个 WindowsPrincipal 对象 User，这个对象可以被 URL 授权方式用来进行授权，或者是被用户程序用来判断是否是某种角色。通过这个对象，还可以在一个应用程序中判断请求者是否是被授权的对象，例如：

```
if  User.IsInRole("Administrators") //如果是管理员组成员
    DisplayPrivilegedContent();
else  … //如果不是管理员组成员
```

  可能用户希望对验证过程加入一些自己的控制代码，那么就需要对 WindowsPrincipal 对象的 WindowsAuthentication_OnAuthenticate 事件做出自己的处理，编写自己的消息处理函数。通常用户通过实现 System.Security.Principal.Iprincipal 类来完成。

### 2．基于 Form 的验证

  基于 Form 的验证实际上是允许应用程序定义自己的验证画面和可信性验证。当用户进入时，出现事先定义的画面并请求输入验证要素，输入完毕后使用用户逻辑对输入进行验证，通过则进入应用，否则返回起始输入画面。基于 Form 的验证，通常都采用 Cookies 技术来实现验证任务。启用基于 Form 的验证，是在 Web.config 中设置<authentication mode="Cookie" />来实现的。

  例如，采用基于 Form 的验证方式，拒绝匿名用户进入的配置段如下：

```
<configuration>
    <security>
        <authentication mode="Cookie"/>
        <authorization>
            <deny users="?" />
        </authorization>
    </security>
</configuration>
```

  其中，<authorization>一节中，用 deny 标识表示禁止某种用户，"？"代表匿名用户，在 users 后也可以跟指定的用户，表示只拒绝指定的用户。

  此外，在配置节中还有一个 Cookie 标识，它规定了 Cookie 的行为，也较为重要。

Cookie 标识有三个属性。
- decryptionkey：用于指定对 Cookie 加解密的密钥。如果不指定或指定为 autogenerate 密钥，将采用 Crypto API 产生的系统密钥。当指定为 autogenerate 时，产生的密钥和机器相关，因而不能跨机器和平台，除非显示给出密钥。
- loginurl：验证页面。当用户验证失败以后，被定向到的页面可以是在本地，也可以是在其他机器上。
- cookie：指定用于验证任务的 Cookie 的名字。由于在同一台机器上，可能存在多个应用，而同一应用使用一个 Cookie 名，所以同一机器上的 Cookie 名字不能相同。

例如，在 Web.config 中有如下定义：

```
<security>
    <authentication mode="Cookie">
        <cookie decryptionkey="autogenerate" loginurl="login.aspx" cookie=".ASPXCOOKIEDEMO" />
    </authentication>
</security>
```

从这段配置可以知道 Cookie 的密钥由系统产生，当验证失败以后，页面将跳转至 login.aspx 页面，Cookie 名为".ASPXCOOKIEDEMO"。

在基于 Form 的验证中，一个常用到的对象是 CookAuthentication。CookAuthentication 有 4 个比较重要的方法。

- RedirectFromLoginPage 方法：它通常在验证成功以后，从用户的验证画面返回用户开始请求的页面。它带有两个参数，第一个为 Cookie 要记录的用户名，第二个表明是否记录到永久性 Cookie 中。
- GetAuthCookie 方法：从 Cookie 中取得指定用户名的值。它的参数和 RedirectFromLoginPage 方法是一样的。
- SetAuthCookie 方法：把指定用户名存入 Cookie 中。参数和 GetAuthCookie 方法一致。
- SignOut 方法：删除当前用户的验证 Cookie，它不会理会 Cookie 到底是在内存，还是在硬盘上。

还可以在 Web.config 中设置用户和密码，当用户在验证窗口输入用户和密码后，将其带入 CookieAuthenticationManager.Authenticate，用它来验证是否是合法用户。

在 Web.config 中设置用户和密码使用 credentials 标识，它有一个属性 passwordformat，决定口令存储的方式。passwordformat 可以为以下值：

- Clear 口令以纯文本方式存储。
- SHA1 口令以 SHA1 方式存储。
- MD5 口令以 MD5 方式存储。

例如，在一个配置文件中，有如下代码：

```
<configuration>
    <security>
        <authentication>
            <credentials passwordformat="SHA1" >
```

```
            <user name="Li"    password="GASDFSA9823598ASDBAD"/>
            <user name="Chen"   password="ZASDFADSFASD23483142"/>
        </credentials>
    </authentication>
  </security>
</configuration>
```

从这个例子可以看到，credentials 标识中的 passwordformat 为 SHA1，所以下面的用户的密码是以 SHA1 方式加密以后的格式。在<credentials>和</credentials>之间定义了两个用户"Chen"和"Li"，其密码不可识别。

## 7.2.2 其他配置

**1．自定义错误页**

一般情况下，当用户误操作或者网络地址发生错误时，通常会自动跳转到一个错误页面，在这个错误页面中显示错误信息。此功能可以通过配置 Web.config 实现。例如，用户在访问网站的过程中出现错误，将自动跳转到默认页 error.aspx，设置步骤如下：

1）新建一个网站，默认主页是 Default.aspx，添加一个用来显示错误信息的项 error.aspx。
2）打开 Web.config 文件。
3）在 Web.config 文件的<system.web>…</system.web>节点中添加如下代码：

```
<customErrors mode="on" defaultRedirect="error.aspx"></customErrors>
```

当用户误操作或者网络地址发生错误时自动跳转到 error.aspx 页。设置错误默认页字符串是在<customErrors>…</customErrors>中，需要设置以下两个属性。

- mode 属性：On 表示启用自定义错误信息，RemoteOnly 表示仅向远程客户端显示自定义错误并且向本地主机显示 ASP.NET 错误，Off 表示禁用自定义错误信息，默认值为 RemoteOnly。
- defaultRedirect 属性：用于指定网页出错时，浏览器跳转的地址。

**2．配置 Session 变量**

Session 变量其实指的就是访问者从到达某个特定主页到离开为止的那段时间。每一个访问者都会单独获得一个 Session。在 Web 应用程序中，当一个用户访问该应用时，Session 类型的变量可以供这个用户在该 Web 应用的所有页面中共享数据。

Session 变量在 ASP.NET 中有着很广泛的用途，尤其是有会员的系统，必须要用到的。如会员的登录账号、时间、状态以及许多该记录的实时数据，这些数据属于使用者私人所有，通常开发者都是通过 Session 记录处理。通过 Session 对象来记录使用者私有的数据变量，供用户再次对服务器提出要求时做确认，用户在程序的 Web 页面之间跳转时，存在 Session 对象中的变量将不会消失。下面通过范例讲解如何在 Web.config 中设置 Session 变量的生命周期，步骤如下：

1）新建一个网站，默认主页是 Default.aspx。
2）打开 Web.config 文件。
3）在 Web.config 文件的<system.web>…</system.web>节点中添加如下代码：

```
<sessionState mode="InProc" timeout="10"></sessionState >
```

上述代码中设置 Session 变量的生命周期为 10 分钟。配置 Session 变量的生命周期是在 <sessionState>…</ sessionState >中，需要设置以下几个属性。

- mode 属性：Off 表示禁止会话状态；Inproc 表示工作进程自身存储会话状态；StateServer 表示将会话信息存放在一个单独的 ASP.NET 状态服务中；SqlServer 表示将把会话信息存放在 SQL Server 数据库中。
- stateConnectionString 属性：用于设置 ASP.NET 应用程序存储远程会话状态的服务器名，默认是本地名。
- cookieless 属性：该参数为 True 时，表示不适用 Cookie 会话标识客户，反之为 False 时，表示启动会话状态。
- timeout 属性：该参数用于设置会话时间，超过该期限会话自动中断，默认为 20，指 Session 变量的超时期限是 20 分钟。

**3．全球化设置**

为了使网站适应全球化，可以在 Web.Config 文件配置相应的设置，使网站符合当地的使用习惯，步骤如下：

1）新建一个网站，默认主页是 Default.aspx。

2）打开 Web.config 文件。

3）在 Web.config 文件的<system.web>…</system.web>节点中添加如下代码，使网站符合中文习惯：

```
<globalization
    fileEncoding="gb2312"
    requestEncoding=" gb2312"
    responseEncoding=" gb2312"
    culture="zh-CN"/>
```

需要设置的属性如下。

- requestEncoding 属性：指定 Request 请求的编码方式，默认为 UTF-8 编码，大多数情况下 requestEncoding 和 responseEncoding 属性的编码应该相同。
- responseEncoding 属性：指定 Response 响应的编码方式，默认为 UTF-8 编码。
- fileEncoding 属性：指定扩展名 aspx、asmx 和 asax 文件默认的编码方式。
- culture 属性：指定本地化的语系地区，不同的地区拥有不同的日期时间格式、数字等默认的本地化设定。

**4．配置 Access 数据库连接**

Access 数据库适用于建立中小型的数据库应用系统，Access 数据库使用起来比较简单方便，因此在开发一些中小型 Web 程序中应用相当广泛。本范例介绍如何在 Web.Config 文件配置 Access 数据库连接，步骤如下：

1）新建一个网站，默认主页是 Default.aspx。

2）打开 Web.config 文件。

3）在 Web.config 文件的<connectionStrings>…</connectionStrings>节点中添加如下代

码，连接 Access 数据库：

```
<appsettings>
    <add key="accessCon"    value="Provider=Microsoft.Jet,OLEDB.4.0;
    Data Source=|DataDirectory|db__access.mdb">
</appsettings>
```

需要设置的属性如下。
- Provider 属性：用于指定要使用的数据库引擎。
- Data Source 属性：用于指定 Access 数据库文件在计算机中的物理位置。

### 5. 配置 SQL server 数据库连接

SQL Server 数据库是当今比较流行的关系型数据库之一，在一些中大型的商业网中运用得十分广泛。本范例介绍如何在 Web.Config 文件配置 SQL Server 数据库连接，步骤如下：

1）新建一个网站，默认主页是 Default.aspx。
2）打开 Web.config 文件。
3）在 Web.config 文件的<connectionStrings>…</connectionStrings>节点中添加如下代码，连接 SQL Server 数据库：

```
<appsettings>
    <add key="sqlCon"    value=" Data Source=(local); Database=Firstdatabase;Uid=sa;Pwd=000">
</appsettings>
```

需要设置的属性如下。
- Data Source 属性：用于指定数据库服务器名。
- Database 属性：用于指定要连接的数据库名。
- Uid 属性：用于指定登录数据库服务器的用户名。
- Pwd 属性：用于指定登录数据库服务器的密码。

> 📖 在 Web.config 中可以设置很多方面的内容，但是并不是所有的设置都需要在 Web.config 中亲自编写。例如连接数据库时，Visual Studio 会自动将连接字符串写入 Web.config。

## 7.2.3 配置项在程序中的应用

综合 7.2.2 节的内容，一个 ASP.NET Web 应用程序的 Web.config 文件的常用配置程序代码如下：

```
<configuration>
    <appsettings>
        <add key="sqlCon"    value=" Data Source=(local);
        Database=Firstdatabase;Uid=sa;Pwd=000">
    </appsettings>
    <system.web>
        <compilation defaultLanguage="C#"    debug="true"></compilation>
        <customErrors mode="on" defaultRedirect="error.aspx"></customErrors>
        <sessionState mode="InProc" timeout="10"></sessionState >
        <globalization    fileEncoding="gb2312"    requestEncoding=" gb2312"
```

```
                responseEncoding=" gb2312"  culture="zh-CN"/>
        <system.web>
    </configuration>
```

上述代码对 Web.config 文件做了基本的配置，配置 SQL Server 数据库连接；配置自定义错误页，用户在访问网站的过程中如果出现错误，将自动跳转到默认页 error.aspx；设置 Session 变量的生命周期为 10 分钟；在全球化配置中定义为 gb2312 字符集，以利于中文显示；同时将编译语言默认为 C#。

## 7.3 Global.asax

Global.asax 文件是一个特殊文件，它包含应用程序的某些服务信息，例如应用程序如何开始、如何结束。但是 Global.asax 文件是 ASP.NET 应用程序的可选文件，如果应用程序包含此文件，则应用程序就从此文件开始运行，同时该文件还包含响应 ASP.NET 或 HTTP 模块引发的应用程序级别事件的代码。

Global.asax 文件的内容不显示给用户，它用来存储事件信息和有关应用程序全局使用的对象。文件的名称必须是 Global.asax，而且必须存放在应用程序的根目录中。每个应用程序只能有一个 Global.asax 文件。Web 服务器启动后，当从浏览器对一个应用程序中任何一个 ASP.NET 文件发出第一个 HTTP 请求时，或当没有创建会话的客户端向服务器请求一个 ASP.NET 文件时，服务器都会自动读取并执行 Global.asax 文件。Global.asax 文件不能包含任何形式的输出语句，只能包含以下内容：

- 应用程序事件过程 Application_OnStart 和 Application_OnEnd 的脚本。
- 会话事件过程 Session_OnStart 和 Session_OnEnd 的脚本。
- 请求事件过程 Application_OnBeginRequest 和 Application_OnEndRequest 的脚本。
- 使用<object>标记声明的应用程序作用域对象或会话作用域对象。

本节给出一个实例，演示应用程序事件、会话事件及 Global.asax 文件的使用方法。本实例统计某一个用户访问当前应用程序时同时访问的人数，也就是网站常用的当前在线人数。

下面为本例使用的 Global.asax 文件：

```
<%@ Application Language="C#" %>
<script runat="server">
    void Application_OnStart(object sender, EventArgs e)
    {   //应用程序启动时运行的代码
        Application["visitor"]=0;
    }
    void Session_OnStart(object sender, EventArgs e)
    {   //新用户访问页面激活会话启动时运行的代码
        Application.Lock();
        Application["visitor"]=(int)Application["visitor"]+1;
        Application.UnLock();
    }
    void Session_OnEnd(object sender, EventArgs e)
    {   //用户退出页面或页面超时激活在会话结束时运行的代码
```

```
            Application.Lock();
            Application["visitor"]=(int)Application["visitor"]-1;
            Application.UnLock();
        }
    </script>
```

**【例 7-1】** 显示当前在线人数。

```
<%@ Page language="C#" %>
<html>
<head>
    <title>在线人数示例</title>
</head>
<body>
    <%
        Response.Write( "当前在线人数为：" + Application["visitor"].ToString());
    %>
</body></html>
```

本例基于上面给出的 Global.asax 文件，显示当前在线人数。Application_OnStart 事件处理程序将在线人数设置为 0。每次有用户访问本网站时，Session 对象的 Session_OnStart 事件处理程序将在线人数加 1，用户离开网站时，Session 对象的 Session_OnEnd 事件处理程序将在线人数减 1，所以本例中显示的是正确的在线人数。结果如图 7-2 所示。

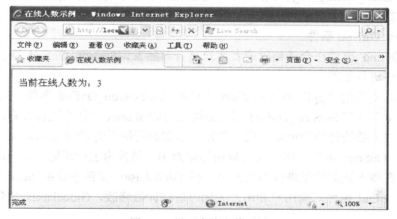

图 7-2  显示在线人数示例

## 7.3.1  Application 的事件

Application 对象支持 OnStart、OnEnd、OnBeginRequest 和 OnEndRequest 四个事件。这四个事件的程序代码放在网站根目录下特定的 Global.asax 文件中。

**1．Application_OnStart 事件**

Application_OnStart 事件在应用程序运行过程中第一次有页面被访问前触发，即在一个虚拟目录中第一个 ASP.NET 程序执行时触发。并且 Application_OnStart 事件在整个应用程序运行期间只被触发一次。

## 2. Application_OnEnd 事件

Application_OnEnd 事件在应用程序退出时或者服务被终止时触发,即 ASP.NET 应用程序停止时被触发。并且 Application_OnEnd 事件在整个应用程序运行期间只被触发一次。

## 3. Application_OnBeginRequest 事件

Application_OnBeginRequest 事件在每一个 ASP.NET 应用程序被请求时就发生,即客户每访问一个 ASP.NET 程序时,就触发一次该事件。

## 4. Application_OnEndRequest 事件

Application_OnEndRequest 事件在 ASP.NET 应用程序结束时发生,即每个 ASP.NET 程序结束时,触发该事件。

### 7.3.2 Session 的事件

同 Application 对象类似,Session 对象也有 OnStart 和 OnEnd 两个事件,分别用于在 Session 对象启动和释放时执行事先设定好的事件代码。第一次读取 ASP.NET 网页时会创建 Session 对象,触发 OnStart 事件。同一个浏览器只会触发此事件一次,触发之后,除非发生 OnEnd 事件或重新启动浏览器读取网页,否则不会再次触发此事件。这两个事件的程序代码放在网站根目录下特定的 Global.asax 文件中。

## 1. Session_OnStart 事件

Session_OnStart 事件是在第一次启动 Session 对象时触发的对象。服务器在执行请求页面之前处理 Session_OnStart 事件中的脚本,可以在该事件中设置会话变量。本事件设置的变量在会话存在期间在各个页面间共享。

## 2. Session_OnEnd 事件

Session_OnEnd 事件在会话超时或者客户离开时触发。Session_OnEnd 事件可以用来对事件相关的程序进行处理。

Application 对象的 Application_OnStart 事件和 Application_OnEnd 事件,Session 对象的 Session_OnStart 事件和 Session_OnEnd 事件必须在 Global.asax 文件中进行设置。下面给出一个能够进行在线人数统计的简单聊天室。首先给出实例所使用的 Global.asax 文件,在该文件的 Application_OnStart 事件中将在线人数初始化为 0。另外为了对新用户访问进行计数和用户关闭页面时在线人数的数量进行相应改变,在 Global.asax 文件中使用 Session_OnStart 事件和 Session_OnEnd 事件对新用户和用户关闭时进行计数修改,Global.asax 文件的主要代码如下:

```
<%@ Application Language="C#" %>
<script runat="server">
    void Application_OnStart(object sender, EventArgs e)
    {   //应用程序启动时运行的代码
        Application["counter"]=0;
    }
    void Session_OnStart(object sender, EventArgs e)
    {   //新用户访问页面激活会话启动时运行的代码
        Application.Lock();
        Application["counter"]=(int)Application["counter"]+1;
```

```
            Application.UnLock();
        }
        void Session_OnEnd(object sender, EventArgs e)
        {   //用户退出页面或页面超时激活在会话结束时运行的代码
            Application.Lock();
            Application["counter"]=(int)Application["counter"]-1;
            Application.UnLock();
        }
</script>
```

使用上述的文件,可以统计当前聊天室的在线人数。

**【例 7-2】** 基于上面的 Global.asax 文件统计聊天室在线人数。

(1) 页面设计

在源视图中,输入如下代码,保存在 7-2.aspx 文件中:

```
<%@ Page Language="C#" AutoEventWireup="true" CodeFile="7-2.aspx.cs" Inherits="_Default" %>
<html>
<form id="form1" runat="server">
    <div>当前在线人数:<asp:Label id="label1" runat="server"></asp:Label>
        <table border="1" cellpadding="0" cellspacing="0">
            <tr><td colspan="2">
                <asp:TextBox id="textbox2" runat="server" textmode="MultiLine" height="57px" width="475px"></asp:TextBox></td></tr>
            <tr><td><asp:Label id="label2" runat="server"></asp:Label>
                <asp:TextBox id="textbox1" runat="server" width="375px"></asp:TextBox></td>
                <td style="width:49px"> 
                <asp:Button id="button1" runat="server" text="发言" OnClick="Button1_Click" />
            </td></tr> </table></div></form></html>
```

(2) 编辑逻辑

在代码编辑器中,输入如下代码,保存在 7-2.aspx.cs 文件中:

```
public partial class _Default : System.Web.UI.Page
{   protected void Page_Load(object sender, EventArgs e)
    {   if (!IsPostBack)
        {   label1.Text = Application["counter"].ToString() + "人";
            label2.Text = Server.MachineName.ToLower();   }
    }
    protected void Button1_Click(object sender, EventArgs e)
    {   Application["counter"]=textbox1.Text;
        textbox2.Text = textbox2.Text + "\n" + label2.Text + " 说:" + Application["counter"].ToString();
    }
}
```

(3) 运行调试

按下〈Ctrl+F5〉快捷键,运行 Web 应用程序,运行结果如图 7-3 所示。

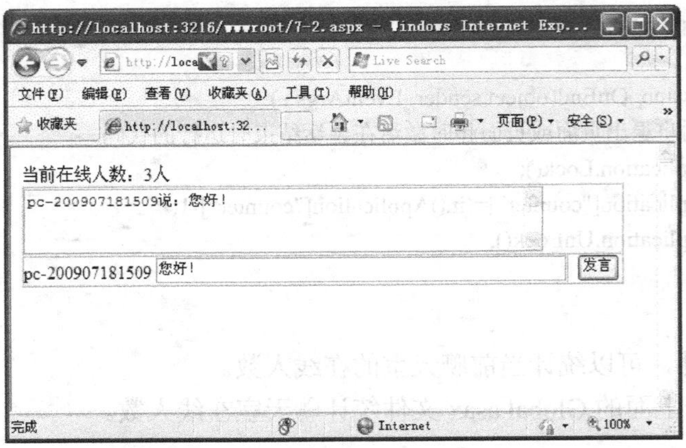

图 7-3 统计聊天室在线人数示例

### 7.3.3 错误处理

对 Web 应用程序来说，发生不可预知的错误和异常在所难免，因此必须为 Web 程序提供错误处理机制。当错误发生时，必须做好两件事情：一是将错误信息记录日志，发邮件通知网站维护人员，方便技术人员对错误进行跟踪处理；二是以友好的方式提示最终用户页面发生了错误，而不能将未处理的错误信息显示给用户。

ASP.NET 提供了四种错误处理机制，它们有一定的优先级顺序：Page_Error 事件、ErrorPage 属性、Application_Error 事件和<customErrors>配置项，优先级依次降低，下面分别介绍这四种错误处理机制的用法。

**1. Page_Error 事件**

Page_Error 事件提供一种捕获在页级别出现错误的方法。可以记录事件或执行某个其他操作，也可以只是显示错误信息，示例代码如下：

```
private void Page_Load(object sender, System.EventArgs e)
{   throw new Exception("Page Error!");   }
protected void Page_Error(object sender, EventArgs e)
{   Exception objErr = Server.GetLastError().GetBaseException();
    Response.Write("Error:" + objErr.Message);
    Server.ClearError();   }
```

上述代码在浏览器中显示详细的错误信息，提供此示例只是为了说明，向应用程序的最终用户显示详细信息一定要小心。更适当的做法是向用户显示一条消息，告知已发生错误，然后将具体的错误详细信息记录在日志中。

**2. ErrorPage 属性**

可以在页面任何时候设置 ErrorPage 属性，从而确定页面发生错误时，会重定向至哪个页面。示例代码如下：

```
this.ErrorPage = "~/ErrorHandling/PageError.html";
```

> 要让 ErrorPage 属性能够发挥作用，<customErrors>配置项中的 mode 属性必须设为 "On"。

如果 Page_Error 和 ErrorPage 都存在，当抛出 Exception 时，页面会先执行 Page_Error 事件处理函数，如果 Page_Error 事件中调用函数 Server.ClearError()清除异常信息，则不会跳转到 ErrorPage 属性指定页面；如果没有调用 Server.ClearError()，Exception 信息会继续向上抛，页面会跳转到 ErrorPage 指定页面。这也就证明了优先级顺序：Page_Error 事件优先级高于 ErrorPage 属性。

### 3．Application_Error 事件

与 Page_Error 事件相类似，可以使用 Application_Error 事件捕获发生在应用程序中的错误。由于事件发生在整个应用程序范围内，因此可记录应用程序的错误信息或处理其他可能发生的应用程序级别的错误。在 Global.asax 文件中添加如下代码：

```
protected void Application_Error(object sender, EventArgs e)
{
    Exception ex = Server.GetLastError().GetBaseException();
    //实际应用中这里可以将 Exception 信息记为 Log 或是保存到数据库中
    //还可以将错误发邮件给网站维护人员
    Response.Write("Error:" + ex.Message);
    //清除 Exception，避免继续传递给上一级处理，这里上级是<customErrors>配置节
    Server.ClearError();
}
```

### 4．<customErrors>配置项

配置文件 Web.config 中的<customErrors> 配置节，可将重定向页指定为默认的错误页 defaultRedirect 或者根据引发的 HTTP 错误代码指定特定页。如果发生在应用程序以前的任一级别都未捕获到的错误，则显示这个自定义页。

```
<customErrors mode="On" defaultRedirect="~/ErrorHandling/ApplicationError.html">
    <error statusCode="404" redirect="~/ErrorHandling/404.html" />
</customErrors>
```

同样，如果 Application_Error 和<customerErrors>同时存在，也存在执行顺序的问题。因为优先级 Application_Error 事件高于<customerErrors>配置项，所以发生应用程序级错误时，优先执行 Application_Error 事件中的代码，如果 Application_Error 事件中调用了 Server.ClearError()函数，<customerErrors>配置节中的 defaultRedirect 不起作用，因为 Exception 已经被清除；如果 Application_Error 事件中没有调用 Server.ClearError()函数，错误页会重新定位到 defaultRedict 指定的 URL 页面，为用户显示友好出错信息。

通过对 ASP.NET 提供的以上四种错误处理机制的分析，可以把它们从不同的角度进行分类，便于理解和使用。

- 从功能上分类：用于异常处理（Handling Exceptions）的是 Page_Error 事件和 Application_Error 事件；用于用户错误页面重定向（Redirecting the User to an Error Page）的是 ErrorPage 属性和<customErrors>配置项。
- 从错误处理的范围分类：用于页面级（Page Level）错误处理的是 Page_Error 事件和 ErrorPage 属性；用于应用程序级（Application Level）错误处理的是 Application_Error 事件和<customErrors>配置项。

## 7.4 案例：利用配置文件实现 Web 站点安全保护模块

在网页上的账号和密码文本框中输入正确信息，保存 Cookie 后，单击"登录"链接显示用户名和欢迎致辞。程序运行结果如图 7-4 所示。

图 7-4　基于 Web.config 文件的认证

### 7.4.1 案例设计

将身份验证和授权信息存储在配置文件中，当用户请求首次访问任意受保护的页面时，将被自动重定向到一个要求输入账户和密码的登录页面，待用户提供合法的身份验证后，方可访问受保护的页面。

该案例包括 Web.config、Default.aspx（安全保护页面）和 Login.aspx（登录页面）3 个文件。在实际应用中，所有在上述文件所在目录或在此目录的子目录中的.aspx 文件都能够被自动保护，而不需要进行任何额外设置。

如果用户在页面上输入的账号或密码为空，在单击"登录"链接时屏幕上将显示图 7-5 所示的错误提示信息，即账号名称和密码不能为空。

图 7-5　账号或密码为空显示信息

如果用户输入账号或密码错误，在单击"登录"链接时屏幕上将显示图 7-6 所示的错误提示信息，即"登录失败，请再试"。

图 7-6 登录失败显示信息

如果用户输入的账号为 ht，密码也是 ht，如图 7-7 所示。在单击"登录"链接时并不跳转到安全保护页面（Default.aspx），而是重新定向到登录页面（Login.aspx）。

图 7-7 输入"ht"后运行结果

### 7.4.2 案例实现

Web.config 文件、Login.aspx 页面、Default.aspx 页面的设计，代码可以从网上资源包中下载。

在 Web.config 文件中，定义 forms 标记，其中 name 属性用于指定验证窗体的名称，loginUrl 属性用于指定未通过身份验证或授权的用户将被重定向的页面，即 Login.aspx 页面。在<credential>节中指定账号和密码，在实际应用中，如果账号的数量庞大，则可以将账号和密码保存在数据库中，然后在<credential>节声明账号和密码的保存位置。在<authorization>节中拒绝对名为 ht 的账号和匿名账号授权。

在 Login.aspx 文件中分别定义了用于输入账号和密码的文本框，定义验证控件 RequiredFieldValidator 用于确保非空输入，验证控件 RequiredFieldValidator 等控件的应用会在后面的章节中详细讲述。定义 Checkbox 控件供用户选择是否将账号和密码保存在 Cookie 中。如果不将账号和密码保存在 Cookie 中，则关闭浏览器后，即使是立即重新访问受保护资源，也将需要提供身份标识。在 Login.aspx 文件中定义了一个过程 Login_Check()，该过程的功能是，调用 Authenticate()方法，判断用户是否输入了正确的身份标识（包括账号和密码）；如果身份标识正确，则调用 RedirectFromLoginPage()方法，将用户重定向到用户真正请求的页面。否则，显示登录失败信息。

在 Default.aspx 文件中定义了 Page_Load()过程，该过程的功能是通过 User 类的 Identity 属性的 Name 子属性，获得通过身份验证的账号，将其写入 lblUser 控件的 Text 属性。btnSignOutClick()过程用于注销账号，该过程的功能是删除用于保护身份验证信息的 Cookie，清除网页缓冲区中的所有标头和内容，然后将用户重定向到 Login.aspx 页面。

## 7.5 习题

**1．选择题**

1）在 Web.config 文件中，使用<authorization mode=" ">指定身份验证的类型。其中，_____身份验证可以使用所创建的登录页面进行身份验证。

    A．Windows      B．Forms      C．Passport      D．None

2）在一个 ASP.NET 网站的 Web.config 文件中配置其 Session 变量。如果其 mode 属性被设置成 Inproc，表示_____。

    A．禁止会话状态
    B．工作进程自身存储会话状态
    C．将会话信息存放在一个单独的 ASP.NET 状态服务中
    D．将会话信息存放在 SQL Server 数据库中

3）Web.config 文件不能用于_____。

    A．Application 事件定义      B．数据库连接字符串定义
    C．对文件夹访问授权      D．基于角色的安全性控制

4）默认情况下，Session 状态的有效时间是_____。

    A．30 秒      B．10 分钟      C．30 分钟      D．20 分钟

5）连接数据库的验证方式不包括_____。

    A．Forms 验证      B．Windows 验证
    C．SQL Server 验证      D．Windows 和 SQL Server 混合验证

**2．填空题**

1）ASP.NET 提供多种身份验证方式，包括（　　）、（　　）、（　　）和（　　）。

2）在 Web.config 文件中，如下代码表示（　　）。

    <authorization>
        <deny users="*" />
    </authorization>

3）在 Web.config 文件中配置 SQL Server 数据库连接，需要配置（　　）、（　　）、（　　）和（　　）4 个属性。

4）ASP.NET 和 IIS 一起为用户提供身份验证服务，用户验证方式有 3 种，即（　　）、（　　）和（　　）。

5）ASP.NET 提供了两种授权方式：（　　）和（　　）。

6）Session 对象启动时会触发（　　　　）事件，结束时会触发（　　　　）事件。

**3．简答题**

1）简述身份认证和授权的概念。

2）如何将 Session 的超时时间设置成 30 分钟？

3）Web.config 文件的主要用途是什么？用 Web.config 保存 Web 应用程序的主要配置参数有哪些？

4）什么是 Global.asax 文件？哪些内容允许出现在这个文件中？

5）简述 Application 对象的 4 个事件。

6）按照优先级由高到低的顺序，写出 ASP.NET 提供的 4 种错误处理机制。

# 第 8 章 ASP.NET 对象应用

ASP.NET 提供的内置对象主要有 Page、Response、Request、Server、Cookie、Session、Application 等，这些对象使用户更容易收集通过浏览器请求发送的信息、响应浏览器以及存储用户信息，以实现其他特定的状态管理和页面信息的传递。因为这些对象由.NET Framework 中封装好的类来实现，并且由于这些对象在 ASP.NET 页面初始化请求时自动创建，所以能在程序中的任何地方直接调用，而无需对类进行实例化操作。

## 8.1 Response 对象

在 ASP.NET 中，Response 对象的类型是 System.Web.HttpResponse。Response 对象用于响应客户端的请求，将信息发送到客户端浏览器。可以使用 Response 对象实现向页面中输出文本或创建 Cookie 信息等，并且可以使用 Response 对象实现页面的跳转。

### 8.1.1 属性和方法

Response 对象的属性如表 8-1 所示。

表 8-1 Response 对象的属性

| 属 性 名 | 说 明 |
| --- | --- |
| Buffer | 获取或设置 HTTP 输出是否要做缓冲处理，缓冲则为 true，否则为 false。默认为 true |
| Cache | 获取 Web 页的缓存策略（过期时间、保密性、变化子句） |
| Cookies | 将 Cookie 信息写入客户端浏览器 |
| Charset | 以字符串的形式获取或设置输出流的 HTTP 字符集 |
| ContentType | 获取或设置输出流的 HTTP MIME 类型，默认为 text/html |
| ContentEncoding | 获取或设置输出流的 HTTP 字符 |
| IsClientConnected | 获取一个布尔类型的值，指示客户端是否仍连接在服务器上 |
| Expires | 获取或设置在浏览器上缓存的页过期之前的分钟数 |
| ExpiresAbsolute | 获取或设置从缓存中移除缓存信息的绝对日期和时间 |
| Output | 获取输出 HTTP 响应的文本输出 |
| OutputStream | 获取 HTTP 内容主体的二进制数据输出流 |

Response 对象常用的方法如表 8-2 所示。

表 8-2 Response 对象的方法

| 方 法 名 | 说 明 |
| --- | --- |
| Write(string) | 将指定的字符串或表达式的结果写到当前的 HTTP 输出内容流 |
| WriteFile(filename) | 将 filename 指定的文件写入当前的 HTTP 输出内容流 |
| End() | 将当前所有缓冲的输出流发送到客户端，并停止当前页的执行 |
| Close() | 关闭客户端的联机 |

| 方 法 名 | 说　　明 |
|---|---|
| Flush() | 将缓存中的内容立即显示出来 |
| ClearContent() | 清除缓冲区流中的所有内容输出 |
| Redirect(URL) | 将客户端浏览器重定向到指定的 URL |

## 8.1.2 输出信息

可以使用 Response 对象的 Write 方法和 WriteFile 方法将信息写入 HTML 流，并显示到客户端的浏览器上。

### 1. 使用 Write 方法

使用 Response.Write 方法可以将信息写入 HTTP 输出内容流。Write 方法的语法格式为：

　　Response.Write(string);

使用 Response.Write 方法并不是将数据直接显示在网页上，而是输出到 HTML 代码中。其中 string 可以是字符串常量，亦可以是字符串变量；string 中可以包含 HTML 标记，亦可以包含<script></script>脚本。

【例 8-1】　Response.Write()使用示例。

```
protected void Page_Load(object sender, EventArgs e)
{
    Response.Write("<font size=6 color=olive face=楷体_GB2312>欢迎来到我的主页</font><br><br>");
    Response.Write("<hr width=75% color=red align=left><br><br>");
    Response.Write("现在的时间是："+DateTime.Now.ToLongTimeString()+"<br><br>");
    Response.Write("浏览更多新闻，可以到 <a href='http://www.sinA.com.cn'>新浪</a><br><br>");
    Response.Write("测试输出双引号\"");
    Response.Write("<script language=javascript>alert('你真棒！');</script>");
}
```

其中，若需要在 string 中输入双引号，应该使用 C#转义字符"\""。运行效果如图 8-1 所示。

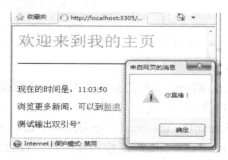

图 8-1　Response 对象的 Write 方法使用示例

## 2. 使用 WriteFile 方法

使用 Response 对象的 WriteFile 方法，可以将指定的文件内容写入到 HTML 输出流。语法格式为：

> Response.WriteFile(filename)

其中，filename 包含文件的路径和名称。

WriteFile 方法常被用于提供文件下载的应用中。

【例 8-2】 使用 WriteFile 方法，实现用户下载成绩表的功能。

具体步骤如下：

1）新建一个 ASP.NET 网站，将 execel 文件"电子商务原理成绩"保存到站点的根目录下。

2）将 default 页面切换到设计视图，添加一个 linkbutton 控件，设置其 text 属性为"下载电子商务原理成绩"。

3）双击 linkbutton 控件，default 页面切换到 default.aspx.cs 页面，在 linkbutton_Click 事件中写入如下代码：

```
protected void LinkButton1_Click(object sender, EventArgs e)
{
    Response.ContentType = "application/vnD. ms-excel";
    Response.ContentEncoding = System.Text.Encoding.GetEncoding("gb2312");
    Response.WriteFile(Page.MapPath("电子商务原理成绩.xls"));
}
```

4）单击"运行"按钮，运行效果如图 8-2 所示，单击"下载电子商务原理成绩表"弹出文件下载对话框，如图 8-3 所示。用户可以选择"打开"或者"保存"文件。

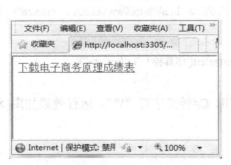

图 8-2 Response 对象的 WriteFile 方法示例 1

图 8-3 Response 对象的 WriteFile 方法示例 2

程序说明：

1）Response 对象的 ContentType 属性用来说明文件的类型或标准 MIME 类型。其格式为：类型/子类型。常用的类型/子类型主要有：text/html（默认值）、image/jpeg、application/msword、application/vnD. ms-excel、application/vnD. ms-powerpoint 等。

2）Response 对象的 ContentEncoding 属性指定了以"GB2312"为输出内容的编码方案。若没有这一句，输出时可能会在浏览器中出现乱码。

3）Page 对象的 MapPath 方法用来指定输出文件在服务器端的物理路径。

### 3．使用 End 方法

Response 对象的 End 方法用来输出当前缓冲区的内容，并终止当前页面的处理。例如，在程序中输入如下代码：

```
protected void Page_Load(object sender, EventArgs e)
{ this.Title = "Response.End 方法示例";
  Response.Write("欢迎光临");
  Response.End();
  Response.Write("我的网站");   }
```

程序执行到 Response.End()语句后，就会将缓冲区的内容输出出来，然后终止当前页面的处理，后面的语句都不再执行。其运行结果如图 8-4 所示。

图 8-4　Response 对象的 End 方法示例

## 8.1.3　页面跳转

使用 Response 对象的 Redirect 方法可以实现页面的跳转，即在浏览器中显示新网页的内容。这相当于从客户端再次发起请求，第一次为对原网页的请求，第二次为对新网页的请求。跳转后，浏览器地址栏显示新网页的地址。其语法格式为：

　　Response.Redirect(URL);

其中，参数 URL 为希望跳转到的新网页的地址。例如：

　　Response.Redirect("http://www.synu.edu.cn");//将用户引到沈阳师范大学的首页

该方法常被用于根据某条件将用户引到不同页面的情况。

【例 8-3】　假如 month1.htm，month2.htm，…，month12.htm，分别存放 1～12 月的月历，当用户访问网站时，自动将用户引到当前月份的月历页面。代码如下：

```
protected void Page_Load(object sender, EventArgs e)
    {
      DateTime time = DateTime.Now;
      string url = "month" + time.Month.ToString() + ".htm";
      Response.Redirect(url);
    }
```

使用 Response 对象的 Redirect 方法执行跳转后，原页面控件中保存的所有信息将丢失，在新的页面中将无法访问原页面提交的数据。如果希望在新页面访问原页面的数据，就需要从原页面传递数据到新页面，可以通过 url 参数中的"？"来实现。

【例 8-4】　在网站中有两个页面分别是 login.aspx 和 welcome.aspx。用户在 login.aspx 页面输入登录信息，单击"登录"按钮，跳转到 welcome.aspx 页面，如果用户登录成功，则在 welcome.aspx 页面显示用户的登录信息，否则提示用户输入信息不完整。

具体步骤如下：

1）创建 ASP.NET 网站，在网站中创建两个页面 login.aspx 和 welcome.aspx。

2）在 login.aspx 页面中添加两个文本框、一个下拉列表框和一个按钮控件，并设置其属性，其属性值见表8-3。

表8-3 登录页面各控件的属性设置

| 控 件 | 属 性 | 值 |
|---|---|---|
| TexBox1 | ID | TexBox1 |
| TexBox2 | ID | TexBox2 |
|  | TextMode | Password |
| DropDownList1 | ID | DropDownList1 |
|  | Items | 若干爱好 |
| Button1 | ID | buttonOk |
|  | Text | 登录 |

3）双击按钮控件，在 login.aspx.cs 的 buttonOk_Click 事件中输入如下代码：

```
protected void buttonOk_Click(object sender, EventArgs e)
{
    string username = TextBox1.Text;
    string password = TextBox2.Text;
    string like = DropDownList1.SelectedItem.Text;
    Response.Redirect("welcome.aspx?Username="+username+"&Password="+password+ "&Like="+like);
}
```

此代码中，先将文本框和下拉列表框中用户输入的值复制给三个字符串类型的变量；然后将三个变量的值，以 Usernaem、Password 和 Like 为查询字符串传送给目标页面 welcome.aspx。同时传递多个查询字符串使用"&"连接。

  在上述代码中，username 和 Username，password 和 Password，like 和 Like 分别是两个不同的变量。

"login.aspx"页面的运行效果如图 8-5 所示。

目标页面被打开后，可以使用 Request 对象的 QueryString 属性读取上一页面传递过来的数据。

接下来的步骤将在后面的章节中做详细介绍。

图 8-5 登录页面运行效果

## 8.1.4 创建 Cookie

Cookie 是存放在客户端，用来记录用户访问网站的一些数据的对象，关于 Cookie 的详细内容在 8.5.2 节介绍。此节只介绍使用 Response 对象创建 Cookie 的方法。

使用 Response.Cookies 数据集合可以在客户端创建一个 Cookie，一个 Cookie 对象包含三个参数，分别是：名称、值和有效期。创建 Cookie 的语法格式为：

Response.Cookies[名称].Value=值；
Response.Cookies[名称].Expires=有效期；

例如，创建一个存放当前网页中"用户名"信息的 Cookie，有效期为两周。代码如下：

Response.Cookies["username"].Value="yinweijing";
Response.Cookies["username"].Expires= DateTime.Now.AddDays(14);

其中，DateTime.Now 表示当前日期，AddDays(14)函数表示在当前日期上增加 14 天，即有效期为 14 天。

可以使用 Request 对象来读取 Cookie 数据，因此 Response.Cookies 通常和 Request.Cookies 结合使用。

## 8.2 Request 对象

在 ASP.NET 中，Request 对象的类型是 Systen.Web.HttpRequest。当用户发出一个打开 Web 页面的请求时，Web 服务器会收到一个 HTTP 请求，此请求信息包括请求报头、客户端的基本信息、请求方法、参数名、参数值等。这些信息将被完整地封装，并通过 Request 对象来获取它们。

### 8.2.1 属性和方法

Request 对象的常用属性如表 8-4 所示。

表 8-4 Requeste 对象的属性

| 属 性 名 | 说 明 |
| --- | --- |
| ApplicationPath | 获取被请求的页面位于 Web 应用程序的哪一个文件夹中 |
| Browser | 获取或设置有关正在请求的客户端的浏览器功能的信息 |
| ContentLength | 指定客户端发送的内容长度 |
| Cookies | 获取客户端发送的 Cookie 的集合 |
| FilePath | 获取当前请求的虚拟路径 |
| Form | 获取表单变量集合 |
| Headers | 获取 HTTP 头集合 |
| HttpMethod | 获取客户端使用的 HTTP 数据传输方法 |
| PhysicalPath | 获取目前请求的网页在服务器端的系统路径 |
| QueryString | 获取 HTTP 查询字符串变量集合 |
| SeverVariables | 获取 Web 服务器变量集合 |
| Url | 获取有关目前请求的 URL 信息 |
| UserLanguages | 获取客户端浏览器配置的语言种类 |
| UserHostAddress | 获取客户端机器的主机 IP 地址 |
| UserHostName | 获取客户端机器的主机名称 |

Request 对象的常用方法如表 8-5 所示。

表 8-5 Request 对象的常用方法

| 方 法 名 | 说 明 |
| --- | --- |
| MapPath | 将当前请求的 URL 中的虚拟路径映射到服务器上的物理路径 |
| SaveAs | 将客户端的 HTTP 请求的信息保存到磁盘中 |

### 8.2.2 读取客户端浏览器信息

客户端浏览器在发起请求时，会将很多浏览器信息发送到服务器。通常情况下，可以通过 Request 对象的 Browser 属性来获取这些信息。Browser 属性包含众多的子属性，分别如下。

- ActiveControls：该值指示客户端浏览器是否支持 ActiveX 控件。
- AOL：客户端浏览器是否是 AOL（美国在线）的浏览器。
- BackgroundSounds：客户端浏览器是否支持背景音乐。
- Beta：客户端浏览器是否支持测试版。
- Browser：客户端浏览器的类型。
- ClvVersion：客户端浏览器安装的.NET Framework 的版本号。
- Cookies：客户端浏览器是否支持 Cookie。
- Crawler：判断请求是否来自搜索引擎。
- Frames：客户端浏览器是否支持 HTML 框架。
- JavaScript：客户端浏览器是否支持 JavaScript。
- VBScript：客户端浏览器是否支持 VBScript。
- MajorVersion：客户端浏览器的主版本号（版本号的整数部分）。
- MinorVersion：客户端浏览器的此版本号（版本号的小数部分）。
- Platform：客户端使用的操作系统名称。
- Type：客户端浏览器名称版本。
- Version：客户端浏览器的完整版本号。

【例 8-5】 使用 Request 对象的 Browser 属性，获取客户端浏览器信息。

具体步骤如下：

1）新建 ASP.NET 网站。

2）在页面载入事件中输入如下代码：

```
protected void Page_Load(object sender, EventArgs e)
{
    this.Title = "Request 对象的 Browser 属性使用示例";
    Response.Write("<h2>您当前使用的浏览器信息：</h2>");
    Response.Write("<hr>");
    Response.Write("浏览器的名称及版本：" + Request.Browser.Type + "<br>");
    Response.Write("浏览器的类型："+Request.Browser.Browser+"<br>");
    Response.Write("浏览器的版本号：" + Request.Browser.Version + "<br>");
    Response.Write("客户端使用的操作系统的名称：" + Request.Browser.Platform + "<br>");
    Response.Write("是否支持测试版：" + Request.Browser.Beta + "<br>");
    Response.Write("是否支持 HTML 框架：" + Request.Browser.Frames + "<br>");
```

```
Response.Write("是否支持 JavaScript：" + Request.Browser.JavaScript.ToString() + "<br>");
Response.Write("是否支持 Cookies：" + Request.Browser.Cookies + "<br>");
Response.Write("是否支持 ActiveX 控件：" + Request.Browser.ActiveXControls + "<br>");
}
```

3）单击"运行"按钮执行程序，运行效果如图 8-6 所示。

图 8-6　Request 对象的 Browser 属性使用示例

## 8.2.3　读取表单传递的数据

客户端提交数据的常用方式有两种：表单和查询字符串。这两种方式提交的数据都可以使用 Request 对象来读取。本小节将介绍使用 Request 对象的 Form 属性，读取表单提交到 ASP.NET 的数据。其语法格式为：

　　Request.Form["域名称"]

【例 8-6】　使用 Request 对象读取表单数据。

具体步骤如下：

1）启动 Visual Studio 2012，创建一个空网站，在站点根目录下新建两个网页，分别为 login.html 和 Request.aspx。

2）切换到 login.html 页面的源视图，输入如下代码，添加用来接收用户输入的控件——两个文本框和一个提交按钮。

```
<html xmlns="http://www.w3.org/1999/xhtml">
<head>
<meta http-equiv="Content-Type" content="text/html; charset=utf-8"/>
    <title>用户登录</title>
</head>
<body>
<form action="Request.aspx" method="post" style="width: 218px">
    <p style="text-align:center">用户登录</p>
    姓名：<input name="username" type="text"/><br/><br/>
    密码：<input name="password" type="password"/><br/><br/>
    <input name="submit1" type="submit" value="登录"/>
</form>
</body>
```

3）切换到 Request.aspx 页面的设计视图，双击空白处，切换到 Request.aspx.cs 页面，在页面载入事件中，输入如下代码：

```
protected void Page_Load(object sender, EventArgs e)
    {
        Response.Write(Request.Form["username"]+" 你好，请记住你的密码："+Request.Form["password"]+"。");
    }
```

在 login.html 页面单击"运行"按钮。输入用户信息，运行效果如图 8-7 所示，单击"确定"按钮，页面跳转到 Request.aspx，并显示出用户的输入信息，运行效果如图 8-8 所示。

图 8-7 用户登录

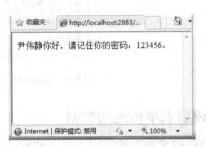
图 8-8 跳转页面

### 8.2.4 读取查询字符串信息

前面章节介绍过使用 Response 对象 Redirect 方法可以实现带着参数的页面跳转，其中参数是以查询字符串的方式进行传值的。跳转到目标页面后，可以使用 Request 对象的 Querystring 属性，读取查询字符串中的信息。其语法格式为：

Request.Querystring["查询字符串名"]

在【例 8-4】中，只实现了带着参数的页面跳转，接下来继续实现后面的功能。

1）页面切换到 welcome.aspx 页面，双击页面空白处，切换到 welcome.aspx.cs 页面，在页面载入事件中，输入如下代码：

```
protected void Page_Load(object sender, EventArgs e)
    {   if (Request.QueryString["Username"] == null || Request.QueryString["Password"] == null)
        {   Response.Write("你没有输入用户名或密码，请返回登录页面重新输入。");
            Response.Write("<a href='login.aspx'>返回</a>");   }
        else
        {   Response.Write(Request.QueryString["Username"] + "你好：<br/>");
            Response.Write("请记住你的密码为：" + Request.QueryString["Password"] + "</br>");
            Response.Write("你的爱好是：" + Request.QueryString["Like"]);
        }   }
```

如果从 welcome.aspx 页面直接运行，或者从 login.aspx 页面运行但没有输入用户名或密码，会提示用户重新返回登录页面输入用户名和密码。运行效果如图 8-9 所示。

2）从 login.aspx 页面运行，输入用户名和密码，选择爱好，单击"登录"按钮，页面跳转到 welcome.aspx 页面，并且显示出用户在登录页面输入的信息，如图 8-10 所示。

图 8-9　出错提示

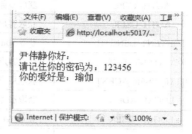

图 8-10　welcome.aspx 页面

📖 Request.Querystring 中的查询字符串的名称，必须和 Response.Redirect()中的查询字符串的名称完全一致，这样才能找到对应的值。

## 8.2.5　读取 Cookie 数据

使用 Response 对象的 Cookies 属性可以创建 Cookie 对象，使用 Request 对象的 Cookies 属性可以读取 Cookie 对象的数据。其语法格式为：

Request.Cookies[Cookie 对象名称]

例如，上一节中使用 Response 对象创建了一个存放用户名信息的 Cookie，有效期为两周。代码如下：

Response.Cookies["username"].Value="yinweijing";
Response.Cookies["username"].Expires= DateTime.Now.AddDays(14);

如果要将上述 Cookie 对象的值读取出来，代码为：

string name=Request.Cookies["username"].Value;

如果要将一个名为"age"的 Cookie 对象的值读取出来，代码为：

int age = int.Parse(Request.Cookies["age"].Value);

## 8.2.6　读取服务器端的环境变量

使用 Request 对象的 ServerVariables 属性，可以读取 Web 服务器端的环境变量。其语法格式为：

Request.ServerVariables["环境变量名"]

常用的环境变量如表 8-6 所示。

表 8-6　常见的环境变量

| 环境变量名称 | 说　　明 |
| --- | --- |
| ALL_HTTP | 传送到客户端的所有 HTTP 头数据 |
| AUTH_PASSWORD | 获取客户端用户在确认对话框中所输入的密码 |

(续)

| 环境变量名称 | 说　　明 |
|---|---|
| AUTH_TYPE | 获取服务器端授权的方法 |
| AUTH_USER | 获取客户端确认的用户名 |
| CONTENT_LENGTH | 获取 content 的数据长度 |
| CONTENT_TYPE | 获取客户端文件传送的类型 |
| HTTP_USER_AGENT | 获取用户使用的浏览器类型和版本 |
| LOCAL_ADDR | 获取服务器端计算机的 IP 地址 |
| LOGON_USER | 登录 WindowsNT 的用户信息 |
| PATH_INFO | 获取目前网页的虚拟目录 |
| PATH_TRANSLATED | 目前所运行 ASP.NET 程序位于服务器端的真实路径 |
| REMOTE_ADDR | 远程主机的 IP 地址 |
| REMOTE_HOST | 远程主机名 |
| REMOTE_USER | 远程用户名 |
| SCRIPT_NAME | 被运行 ASP.NET 文件的完整虚拟路径 |
| SERVER_NAME | 获取 Web 服务器端的计算机名、DNS 别名或 IP 地址 |
| SERVER_PORT | 服务器端 HTTP 的端口 |
| SERVER_PROTOCOL | 获取 HTTP 的版本号 |
| SERVER_SOFTWARE | 获取 Web 服务器端的服务器名与版本 |
| URL | 获取目录网页的存储位置 |

## 8.3　Server 对象

Server 对象提供了对服务器信息进行访问的属性和方法,能够帮助程序判断当前服务器的状态。它对应的 ASP.NET 类是 HttpServerUtility 类。

### 8.3.1　属性与方法

Server 对象常用的属性如表 8-7 所示。

表 8-7　Server 对象常用属性

| 属　性　名 | 说　　明 |
|---|---|
| MachineName | 获取服务器的计算机名称。该属性是一个只读属性 |
| ScriptTimeout | 获取或设置请求超时的时间（单位：秒） |

Server 对象常用的方法如表 8-8 所示。

表 8-8　Server 对象常用方法

| 方　法　名 | 说　　明 |
|---|---|
| CreateObject | 创建 COM 对象的一个服务器实例 |
| Execute | 跳转到新页,在新页执行完毕后回到当前页面 |
| HtmlEncode | 对要在浏览器中显示的字符串进行编码 |
| HtmlDecode | 提取 HTML 编码的字符,并将其转换为普通字符 |

(续)

| 方法名 | 说明 |
|---|---|
| MapPath | 获取文件所在物理路径 |
| Transfer | 终止当前页的执行，并为当前请求开始执行新页 |
| UrlEncode | 对 URL 字符串进行编码 |
| UrlDecode | 对 URL 字符串进行解码 |

#### 1．MapPath 方法

很多情况下，需要访问服务器上的文件，这需要使用文件的物理路径。但是通常情况下都是通过虚拟目录访问网站的，例如，http://localhost/default.aspx，从网址中没有办法得到该网页的物理路径。

使用 Server 对象的 MapPath 方法可以将文件的虚拟路径映射为服务器上的物理路径。其语法格式为：

物理路径=Server.MapPath(虚拟路径)

【例 8-7】 显示当前网页的物理路径。

具体步骤如下：

1）启动 Visual Studio 2012，创建一个空的网站 website3。

2）在网站中添加一个 web 窗体 S_MapPath.aspx。

3）在 S_MapPath.aspx.cs 的页面载入事件中，输入如下代码：

```
protected void Page_Load(object sender, EventArgs e)
{
    string virpath = Request. FilePath;
    Response.Write(Server.MapPath(virpath));
}
```

运行结果如图 8-11 所示。

该程序中，首先使用 Request 对象的 FilePath 属性获取当前文件的虚拟路径，然后使用 Server 对象的 MapPath 方法将虚拟路径映射为服务器端的物理路径。

图 8-11 MapPath 方法的使用示例

#### 2．Transfer 方法

Server 对象的 Transfer 方法可以实现从当前页面跳转到另一个页面的功能。程序运行到 Transfer 方法后，页面发生跳转，在新的页面执行完毕后不再回到当前页面，也就是说在当前页面该语句后的所有语句都不再执行。其语法格式为：

Server.Transfer(url[,saveval])

其中，url 表示要跳转的新页面的地址，saveval 是一个可选参数，表示跳转到新的页面后，是否保存当前页面的 Querystring 和 Form 中的数据。

**3．Execute 方法**

Server 对象的 Execute 方法也可以实现从当前页面跳转到另一个页面的功能。但是与 Transfer 方法不同的是，页面发生跳转后，新页面执行完毕会自动返回到原页面，继续执行原页面后续的代码。其语法格式为：

  Server.Execute(url[,write])

其中，url 表示要跳转的新页面的地址，write 是一个可选参数，用于捕获跳转到的新页面的输出信息。

另外，前面讲过的 Response 对象的 Redirect 方法也可以实现页面的跳转，但是与 Server 对象的这两种方法有一些区别：

- Response 对象的 Redirect 方法的页面跳转请求发生在客户端，所以地址栏中的地址为跳转后新页面的地址。
- Server 对象的 Transfer 方法和 Execute 方法页面跳转请求发生在服务器端，客户端浏览器并不知道已经进行了一次页面跳转，所以地址栏中的地址仍然是原页面的地址。

## 8.3.2 HTML 编码解码

有些情况下希望在网页中显示 HTML 的标记，例如\\，这时候不能直接在网页中输出\\，因为这会被浏览器解释为 HTML 语言，即对文本进行加粗，而不会将\\显示出来。这种情况下可以使用 Server 对象的 HtmlEncode 方法对要在网页上显示的 HTML 标记进行编码，然后再输出。其语法格式为：

  Server.HtmlEncode(string)

同时，可以使用 Server 对象的 HtmlDecode 方法对编码后的字符进行解码。其语法格式为：

  Server.HtmlDecode(string)

【例 8-8】 使用 Server 对象的 HtmlEncode 方法，在页面上显示 HTML 标记。

具体步骤如下：

1）启动 Visual Studio 2012，创建一个新的网站。
2）在网站中添加一个名为 S_HtmlEncode.aspx 的 Web 窗体。
3）在 S_HtmlEncode.aspx.cs 文件的页面载入事件中，输入如下代码：

```
protected void Page_Load(object sender, EventArgs e)
{
    Response.Write(Server.HtmlEncode("<h3>三级标题</h3>"));
    Response.Write("<hr>");
    Response.Write(Server.HtmlDecode(Server.HtmlEncode("<h3>三级标题</h3>")));
}
```

4）单击"运行"按钮，运行效果如图 8-12 所示。

5）查看当前网页的源文件，可以看到编码后的字符串：

&lt;h3&gt;三级标题&lt;/h3&gt;&lt;hr&gt;&lt;h3&gt;三级标题&lt;/h3&gt;

图 8-12 编码后的运行效果

从编码结果可以看出，使用 HtmlEncode 方法进行编码实际上就是将 HTML 标记中的一些特殊符号用特定的标记表示。例如，本例中的"<"用"&lt;"表示，">"用"&gt;"表示。经过这样的处理后，包含 HTML 标记的字符串可以在浏览器中原样输出。

### 8.3.3 URL 编码解码

Server 对象的 UrlEncode()方法和 UrlDecode()方法主要用于对 URL 中的特殊符号（如"&"、"?"）进行编码和解码操作。其语法格式为：

Server.UrlEncode(url)
Server.UrlDecode(url)

例如，在程序中输入如下代码：

Response.Write(Server.UrlEncode("http://www.taobao.com/?quicklogin=true&&from=tb&c_isScure=true"));

运行后得到结果如图 8-13 所示。

http%3a%2f%2fwww.taobao.com%2f%3fquicklogin%3dtrue%26%26from%3dtb%26c_isScure%3dtrue

图 8-13 UrlEncode 编码后结果

一般来说，URLEncode 会如下转换字符：空格会被转换为加号"+"，而非字母数字字符会被转换为相应的十六进制表现形式。

## 8.4 Page 对象

System.Web.UI 命名空间中的 Page 类与扩展名为 .aspx 的文件相关联，这些文件在运行时被编译为 Page 对象，并被缓存在服务器内存中。

### 8.4.1 Page 对象的常用属性和方法

**1．Page 对象的常用属性**

Page 对象的常用属性如表 8-9 所示。

表 8-9 Page 对象的常用属性

| 属 性 名 | 说 明 |
| --- | --- |
| Controls | 获取 System.Web.UI.ControlCollection 对象，该对象表示 UI 层次结构中指定服务器控件的子控件 |
| IsPostBack | 获取一个值，指示该页是否为响应客户端回发而加载，如果是为响应客户端回发而加载，则为 True；否则为 False |

(续)

| 属 性 名 | 说 明 |
| --- | --- |
| IsValid | 获取一个值，该值指示页验证是否成功 |
| EnableViewState | 获取或设置当前网页请求结束时是否保持页面的视图状态，以及它包含的任何服务器控件的视图状态 |
| Validators | 获取请求的网页上包含的全部验证控件的集合 |
| Title | 获取或设置页的标题，可以根据需要动态更换浏览器页标题 |

（1）IsPostBack 属性

Page 对象的 IsPostBack 属性用于获取一个逻辑值，该值指示当前页面是为响应客户端回发而加载还是正在被首次加载和访问。True 表示页面是为响应客户端回发而加载，False 表示页面是首次加载。

例如，在 IsPostBack.aspx.cs 文件的页面载入事件中，输入如下代码：

```
protected void Page_Load(object sender, EventArgs e)
{
    if (!IsPostBack)
    {   Response.Write("首次加载页面，单击按钮引起回发");   }
    else
    {   Response.Write("服务器回发网页被刷新");   }
}
```

Button 按钮的 Click 事件中不用填写任何代码，只是为了引起服务器的回发。程序运行后，当页面首次加载时，IsPostBack 属性的值为 False，页面显示"首次加载页面，单击按钮引起回发"，单击按钮后，页面为响应客户端回发而加载，IsPostBack 属性的值为 True，页面显示"服务器回发网页被刷新"。运行效果如图 8-14 和图 8-15 所示。

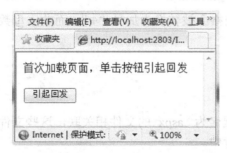
图 8-14 首次加载的画面

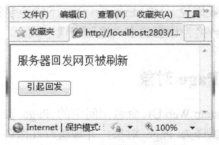
图 8-15 页面回发的画面

（2）EnableViewState 属性

Page 对象的 EnableViewState 属性用于获取或设置一个值，该值指示当前页请求结束时该页是否保持其视图状态以及它包含的任何服务器控件的视图状态。若要保存其视图状态，则为 True，否则为 False，默认值为 True。

对于 WebForm 而言，其代码是在服务器端完成的，服务器端如何知道客户端到底做了哪些操作，原理就是引入了 ViewState 机制。在服务器端保存了网页各个控件以及页面的状态，这些值保存在 ViewState 中，在源文件中多了一个名为"-VIEWSTATE-"的属性，该属性值记录了各个控件和页面的状态信息，当用户对页面进行相关操作时，状态值发生变化，并将改变的值传给服务器。

例如，在 ViewState.aspx.cs 文件中输入如下代码：

```
protected void Page_Load(object sender, EventArgs e)
{
    this.Title = "ViewState 属性测试";
}
protected void Button1_Click(object sender, EventArgs e)
{
    ListBox1.Items.Add("客户单击按钮一次");
}
```

程序运行后，单击"测试"按钮，在列表框里出现"客户单击按钮一次"，再单击，又会出现一次。用户单击三次的运行效果如图 8-16 所示。

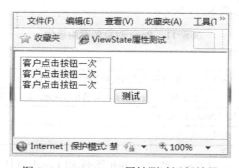

图 8-16　ViewState 属性测试运行效果

该页面的源文件如图 8-17 所示。

```
<input type="hidden" name="__VIEWSTATE" id="__VIEWSTATE"
value="sX23HP301hrkk4yDrm53zSbbspFSqvNdrdNokgDARIgLk9KqTSPNuozBrXbzRO+TL88xunTmtEaT7VssPGSO14JdnID7xp37Wxkpmc1oDc7v2q0yBl
aZC6KrWyw7i60KXQ8cT5E2ztvsZkfpmuistna5invrIKDuzsUi5bisIkqmQ/GDZwDZzIJ6ybfPazMAqcVCpQqkM30vPqyhv8W7Si0OhkTqepxSg7UMgnz4yNB
Mz2klpnLL+BBhDNmOBcL1ZPC1gSd1N1WBHFDIUxVrNQ==" />
```

图 8-17　页面的源文件

如果将上述代码稍做修改：

```
protected void Page_Load(object sender, EventArgs e)
{
    this.Title = "ViewState 属性测试";
    EnableViewState = false;
}
protected void Button1_Click(object sender, EventArgs e)
{
    ListBox1.Items.Add("客户单击按钮一次");
}
```

程序运行后，无论单击"测试"按钮几次，在列表框里只会出现一次"客户单击按钮一次"。

## 2. Page 对象的常用方法

Page 对象的常用方法如表 8-10 所示。

表 8-10 Page 对象的常用方法

| 方 法 名 | 说 明 |
| --- | --- |
| DataBind | 将数据源绑定到被调用的服务器控件及所有子控件 |
| FindControl(id) | 在页面上搜索 ID 为 id 的服务器控件,返回值为找到的控件,控件不存在则返回 nothing |
| ParseControl(content) | 将 content 指定的字符串解释成 Web 窗体页面或用户控件的构成控件,返回值为生成的控件 |
| ReqisterClienScripBlock | 向页面发出客户端脚本块 |
| Validate | 指示页面中所有验证控件进行验证 |

### 8.4.2 Page 对象的常用事件

Page 对象的常用事件如表 8-11 所示。

表 8-11 Page 对象的常用事件

| 事 件 名 | 说 明 |
| --- | --- |
| Init 事件 | 在所有的控件都已被初始化,而且所有的面板设置都已应用之后发生 |
| PreLoad 事件 | 在页面加载之前发生,它会加载它本身与所有控件的视图状态,然后处理 Request 实例的回发数据 |
| Load 事件 | 在服务器控件加载到 Page 对象时发生 |
| Unload 事件 | 在服务器控件从内存中卸载时发生 |

接下来,通过一个实例介绍 Page 对象的 Init 事件和 Load 事件的区别和联系。

【例 8-9】 Page 对象的 Init 事件和 Load 事件的比较。

1) 启动 Visual Studio 2012,创建一个新的网站。

2) 在网站中添加名为 compare.aspx 的页面。

3) 在页面的设计视图中添加两个列表框(ListBox1 和 ListBox2)和一个按钮(Button1)。

4) 双击页面空白处,页面切换到 compare.aspx.cs 页面。

5) 在 Page_Load 和 Page_Init 事件中,分别输入如下代码:

```
protected void Page_Load(object sender, EventArgs e)
{
    ListBox2.Items.Add( "页面被加载一次");
}
protected void Page_Init(object sender, EventArgs e)
{
    ListBox1.Items.Add("页面被加载一次");
}
```

6) 运行程序。页面首次加载后,在两个列表框中添加项完全相同,如图 8-18 所示。单击 "引起回发" 按钮后,由 Page_Init 事件添加的 ListBox1 控件中的内容不发生变化,而由 Page_Load 事件添加的 ListBox2 控件中的内容出现重复,如图 8-19 所示。

图 8-18 页面首次加载的状态

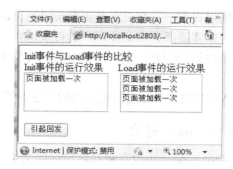
图 8-19 页面回发后的状态

从本例中可以看出：
- Page 对象的 Init 事件和 Load 事件均在页面加载过程中发生。
- 在 Page 对象的生命周期中，Init 事件只在页面初始化时触发一次；Load 事件在初次加载及每次回发中都会触发。
- 若希望事件代码只在页面首次加载时被执行，可以将其放入 Init 事件，或放入 Load 事件并利用 Page.IsPostBack 属性判断是否为首次加载。

### 8.4.3 Web 页面生命周期

页面的生命周期一般只指从请求页面到卸载页面的过程，之间又具体分以下几个阶段。

1）页请求：页请求发生在页生命周期开始之前。用户请求页时，ASP.NET 将确定是否需要分析和编译页，或者是否可以在不运行页的情况下发送页的缓存版本以进行响应。

2）开始：在开始阶段将设置页属性，在此阶段，页还将确定请求时回发请求还是新请求，并设置 IsPostBack 属性。

3）页面初始化：页面初始化期间，可以使用页中的控件，并将设置每个控件的 UniqueID 属性。

4）加载：ASP.NET 将加载页面中控件的属性。

5）验证：在验证期间，将调用所有验证程序控件的 Validate 方法，此方法将设置各个验证程序控件和页的 IsValid 属性。

6）回发事件处理：如果请求时回发请求，则将调用所有事件处理程序。

7）呈现：在呈现期间，页将调用每个控件，以将其呈现的输出提供给页的 Response 属性的 OutputStream。

8）卸载：完全呈现页、将页发送至客户端并准备丢弃时，将调用卸载。此时，将卸载页属性并执行清理。

## 8.5 程序状态对象

当用户发送一个请求并得到返回信息之后，客户端与服务器端就断开了连接。在发送下一个请求时，服务器端无法判断此次请求和之前的请求是否来自同一个用户。例如，用户在登录页面输入完登录信息，并登录成功后，页面跳转到其他页面，但是在其他页面服务器无法判断用户在上一个页面是否登录成功。这是 HTTP 协议的限制所造成的。但是，在实际应用中经常需要服务器记住用户的每次请求。在 C/S 架构的应用程序中，使用全局变量即可很好地解决这个问题。而在 ASP.NET 环境中，则需要使用与状态管理相关的对象来保存用户的数据。

ASP.NET 中与状态管理相关的对象主要有 Cookie 对象、Session 对象和 Application 对象。

## 8.5.1 Cookie 对象

Cookie 是一小段存储在客户端的文本信息，当用户请求某页面时，它就伴随着用户的请求在服务器和浏览器之间来回传递。当用户首次访问某个网站时，应用程序不仅仅发送给用户浏览器一个页面，同时还有一个记录用户信息的 Cookie，用户浏览器将它存储在用户硬盘上的某个文件夹中，通常默认保存在 "C:\\Documents and Settings\登录用户名\Cookies" 文件夹中的用户名@服务器名.txt 文件中。当用户再次访问此网站时，Web 服务器会首先查找客户机上是否存在上次访问网站时留下的 Cookie 信息，若有，则会根据具体的信息发送特定的网页给用户。

Cookie 与网站关联而不是与特定的页面关联。不同网站的 Cookie 会分别进行保存。浏览器对 Cookie 的大小有所限制，大多数浏览器支持的 Cookie 最大为 4kB，而且对每个网站存储的 Cookie 的数量也有要求，最多不超过 20 个，如果超过此值，就会将最旧的 Cookie 丢弃。

> 📖 Cookie 的值必须是字符串类型，而不是 Object 类型，这与 Session 对象和 Application 对象不同。

**1. Cookie 对象的属性和方法**

Cookie 对象的常用属性如表 8-12 所示。

表 8-12 Cookie 对象的常用属性

| 属 性 名 | 说 明 |
|---|---|
| Name | 获取或设置 Cookie 的名称 |
| Value | 获取或设置 Cookie 的值 |
| Expires | 获取或设置 Cookie 的有效期 |
| Version | 获取或设置此 Cookie 符合的 HTTP 状态维护版本 |

Cookie 对象的常用方法如表 8-13 所示。

表 8-13 Cookie 对象的常用方法

| 方 法 名 | 说 明 |
|---|---|
| Add | 创建一个新的 Cookie 变量 |
| Clear | 清除全部的 Cookie 集合内的变量 |
| Get | 获取变量值 |
| GetKey | 获取变量名称 |
| Remove | 删除一个 Cookie 对象变量 |

**2. 创建和读取 Cookie**

创建 Cookie 使用的是 Response 对象的 Cookies 属性，例如：

```csharp
Response.Cookies["username"].Value = "zhangsan";
Response.Cookies["username"].Expires = DateTime.Now.AddDays(2);
```

一个完整的 Cookie 对象包含三个参数：名称、值和有效期。上例中创建的 Cookie 对象的名称为"username"，值为"zhangsan"，有效期为 2 天。也就是说 Cookie 对象的生命周期是由设计者来设定的，如果在创建 Cookie 对象时没有设置其有效期，那么此 Cookie 对象会随着浏览器的关闭而失效。如果希望设置一个永不过期的 Cookie，可以将其有效期设置为 50 年。

读取 Cookie 使用的是 Request 对象的 Cookies 属性，例如：

```csharp
string name=Request.Cookies["username"].Value;
int num = int.Parse(Request.Cookies["visitnum"].Value);
```

由于浏览器对同一网站 Cookie 对象的数量有所限制，因此如果需要存储较多的数据，可以使用多值 Cookie。例如：

```csharp
Response.Cookies["user"]["name"]= "yinweijing";
Response.Cookies["user"]["age"] = "30";
Response.Cookies["user"]["city"] = "沈阳";
Response.Cookies["user"].Expires = DateTime.Now.AddDays(14);
```

上面语句创建了一个名称为"user"的 Cookie 集合，其包含三个子属性分别对应三个值，对于浏览器来说，只相当于一条 Cookie，三个子属性的有效期一致，也就是"user"的有效期。

读取多值 Cookie 的方法为：

```csharp
string myname = Request.Cookies["user"]["name"];
int myage = int.Parse(Request.Cookies["user"]["age"]);
string mycity = Request.Cookies["user"]["city"];
```

### 3．修改 Cookie

由于 Cookie 是存储在客户端硬盘上的，由客户端浏览器进行管理，因此，无法从服务器端直接进行修改。修改 Cookie 其实就相当于创建一个与要修改的 Cookie 同名的新的 Cookie，设置其值为要修改的值，然后发送到浏览器来覆盖客户端上的旧版本 Cookie。

例如，要将名称为"username"的 Cookie 的值由"zhangsan"改为"张三"，代码为：

```csharp
Response.Cookies["username"].Value = "张三";
```

### 4．删除 Cookie

同服务器无法修改 Cookie 一样，服务器端也无法对 Cookie 直接进行删除，但是可以利用浏览器自动删除到期 Cookie 的功能来删除 Cookie，即创建一个与要删除的 Cookie 同名的新的 Cookie，并将该 Cookie 的有效期设置为当前日期的前一天，当浏览器检查 Cookie 的有效期时，就会删除这个已过期的 Cookie。例如：

```csharp
Response.Cookies["username"].Value = "zhangsan";
Response.Cookies["username"].Expires = DateTime.Now.AddDays(-1);
```

对于多值 Cookie，有时候并不需要删除整个 Cookie，而是删除其中的某个子属性，比如上例中的 city，此时可以使用 Cookie 中 Values 集合的 Remove 方法，依然采用覆盖的方式。

例如，删除上述多值 Cookie 示例中的 city 子属性的代码为：

  Request.Cookies["user"].Values.Remove("city");

【例 8-10】 登录时记住用户名和密码。

具体步骤如下：

1）启动 Visual Studio 2012，新建一个网站。

2）在站点中添加一个名为 login.aspx 的 Web 窗体。

3）在 login.aspx 的设计视图中添加两个文本框、两个按钮和一个复选框，并设置其相应的属性，如图 8-20 所示。

图 8-20 页面设计视图

4）切换到 login.aspx.cs 页面，在页面载入事件中，输入如下代码：

```
protected void Page_Load(object sender, EventArgs e)
{
    if (Request.Cookies["username"] != null && Request.Cookies["password"] != null)
    {
        TextBox1.Text = Request.Cookies["username"].Value.ToString();
        TextBox2.Text = Request.Cookies["password"].Value.ToString();
    }
}
```

5）在"登录"按钮的 Click 事件中，输入如下代码：

```
protected void Button1_Click(object sender, EventArgs e)
{
    if (CheckBox1.Checked)
    {
        Response.Cookies["username"].Value = TextBox1.Text;
        Response.Cookies["username"].Expires = DateTime.Now.AddDays(14);
        Response.Cookies["password"].Value = TextBox2.Text;
        Response.Cookies["password"].Expires = DateTime.Now.AddDays(14);    }
    Response.Redirect("welcome.aspx");
}
```

6）单击"运行"按钮，首次访问网站时两个文本框内均为空，输入完用户名和密码后，单击"登录"按钮，页面跳转到欢迎页面。关闭浏览器，重新登录该页面，两个文本框内已经填写好了用户名和密码。

## 8.5.2 Application 对象

有时候编程人员希望能够存储一些针对在同一网站内浏览不同网页的用户的信息，例如聊天室的在线人数、网页中广告条被单击的次数等，所有访问该网站的用户都可以修改这些信息。这时候就可以使用 Application 对象。Application 对象存储在服务器端,存储所有用户的共用信息。

**1. Application 对象的属性和方法**

Application 对象的属性如表 8-14 所示。

表 8-14　Application 对象的属性

| 属性名 | 说明 |
| --- | --- |
| All | 获取全部 Application 对象变量并存储到一个 Object 类型的数组中 |
| AllKeys | 获取全部 Application 对象变量名称并存储到一个字符串类型的数组中 |
| Count | 获取 Application 对象变量的数量 |
| Item | 使用索引或 Application 变量名传回 Application 变量值 |

Application 对象的方法如表 8-15 所示。

表 8-15　Application 对象的方法

| 方法名 | 说明 |
| --- | --- |
| Add | 创建一个新的 Application 对象变量 |
| Clear | 清除全部的 Application 对象变量 |
| Get | 获取变量值 |
| GetKey | 获取变量名称 |
| Lock | 锁定全部的 Application 变量 |
| Remove | 删除一个 Application 对象变量 |
| RemoveAll | 删除全部的 Application 对象变量 |
| Set | 修改 Application 对象变量的值 |
| UnLock | 解除锁定 Application 变量 |

**2. 创建 Application 对象变量**

使用 Application 对象的 Add 方法可以创建一个新的 Application 对象变量,其语法格式为:

  Application.Add("变量名",变量值);

或者也可以直接创建,其语法格式为:

  Application["变量名"]=变量值;

例如,创建两个 Application 对象变量,并在浏览器上输出的代码为:

```
protected void Page_Load(object sender, EventArgs e)
    {
        Application.Add("visitnum",0);
        Application["welcome"] = "你好!";
        for (int i = 0; i < Application.Count; i++)
        {
            Response.Write(Application.GetKey(i)+"的值为:"+Application.Get(i)+"<br/>");
        }
        Application.Clear();
```

此程序中，使用 Application 对象的 Count 属性获取 Application 对象变量的数量，使用 Application 对象的 GetKey 方法获取相应变量的名称，使用 Application 对象的 Get 方法获取相应变量的值，使用 Application 对象的 Clear 方法清除所有的变量。

**3．读取 Application 对象变量**

Application 对象变量存储的数据类型为 Object 类型，因此，在读取数据时必须将其强制转换为相应的数据类型。一般先确定变量是否存在，然后在读取时将该变量转换为相应的类型。例如：

```
if (Application["visitnum"] != null)
{
 int num = (int)Application["visitnum"];
}
```

**4．修改 Application 对象**

使用 Application 对象的 Set 方法，可以修改 Application 对象变量的值。其语法格式为：

Application.Set("变量名",修改后的值);

但是由于 Application 对象是全局性质的，其变量可能同时被多个用户访问。因此，为了防止产生无效的数据，在修改变量的值之前必须先锁定 Application 对象，只供一个用户修改，用户修改完后再解除锁定的变量。锁定和解锁变量，使用 Application 对象的 Lock()和 UnLock()方法。

Application.Lock();
Application.Set("visitnum",(int)Application["visitnum"]+1);
Application.UnLock();

**5．Application 对象的事件**

Application 对象的事件如表 8-16 所示。

表 8-16  Application 对象的事件

| 事 件 名 | 说　　明 |
| --- | --- |
| Application_Start | 该事件在应用程序启动时被触发。它在应用程序的整个生命周期中仅发生一次，此后除非 Web 服务器重新启动才会再次触发该事件 |
| Application_End | 该事件在应用程序结束时被触发，即 Web 服务器关闭或重新启动时被触发。在该事件中常放置用于释放应用程序所占资源的代码段 |
| Application_Event | Event 对应不同的事件名称，在应用程序生命周期中适当时候引发 |
| Dispose | 在销毁应用程序实例之前调用。可使用此方法手动释放任何非托管资源 |

【例 8-11】 使用 Application 对象，统计网站内广告条被单击的次数。

具体步骤如下：

1）启动 Visual Studio 2012，创建新的网站。

2）在该站点中新建两个 Web 窗体 advert.aspx 和 welcome.aspx。

3）在 advert.aspx 设计视图中，添加一个 ImageButton 控件，在控件中添加图片 1.jpg。

4）双击设计视图中的 ImageButton 控件，页面切换到 advert.aspx.cs，在 ImageButton1_

Click 事件中输入如下代码：

```
protected void ImageButton1_Click(object sender, ImageClickEventArgs e)
{
    Application.Lock();
    if (Application["clicknum"] == null)
    {
        Application["clicknum"] = 1; }
    else
    {   Application["clicknum"] = (int)Application["clicknum"] + 1; }
    Application.UnLock();
    Response.Redirect("welcome.aspx");
}
```

5）切换到 welcome.aspx 页面，在设计视图中添加一个 Label 控件。

6）切换到 welcome.aspx.cs 页面，在页面载入事件中输入如下代码：

```
protected void Page_Load(object sender, EventArgs e)
{
    if (Application["clicknum"] != null)
    {
        Label1.Text = "此广告已经被单击了" + Application["clicknum"].ToString() + "次。";
    }
}
```

7）运行效果如图 8-21 和图 8-22 所示。

图 8-21  advert.aspx 广告页面

图 8-22  查看单击次数画面

### 8.5.3  Session 对象

Session 的中文含义是会话，该对象一般用于保存用户从登录网页到离开这段时间内的相关信息，如用户名、密码、IP 地址、访问时间等。

当用户请求一个 ASP.NET 页面时，系统会自动创建一个 Session，退出应用程序或关闭服务器时该会话撤销。系统为每一次会话分配一个唯一的会话标识（SessionID），它使用保证唯一性和随机性的算法生成，能够唯一标识一个用户。

SessionID 的保存位置有两种：通常情况下保存在客户端的 Cookie 内，当用户访问网站中的某个页面时，SessionID 会通过 Cookie 传递到服务器，服务器根据 SessionID 对用户进行识别，然后返回该用户的 Session 信息。如果客户端不支持 Cookie，可以将 SessionID 嵌套在 URL 中，服务器可以通过 URL 获得 SessionID。

**1．Session 对象、Cookie 对象和 Application 对象的区别**

Session 对象、Cookie 对象和 Application 对象的区别如表 8-17 所示。

表 8-17  Session 对象、Cookie 对象和 Application 对象的区别

| 对象名 | 信息量 | 保存时间 | 应用范围 | 保存位置 |
| --- | --- | --- | --- | --- |
| Cookie 对象 | 小量、简单的数据 | 用户设定 | 单个用户 | 客户端 |
| Session 对象 | 任意大小 | 默认 20 分钟，可以修改 | 单个用户 | 服务器端 |
| Application 对象 | 任意大小 | 应用程序整个生命周期 | 所有用户 | 服务器端 |

> 虽然 Application 对象可以保存任意大小的信息，但是其锁定方法串行化了对 Application 对象的请求，当网站访问量大时会产生严重的性能瓶颈，因此最好不要用 Application 对象保存大量数据集合。

**2．Session 对象的属性、方法和事件**

Session 对象的常用属性如表 8-18 所示。

表 8-18  Session 对象的常用属性

| 属性名 | 说明 |
| --- | --- |
| Count | 获取 Session 对象集合中子对象的数量 |
| Iscookieless | 获取一个布尔值，表示 SessionID 存放在 Cookie 中还是嵌套在 URL 中，Ture 表示嵌套在 URL 中 |
| IsNewSession | 获取一个布尔值，表示用户在访问页面时是否创建了新的会话 |
| IsReadOnly | 获取一个布尔值，表示 Session 对象是否为只读 |
| SessionID | 获取用于标识 Session 对象的唯一 ID 值 |
| TimeOut | 获取或设置在会话期间请求的超时期限，单位为分钟，默认为 20 分钟 |

Session 对象的常用方法如表 8-19 所示。

表 8-19  Session 对象的常用方法

| 方法名 | 说明 |
| --- | --- |
| Abandon | 取消当前会话 |
| Add | 新增一个 Session 对象 |
| Clear | 清除会话状态中的所有值 |
| Remove | 删除会话状态集合中的指定项 |
| RemoveAll | 删除会话状态集合中的所有项 |
| RemoveAt(index) | 删除会话状态集合中指定索引处的项 |

Session 对象的常用事件如表 8-20 所示。

表 8-20  Session 对象的常用事件

| 事件名 | 说明 |
| --- | --- |
| Session_End | 在会话结束时触发，一般在服务器重新启动、用户调用了 Session_Abandon()方法或未执行任何操作达到了 Session.Timeout 设置的时间时，会被触发 |
| Session_Start | 在创建会话时触发 |

📖 当用户在客户端直接关闭浏览器退出 Web 应用程序时，并不会触发 Session_End 事件，因为这是一种客户端行为，不会被通知到服务器端。

Session 对象的 Start 事件和 End 事件，以及 Application 对象的 Start 事件和 End 事件这四个事件执行的先后顺序为：Application_Start 事件→Session_Start 事件→Session_Endt 事件→Application_End 事件。

### 3．存取 Session 对象

（1）将数据存入 Session 对象

将数据存入 Session 对象语法比较简单。其语法格式为：

    Session["对象名称"]=对象的值；

或者使用 Add 方法：

    Session.Add("对象名称"，对象的值);

（2）读取 Session 对象的值

读取 Session 对象的值的语法格式为：

    变量= Session["对象名称"];

例如，在页面的载入事件中输入如下代码：

```
protected void Page_Load(object sender, EventArgs e)
    {
        Session["username"] = "张三";
        Session.Add("password","123456");
        int Age = 20;
        Session["age"] = Age;
        Session["username"] = "李四";
        string name = Session["username"].ToString();
        string pwd =(string)Session["password"];
        int uage = (int)Session["age"];
        Response.Write("你好"+name+",请确认你的信息：<br/>");
        Response.Write("密码： "+pwd+"<br/>");
        Response.Write("年龄： " + uage + "<br/>");
    }
```

运行效果如图 8-23 所示。

从本程序中可以总结出以下几点：

● Session 对象存储的变量是 Object 类型，因此可以将任何类型的数据或变量直接写入到 Session 对象中。
- 可以先定义一个变量，然后将变量赋值给 Session 对象。例如本例中的"int Age = 20; Session["age"] = Age;"。
- 因为 Session 对象存储的变量是 Object 类型，所以读取 Session 对象的值时，必须先将其显示转化为相应的数据类型。例如本例中的"int uage = (int)Session["age"];"。
- 如果将数据保存到一个已经存在的 Session 对象名的 Session 对象中时，并不会创建一个新的 Session 对象，而是将原来的数据覆盖。例如本例中"Session["username"] = "李四";"语句，并不会创建一个新的名称为"username"，值为"李四"的 Session 对象，而是将已经存在的名为"username"，值为"张三"的 Session 对象的值修改为"李四"。

图 8-23 Session 对象读写操作运行效果

### 4．Session 对象的应用

**【例 8-12】** 使用 Session 对象进行页面间传值。

具体步骤如下：

1) 启动 Visual Studio 2012，创建一个新的网站 website4。

2) 在网站中添加两个 Web 窗体，分别为 index.aspx 和 welcome.aspx。

3) 在 index.aspx 页面添加用户登录所需的控件，两个文本框和一个按钮，并设置其相应的属性。

4) 双击"登录"按钮，切换到 index.aspx.cs 页面，在 Button1_Click 事件中输入如下代码：

```
protected void Button1_Click(object sender, EventArgs e)
{   if (TextBox1.Text != "" && TextBox2.Text != "")
    {       Session["flag"] = "Yes";      }
    Session["username"] = TextBox1.Text;
    Session["password"] = TextBox2.Text;
    Response.Redirect("welcome.aspx");    }
```

5) 切换到 welcome.aspx.cs 页面，在页面载入（Page_Load）事件中输入如下代码：

```
protected void Page_Load(object sender, EventArgs e)
{    if (Session["flag"] == null)
    {    Response.Write("请<a href='index.aspx'>返回</a>登录页面输入用户名和密码");    }
    if(Session["username"]!=null&&Session["password"]!=null)
    {    string name=Session["username"].ToString();
         string pwd=Session["password"].ToString();
         Response.Write("欢迎"+name+"光临本站，请记住你的密码："+pwd);
    }    }
```

6) 单击"运行"按钮，在登录页面输入用户信息，单击"登录"按钮，页面跳转到欢迎页面，并显示用户的登录信息。运行效果如图 8-24 和图 8-25 所示。

图 8-24 登录页面运行效果

图 8-25 欢迎页面运行效果

7)如果用户没有在登录页面输入用户名和密码或者直接运行欢迎页面将给出出错提示。运行效果如图 8-26 所示。

图 8-26 出错提示

【例 8-13】 使用 Session 对象，统计网站的在线人数。

具体步骤如下：

1) 启动 Visual Studio 2012，创建一个新的网站。

2) 在解决方案资源管理器中右键单击站点的名称，在弹出的快捷菜单中选择"添加"命令，然后在菜单中选择"添加新项"命令，在弹出的对话框中选择"全局应用程序类"模板后单击"添加"按钮，如图 8-27 所示。

图 8-27 添加全局应用程序类文件

3）系统自动在代码窗口中打开 Global.asax 文件，该文件中已经创建好了关于 Application 对象、Session 对象的 Start 和 End 的空事件，输入如下代码：

```
<%@ Application Language="C#" %>
<script runat="server">
    void Application_Start(object sender, EventArgs e)
    {
        // 在应用程序启动时运行的代码
        Application["onlinenum"] = 0;
    }

    void Application_End(object sender, EventArgs e)
    {
        // 在应用程序关闭时运行的代码
    }

    void Application_Error(object sender, EventArgs e)
    {
        // 在出现未处理的错误时运行的代码
    }

    void Session_Start(object sender, EventArgs e)
    {
        // 在新会话启动时运行的代码
        Application.Lock();
        Application.Set("onlinenum",(int)Application["onlinenum"]+1);
        Application.UnLock();
    }

    void Session_End(object sender, EventArgs e)
    {
        // 在会话结束时运行的代码
        // 注意: 只有在 Web.config 文件中的 sessionstate 模式设置为
        // InProc 时，才会引发 Session_End 事件。如果会话模式设置为 StateServer
        // 或 SQLServer，则不引发该事件
        Application.Lock();
        Application.Set("onlinenum", (int)Application["onlinenum"] - 1);
        Application.UnLock();
    }
</script>
```

4）在解决方案资源管理器中，双击打开 Web.config 文件，在<system.web>和</system.web>之间输入如下代码：

```
<sessionState mode="InProc" timeout="10" cookieless="false"/>
```

5）切换到 default.aspx.cs 页面，在页面载入事件中输入如下代码：

```
protected void Page_Load(object sender, EventArgs e)
{
    Response.Write("当前的在线人数为："+Application["onlinenum"]);
    Response.AddHeader("refresh","60");
```

}

6）单击"运行"按钮，运行效果如图 8-28 所示。

使用 Session 对象来标识在线人数并不是很准确，因为用户在客户端直接关闭浏览器属于客户端行为，不会立即触发 Session 对象的 End 事件，该事件只有在 Session 对象超时或者服务器重新启动，或者用户调用 Session 对象的 Abandon 方法时才会被触发。

图 8-28　当前在线人数画面

> 只有在 Web.config 文件中的 sessionstate 模式设置为 InProc(ASP.NET 进程) 时，才会触发 Session_End 事件，如果会话模式设置为 StateServer(状态服务器) 或 SQLServer(数据库)，则不会触发该事件。

## 8.6　案例：一个简单的在线聊天室

设计一个简单的聊天室，实现用户在线聊天功能。

### 8.6.1　案例设计

在网站中添加两个 Web 窗体，分别为：Login.aspx 和 Chat.aspx。前者用来用户登录，后者作为聊天交互界面。

### 8.6.2　案例实现

具体步骤如下：

1）启动 Visual Studio 2012，创建一个新的网站。在网站中添加两个 Web 窗体，分别为 Login.aspx 和 Chat.aspx。

2）切换到登录页面 Login.aspx 的设计视图，添加一个 Table 控件进行页面布局，添加两个文本框控件和两个按钮控件，用于接收用户的登录信息，并设置各个控件相应的属性，如表 8-21 所示。

表 8-21　聊天室登录页面控件的属性设置

| 控件名 | 属性名 | 属性值 |
| --- | --- | --- |
| TextBox1 | ID | Username |
| TextBox2 | ID | Pwd |
|  | TextMode | Password |
| Button1 | Text | 登录 |
| Button2 | Text | 重置 |

同时，设置登录按钮的单击事件，在 Login.aspx.cs 页面中输入如下代码：

```
protected void Button1_Click(object sender, EventArgs e)
{
    if(username.Text==""||pwD.Text=="")
    {
        Response.Write("<script language=javascript>alert('请输入用户名和密码！')</script>");
    }
    Else
    {
        Session["name"]=username.Text;
        Response.Redirect("Chat.aspx");
    }
}
```

上述代码中，首先判断两个文本框的值是否为空，也就是判断用户是否输入用户名和密码，如果没有就弹出提示框，要求用户"输入用户名和密码"。如果用户输入了用户名和密码，则将用户输入的用户名赋值给一个 Session 对象，因为在第二个页面要用到用户名，可以通过 Session 对象将值传递过去。然后通过 Response 对象的 Redirect 方法，跳转到聊天室页面 Chat.aspx。运行效果如图 8-29 和图 8-30 所示。

图 8-29　在线聊天室登录页面

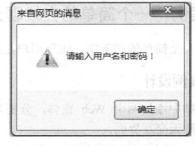

图 8-30　在线聊天室提示框

3）页面切换到 Chat.aspx 的设计视图，在页面的<div></div>标记中间再添加五个层。在第一个层中输入文字"在线聊天室"，并设置其格式，代码如下：

```
<div style="font-family: 仿宋; font-size: xx-large; color: #800000; background-color: #66FFFF;text-align:center;height:60px;line-height:60px;"><b>在线聊天室</b></div>
```

在第二个层中添加一个 Label 控件，用来显示在线人数，代码如下：

```
<div style="background-color: #FFCCCC;height:40px;line-height:40px;">
    <asp:Label ID="onlinenum" runat="server"></asp:Label>
</div>
```

在第三个层中添加一个 TextBox 控件，并设置其 TextMode 属性值为"MultiLine"，代码如下：

```
<div>
    <asp:TextBox ID="chatmessage" runat="server" TextMode="MultiLine" Width="100%"
```

Height="300px" BackColor="#FFFFCC" ForeColor="Blue"></asp:TextBox>
    </div>

在第四个层中添加一个 Label 控件和一个 TextBox 控件，用来显示用户名及接收用户输入的聊天内容，代码如下：

<div style="background-color: #FFCCFF;height:40px;line-height:40px;width:80%;float:left;">
    <asp:Label ID="name" runat="server"></asp:Label> <asp:TextBox ID="message" runat="server" Width="309px"></asp:TextBox>
</div>

在第五个层中添加一个 Button 控件，用于用户提交聊天内容。代码如下：

<div style="height:40px;line-height:40px;width:20%;float:left;clear:right; background-color: #FFCC00; text-align:center">
    <asp:Button ID="submit" runat="server" Text="提交" OnClick="submit_Click" />
</div>

运行效果如图 8-31 所示。

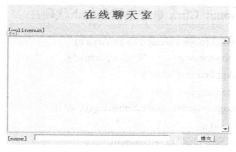

图 8-31　在线聊天室页面布局运行效果

4）右键单击站点名称，添加一个 Global.asax 全局文件。在文件代码中添加 Application_Start、Session_Start、Session_End 事件代码：

```
void Application_Start(object sender, EventArgs e)
{   Application["online"] = 0;    //在线人数初始值为 0
    Application["chat"] = "";     //聊天内容初始值为空
}
void Session_Start(object sender, EventArgs e)
{   Application.Lock();
    Application.Set("online", (int)Application["online"] + 1);
    Application.UnLock();    }
void Session_End(object sender, EventArgs e)
{   Application.Lock();
    Application.Set("online", (int)Application["online"] - 1);
    Application.UnLock();    }
```

在 Webconfig 文件中添加如下代码：

```
<system.web>
    <sessionState mode="InProc" timeout="1" cookieless="false"/>
```

5）页面切换到 Chat.aspx.cs 文件，在 Page_Load 事件中输入如下代码：

```
protected void Page_Load(object sender, EventArgs e)
{   if (Session["name"] != null)
    {   onlinenum.Text = "当前在线人数为：" + Application["online"].ToString();
        chatmessage.Text = Application["chat"].ToString();
        name.Text = Session["name"].ToString();
        Response.AddHeader("refresh", "30");     }
    else
        Response.Redirect("Login.aspx");     }
```

上述代码中，首先判断 Session["name"]对象是否为空，如果不为空，说明用户在登录页面登录成功后跳转至当前页面，则在标签控件 onlinenum 中显示当前在线人数，在多行文本框控件中显示所有的聊天内容，在标签控件 name 中显示用户的名字，并且设置页面自动刷新时间为 30 秒；如果为空，说明用户直接访问的聊天室，没有登录，则要求用户返回到登录页面重新登录。

6）在 Chat.aspx.cs 的 submit_Click 事件中输入如下代码：

```
protected void submit_Click(object sender, EventArgs e)
{       string newmessage = Session["name"] + "：    " + DateTime.Now.ToString() +"\r"+message.Text + "\r" + Application["chat"];
        if (newmessage.Length > 500)
            newmessage = newmessage.Substring(0, 499);
        Application.Lock();
          Application.Set("chat",newmessage);
        Application.UnLock();
        message.Text = "";
        chatmessage.Text = Application["chat"].ToString();
}
```

上述代码中，主要是实现将用户发表的聊天内容添加到聊天室中，而且聊天室的聊天内容只能保存最新的 500 个字符。

7）按〈Ctrl+F5〉运行，进入到登录页面，输入用户名和密码，登录成功后，页面跳转到聊天室页面，页面载入时，会显示当前在线人数和目前的聊天内容，运行效果如图 8-32 所示。

图 8-32　在线聊天室页面载入状态

用户在文本框中输入聊天内容，单击提交按钮，新发表的聊天内容会添加到聊天室的聊天内容中，运行效果如图 8-33 所示。

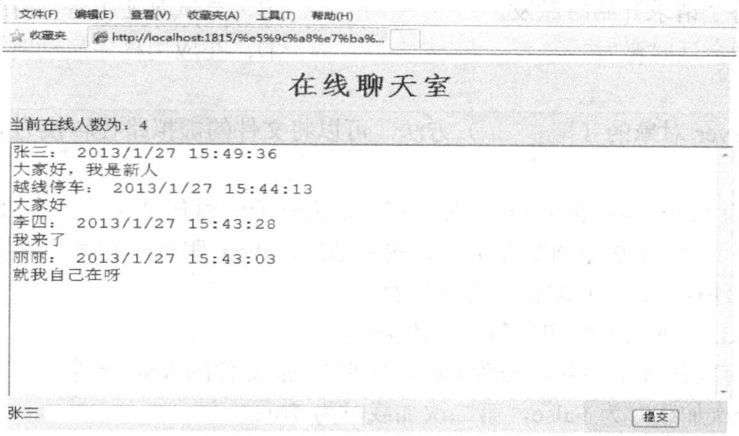

图 8-33　在线聊天室发表新留言

## 8.7　习题

**1．选择题**

1）Web 窗体页发生请求时，ASP.NET 首先确定是否要分析和编译页。页请求之后，将确定当前的请求是新请求还是回发请求，这个功能是由页的_____属性设置。

  A．PreRender         B．IsPostBack

  C．OutputStream       D．PreInit

2）Response 对象将指定的字符串或表达式的结果写到当前的 HTTP 输出的方法是_____。

  A．Write 方法        B．WriteFile 方法

  C．Close 方法        D．Redirect 方法

3）如果没有设置 Cookie 对象的有效期，那么此 Cookie 对象会保存_____。

  A．20 分钟         B．30 分钟

  C．一天          D．随浏览器的关闭而失效

4）Session 对象的默认有效期为多少分钟？_____。

  A．10           B．15

  C．20           D．应用程序从启动到结束

5）如果对一个网站，统计所有在线的人数，应该使用_____对象。

  A．Session    B．Application    C．Page    D．Server

6）请问下面程序执行完毕，页面上显示内容是_____。

  Response.Write("<a href='http://www.baidu.com.cn'>百度</a>");

  A．<a href='http://www.baidu.com.cn'>百度</a>

  B．百度

  C．http://www.baidu.com.cn　百度

D．该语句有错，无法正常输出

7) Global.asax 文件中 Session_Start 事件何时激发_____。
   A．在每个请求开始时激发　　　　B．尝试对使用进行身份验证时激发
   C．启动会话时激发　　　　　　　D．在应用程序启动时激发

**2．填空题**

1) 使用 Server 对象的（　　　）方法，可以将文件的虚拟路径转换为服务器端的物理路径。

2) 设置名为 MyCookie 的 Cookie 对象有效期为一天的语句是（　　　）。

3) （　　　）对象是在浏览者访问某些网站时，Web 服务器在客户端所写入的一些小文件，这些小文件存放在客户端的内存或磁盘中。

4) 获取 URL 地址栏中传递参数 id 的代码是（　　　）。

5) 页面上有操作（如删除、修改）时，需要在 cs 文件的 load 事件中定义（　　　），此时当页面第一次加载时为 False，第二次加载时为 True。

6) 用消息框提示用户登录成功，并跳转到 index 页面的一条语句为（　　　）。

**3．简答题**

1) 简述 Page 对象的 Init 事件和 Load 事件的区别与联系。
2) 简述 Server 对象的 Transfer 方法和 Execute 方法的区别与联系。
3) 简述 Cookie 对象、Session 对象和 Application 对象的区别与联系。
4) 简述本章所讲到的用于页面传值的方法。

**4．程序设计题**

1) 通过简单的程序分析 Response 对象的 Redirect 方法和 Server 对象的 Transfer 方法的区别与联系。

2) 使用 Response 对象的 Write 方法结合 HTML 表单知识实现下列功能：

① 使用 Response 对象的 Write 方法向页面中输出如图 8-34 所示的文本和控件；②单击按钮控件时弹出提示框。

3) 设计一个网站访问人数计数器，当用户在客户端进入该网站，则显示"欢迎您，您是本站第××位访客！"，如图 8-35 所示。

　　图 8-34　运行效果　　　　　　　　　图 8-35　运行效果

4) 设计一个简单的投票系统，要求：每台计算机每天只能投票一次，如果重复投票会给出提示"您已经投过票了。"单击"查看投票结果"可以看到三位候选人的票数。

# 第 9 章　控件的使用

与 ASP 不同的是，ASP.NET 提供了大量的控件，这些控件能够轻松地实现一个交互复杂的 Web 应用功能。在传统的 ASP 开发中，代码的重用性太低，事件代码和页面代码不能很好地分开。而在 ASP.NET 中，控件不仅解决了代码重用的问题，而且控件简单易用并能够轻松上手、投入到开发中。本章将介绍常用的服务器控件，使用这些控件能开发出较强大的网络应用程序。

## 9.1　HTML 控件与服务器控件

HTML 控件在默认情况下属于客户端（浏览器）控件，服务器无法对其进行控制。HTML 控件是从 HTML 标记衍生而来的，每个控件对应于一个或一组 HTML 标记。例如，经常使用的 HTML 表格控件，就是一个常用于页面布局工具的 HTML 控件，如果不使用工具箱中的控件，而直接在"源"视图中编写相应的 HTML 代码也可以得到相同的效果，但使用控件可以节省大量的代码编写时间，且使操作变成了可视化的方式。

HTML 控件可以通过修改代码将其变成 Web 服务器端控件，几乎所有的 HTML 标记只要加上 runat = "server"这个服务器控件标识属性后，都可以变成服务器端控件。与普通 HTML 标记相比，最大的区别在于服务器端控件可以通过服务器端代码来控制。

服务器控件就是页面上能够被服务器端代码访问和操作的任何控件。每个服务器控件都包含一些成员对象，以便开发人员调用，如属性、事件、方法等。通常情况下，服务器控件都包含在 ASP.NET 页面中。服务器控件是 WebForm 编程模型的重要元素，它们构成了一个新的基于控件的表单程序的基础。

ASP.NET 服务器控件都是页面上的对象，采用事件驱动的编程模型，客户端触发的事件可以在服务器端来处理。常用的服务器控件类似于熟悉的 HTML 元素，如按钮和文本框。其他服务器控件具有复杂行为，如文件上传控件等。

服务器控件并不一一映射到 HTML 控件，而是定义为抽象控件，提供丰富的对象模型。控件可以检查浏览器的功能，并根据不同浏览器创建适当的输出。对于某些控件，可以使用模板来定义控件的外观，可以指定控件的事件是立即发送到服务器，还是先缓存然后在提交窗体时引发。因此，服务器控件类型更丰富，内置功能更多，可编程操控性更好。本章主要介绍常用服务器控件的属性、方法和事件。

（1）服务器端控件的执行过程

当用户请求一个包含有 Web 服务器端控件的.aspx 页面时，服务器首先对页面进行处理，将页面中包含的服务器端控件及其他内容解释成标准的 HTML 代码，然后将处理结果以标准 HTML 的形式一次性发送给客户端。

（2）ASP.NET 页面的处理过程

当用户通过浏览器发出一个对 ASP.NET 页面的请求后，Web 服务器将用户的请求交由 ASP.NET 引擎来处理。系统首先会检查在服务器缓存中是否有该页面，或此页面是否已被编译成了.dll（Dynamic Link Library，动态链接库）文件。若没有，则将页面转换为源程序代码，然后由编译器将其编译成.dll 文件，否则直接利用已编译过的.dll 文件建立对象，并将执行结果返回到客户端浏览器。

## 9.2 控件的共有属性

每个控件都有一些共有属性，例如字体颜色、边框颜色、样式等。在 Visual Studio 2012 中，当开发人员选择了相应的控件后，属性栏中会简单地介绍该属性的作用，如图 9-1 所示。

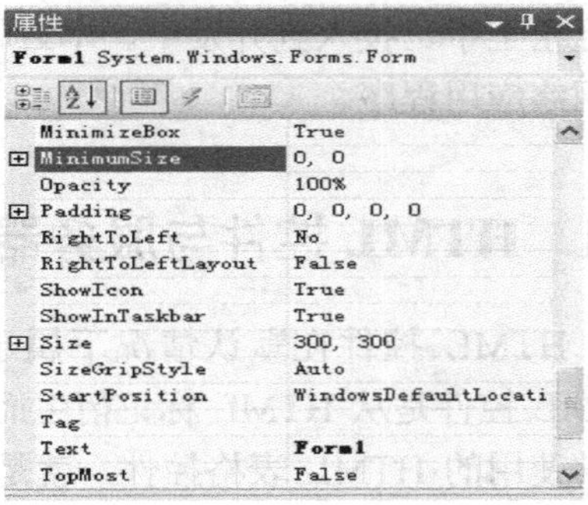

控件有一些基本的常用属性，如控件的名称、位置、透明、可见性、对齐方式、重叠控件的显示顺序以及控件的焦点获取和设置等，简单介绍如下。

- Attributes：获取服务器控件标记上表示的所有属性名称和值对的集合。只能在编程时使用此属性。
- BackColor：控件的背景色。
- BorderColor：控件边框的颜色。
- BorderWidth：控件边框的宽度（以像素为单位）。
- BorderStyle：控件的边框样式。
- CssClass：分配给控件的级联样式表（CSS）类。
- Enabled：决定控件是否可用，取值为 True 时可用，取值为 False 时不可用。
- Font：设置控件上文本的字体，包括字体名称、字号，是否斜体、加粗、下划线等。
- ForeColor：控件的前景色，即控件上文本的颜色。
- Location：定位控件，指定控件的左上角相对于其容器左上角的坐标（x，y）。
- Name：指定控件的名称，它是控件在当前应用程序中的唯一标识，代码通过该属性来访问控件。
- Text：设置、获取控件上显示的文字，如标签、按钮、复选框等上的文字。
- Visible：决定控件是否可见，取值为 True 时可见，取值为 False 时不可见。
- Style：为控件设置 CSS 样式属性。
- Size：指定控件的高度和宽度。

图 9-1 控件的共有属性

属性栏用来设置控件的属性，当控件在页面被初始化时，这些将被应用到控件。控件的属性也可以通过编程的方法在页面相应代码区域编写，示例代码如下所示：

```
protected void Page_Load(object sender, EventArgs e)
{   Label1.Visible = false;       //在 Page_Load 中设置 Label1 的可见性 }
```

上述代码编写了一个 Page_Load（页面加载事件），当页面初次被加载时，会执行 Page_Load 中的代码。这里通过编程的方法对控件的属性进行更改，当页面加载时，控件的属性会被应用并呈现在浏览器上。

## 9.3 常用的服务器控件

### 9.3.1 标准服务器控件

#### 1. Label 控件

在 Web 应用中，希望显示的文本不能被用户更改，或者当触发事件时，某一段文本能够在运行时更改，则可以使用标签控件 Label。Label 控件通常用于在页面上显示静态文本。其在工具箱中的图标为 **A** Label，语法格式为：

```
<asp:Label id="Label1" runat="server" Text="Label"></asp:Label>
```

上述代码中，声明了一个 Label 控件，并将这个 Label 控件的 id 属性设置为默认值 Label1，控件的 id 应该遵循良好的命名规范，以便维护。由于该控件是服务器端控件，所以在控件属性中包含 runat="server"属性。该代码还将 Label 控件的文本初始化为 Label，开发人员能够配置该属性进行不同文本内容的呈现。

同样，Label 控件的属性能够在相应的.cs 代码中初始化，示例代码如下所示：

```
protected void Page_PreInit(object sender, EventArgs e)
{   Label1.Text = "Hello World";    //标签赋值   }
```

上述代码在页面初始化时，将 Label1 的文本属性设置为"Hello World"。

对于 Label 标签，同样也可以显示 HTML 样式，示例代码如下所示：

```
protected void Page_PreInit(object sender, EventArgs e)
{   Label1.Text = "Hello World<hr/><span style=\"color:red\">A Html Code</span>";
                                              //输出 HTML
    Label1.Font.Size = FontUnit.XXLarge;      //设置字体大小
}
```

上述代码中，Label1 的文本属性被设置为一串 HTML 代码，当 Label 文本被呈现时，会以 HTML 效果显示，运行结果如图 9-2 所示。

图 9-2 Label 的 Text 属性的使用

【例 9-1】 显示当前日期。

（1）页面设计

在"源"视图中，输入如下代码，并保存在 9-1.aspx 文件中：

```
<%@ Page Language= "C#" AutoEventWireup="true" CodeFile="9-1.aspx.cs" Inherits="_Default" %>
<html>
<head runat="server"> <style type="text/css">
      .date{color:Teal; background-color:#999999; border:solid 2px black; }
    </style>
    <title>显示当前日期</title>
</head>
<body> <form id="form1" runat="server">
    <div> <asp:Label id="lblDate" cssClass="date" runat="server"/>
    </div></form></body></html>
```

（2）编辑逻辑

在代码编辑器中，输入如下代码，并保存在 9-1.aspx.cs 文件中：

```
public partial class _Default : System.Web.UI.Page
{  protected void Page_Load (object sender, EventArgs e)
    {  lblDate.Text="当前日期为："+DateTime.Now.ToLongDateString();  }
}
```

（3）运行调试

按下〈Ctrl+F5〉快捷键，运行 Web 应用程序，运行结果如图 9-3 所示。

程序中，使用"DateTime.Now.ToLongDateString()"输出系统当前日期，并使用级联样式表格式化显示的内容。

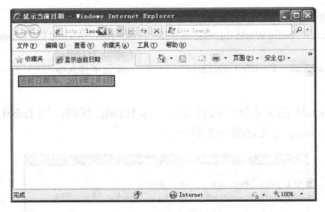

图 9-3　显示当前日期

  如果开发人员只是为了显示一般的文本或者 HTML 效果，不推荐使用 Label 控件，因为服务器控件过多，会导致性能问题。使用静态的 HTML 文本能够让页面解析速度更快。

通过 Label 控件的 AssociatedControlID 属性，可以把 Label 控件与页面上的其他服务器控件关联起来，此时可以通过 Label 控件的 AccessKey 属性为关联控件设置快捷键。

  本书例子均采用输入代码方式为页面添加控件。为了减少篇幅，删减源代码中一些不必要的内容，以后不再赘述。

## 2．TextBox 控件

在 Web 开发中，Web 应用程序通常需要和用户进行交互，例如用户注册、登录、发帖等，那么就需要文本框控件 TextBox 来接受用户输入的信息。开发人员还可以使用 TextBox 控件制作高级的文本编辑器用于 HTML，以及文本的输入输出。TextBox 控件可用于显示单行文本框、多行文本框和密码框。其在工具箱中的图标为 abl TextBox，语法格式为：

```
<asp:TextBox id="TextBox1" TextMode="MultiLine" runat="server" Columns="50" Rows="5"
Text="info" Wrap="true" AutoPostBack="false" ReadOnly="false"
onTextChanged="TextBox1_TextChanged" />
```

其中，Text 属性用于获取或设置文本框中的文本。

通常情况下，默认的 TextBox 控件是一个单行的文本框，用户只能在文本框中输入一行内容。通过修改属性，则可以将文本框设置为多行或者是以密码形式显示，TextBox 控件常用的控件属性如下所示。

- AutoPostBack：在文本修改以后，是否自动回传。
- Columns：文本框的宽度。
- EnableViewState：控件是否自动保存其状态以用于往返过程。
- MaxLength：用户输入的最大字符数。
- ReadOnly：是否为只读。
- Rows：作为多行文本框时所显式的行数。
- TextMode：文本框的模式，设置单行、多行或者密码。
- Wrap：文本框是否换行。

其中重点介绍以下两个属性。

（1）AutoPostBack（自动回传）属性

在网页的交互中，如果用户提交了表单，或者执行了相应的方法，那么该页面将会发送到服务器上，服务器将执行表单的操作或者执行相应方法后，再呈现给用户，例如按钮控件、下拉菜单控件等。如果将某个控件的 AutoPostBack 属性设置为 true，则该控件的属性被修改，那么同样会使页面自动发回到服务器。

（2）EnableViewState（控件状态）属性

ViewState 是 ASP.NET 中用来保存 Web 控件回传状态的一种机制，它是由 ASP.NET 页面框架管理的一个隐藏字段。在回传发生时，ViewState 数据同样将回传到服务器，ASP.NET 框架解析 ViewState 字符串并为页面中的各个控件填充该属性。而填充后，控件通过使用 ViewState 将数据重新恢复到以前的状态。

在使用某些特殊的控件时，如数据库控件用来显示数据库，每次打开页面执行一次数据库往返过程是非常不明智的。开发人员可以绑定数据，在加载页面时仅对页面设置一次，在后续的回传中，控件将自动从 ViewState 中重新填充，减少了数据库的往返次数，从而不使用过多的服务器资源。在默认情况下，EnableViewState 的属性值通常为 true。

在默认情况下，文本框为单行类型，同时文本框模式也包括多行和密码，示例代码如下所示：

```
<asp:TextBox id="TextBox1" runat="server"></asp:TextBox>
```

```
                    <br/>
                    <br/>
                    <asp:TextBox id="TextBox2" runat="server" Height="101px" TextMode="MultiLine"
            Width="325px"></asp:TextBox>
                    <br/>
                    <br/>
                    <asp:TextBox id="TextBox3" runat="server" TextMode="Password"></asp:TextBox>
```

上述代码演示了三种文本框的使用方法,代码运行后的结果如图 9-4 所示。

图 9-4　文本框的三种使用方法

文本框无论是在 Web 应用程序开发,还是 Windows 应用程序开发中都是非常重要的。文本框在用户交互中能够起到非常重要的作用。在文本框的使用中,通常需要获取用户在文本框中输入的值或者检查文本框属性是否被改写。当获取用户输入的值时,必须通过一段代码来控制。文本框控件 HTML 页面示例代码如下所示:

```
            <form id="form1" runat="server">
                <div>
                    <asp:Label id="Label1" runat="server" Text="Label"></asp:Label><br />
                    <asp:TextBox id="TextBox1" runat="server"></asp:TextBox><br />
                    <asp:Button id="Button1" runat="server" onclick="Button1_Click" Text="Button" />
                    <br /></div></form>
```

上述代码声明了一个文本框控件和一个按钮控件,当用户单击按钮控件时,就需要实现标签控件的文本改变。为了实现相应的效果,可以通过编写.cs 文件代码进行逻辑处理,示例代码如下所示:

```
            protected void Page_Load(object sender, EventArgs e)           //页面加载时触发
            { }
            protected void Button1_Click(object sender, EventArgs e)   //单击按钮时触发的事件
            {    Label1.Text = TextBox1.Text;                            //标签控件的值等于文本框中控件的值  }
```

上述代码中,当单击按钮时,就会触发一个按钮事件,这个事件就是将文本框内的值赋值给标签,运行结果如图 9-5 所示。

同样,单击文本框控件,会触发 TextChanged 事件。而运行时,当文本框控件中的字符变化后,并没有自动回传,这是因为默认情况下,文本框的 AutoPostBack 属性被设置为

false。当 AutoPostBack 属性被设置为 true 时，文本框的属性变化，则会发生回传，示例代码如下所示：

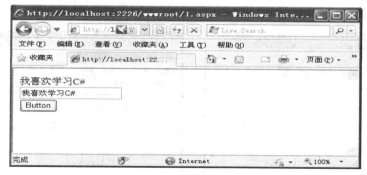

图 9-5　文本框控件的使用

```
protected void TextBox1_TextChanged(object sender, EventArgs e)    //文本框事件
{   Label1.Text = TextBox1.Text;                                    //控件相互赋值   }
```

上述代码中，为 TextBox1 添加了 TextChanged 事件。在 TextChanged 事件中，并不是每一次文本框的内容发生变化之后，就会重传到服务器，而是当用户将文本框中的焦点移出导致 TextBox 失去焦点时，才会发生重传。

**【例 9-2】** 用户登录。

（1）页面设计

在源视图中，输入如下代码，并保存在 9-2.aspx 文件中：

```
<%@ Page Language= "C#" AutoEventWireup="true" CodeFile="9-2.aspx.cs" Inherits="_Default" %>
<html>
<head runat="server">
    <style type="text/css">
        .style1{width:459px;} .style2{width:250px;}
    </style>
     <title>用户登录</title>
</head><body>
        <form id="form1" runat="server"><div><table class="style1"><tr><td class="style2" align="right">用 户 名 <asp:TextBox id="TextBox1"    runat="server"  width="107px"/></td><td> 密 码 <asp:TextBox id="TextBox2"   runat="server"   TextMode="Password" width="109px"/></td></tr><tr><td align="right" colspan="2"   ><asp:Label   id="lblMsg"   runat="server"/><asp:Button   id="Button1"   runat="server" onclick="Button1_Click" Text="进入"/></td>
            </tr></table></div></form></body></html>
```

（2）编辑逻辑

在代码编辑器中，输入如下代码，并保存在 9-2.aspx.cs 文件中：

```
public partial class _Default : System.Web.UI.Page
{   protected void Button1_Click(object sender, EventArgs e)
    {   if (TextBox1.Text == "user" && TextBox2.Text == "user")
            lblMsg.Text = "恭喜，你已经成功登录！";
```

else lblMsg.Text = "用户名或密码错误！"; } }

（3）运行调试

按下〈Ctrl+F5〉快捷键，运行 Web 应用程序，运行结果如图 9-6 所示。

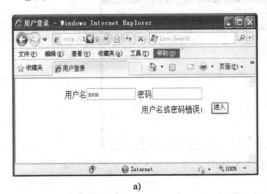
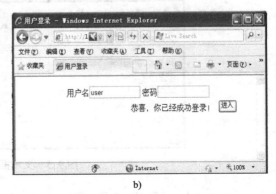

a)                                b)

图 9-6  用户登录界面
a) 登录失败  b) 登录成功

### 3. Button 控件

Button 控件显示一个按钮，默认为提交按钮。利用提交按钮可以向服务器端提交整个页面。也就是说，用户单击提交按钮后，会引起一次回发，将页面发回至服务器。其在工具箱中的图标为 [ab] Button ，语法格式为：

&lt;asp:Button id="Button1" runat="server" Text="提交"    OnClick="Button1_Click" /&gt;

其中 Text 属性用于获取或设置按钮表面上的提示文本。

Button 控件用于事件的提交，常用属性包括如下。

- Causes Validation：按钮是否导致激发验证检查。
- CommandArgument：与此按钮关联的命令参数。
- CommandName：与此按钮关联的命令。
- ValidationGroup：使用该属性，可以指定单击按钮时调用页面上的哪些验证程序。如果未建立任何验证组，则会调用页面上的所有验证程序。

Button 控件常用事件如下。

（1）Click 单击事件

在 Click 单击事件中，通常用于编写用户单击按钮时所需要执行的事件，示例代码如下所示：

```
protected void Button1_Click(object sender, EventArgs e)
{   Label1.Text = "普通按钮被触发";                          //输出信息   }
```

上述代码为按钮生成了事件，其代码是将 Label1 的文本设置为相应的文本，运行结果如图 9-7 所示。

（2）Command 命令事件

按钮控件中，Click 事件并不能传递参数，所以处理的事件相对简单。而 Command 事件可以传递参数，负责传递参数的是按钮控件的 CommandArgument 和 CommandName 属性，如图 9-8 所示。

图 9-7　按钮的 Click 事件

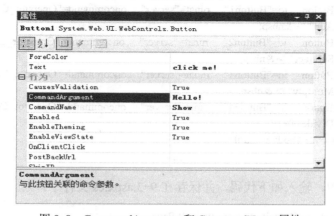

图 9-8　CommandArgument 和 CommandName 属性

将 CommandArgument 和 CommandName 属性分别设置为 Hello!和 Show，单击 创建一个 Command 事件并在事件中编写相应代码，示例代码如下所示：

```
protected void Button1_Command(object sender, CommandEventArgs e)
{   if (e.CommandName == "Show")
    //如果 CommandNmae 属性的值为 Show，则运行下面代码
    {   Label1.Text = e.CommandArgument.ToString();
        //CommandArgument 属性的值赋值给 Label1    }
}
```

当按钮同时包含 Click 和 Command 事件时，通常情况下会执行 Command 事件。

Command 有一些 Click 不具备的好处，就是传递参数。可以对按钮的 CommandArgument 和 CommandName 属性分别设置，通过判断 CommandArgument 和 CommandName 属性来执行相应的方法。这样一个按钮控件就能够实现不同的方法，使得多个按钮与一个处理代码关联，或者一个按钮根据不同的值进行不同的处理和响应。相比 Click 单击事件而言，Command 命令事件具有更高的可控性。

【例 9-3】　简易四则运算器。

（1）页面设计

在源视图中，输入如下代码，并保存在 9-3.aspx 文件中：

```
<%@ Page Language= "C#" AutoEventWireup="true" CodeFile="9-3.aspx.cs" Inherits="_Default" %>
<html>
<head runat="server">
    <title>简易四则运算器</title>
</head>
<body>
    <form id="form1" runat="server"><div>
        <asp:TextBox id="op1"   runat="server" width="106px"/>
        <asp:Label id="oper1"   runat="server" Text=" "></asp:Label>
        <asp:TextBox id="op2"   runat="server" width="102px"/>
        <asp:Label id="oper2"   runat="server" Text=" "></asp:Label>
        =<asp:Label id="result"   runat="server" ></asp:Label>
        <br/>
        <asp:Button   id="Button1"   runat="server"   oncommand="Operator_Command"   Text="+" CommandName="Add" />  
        <asp:Button   id="Button2"   runat="server"   oncommand="Operator_Command"   Text="-" CommandName="Subtract" />  
        <asp:Button   id="Button3"   runat="server"   oncommand="Operator_Command"   Text="×" CommandName="Multiply" />  
        <asp:Button   id="Button4"   runat="server"   oncommand="Operator_Command"   Text="÷" CommandName="Divide" />
    </div></form></body></html>
```

（2）编辑逻辑

在代码编辑器中，输入如下代码，并保存在 9-3.aspx.cs 文件中：

```
public partial class _Default : System.Web.UI.Page
{   protected void Operator_Command(object sender, CommandEventArgs e)
    {   double opc1 = double.Parse(op1.Text);
        double opc2 = double.Parse(op2.Text);
        double ans = 0;
        switch (e.CommandName)  //获取按钮的 CommandName 属性值
        {   case "Add":           // "+"按钮
                ans = opc1 + opc2; oper1.Text = "+"; break;
            case "Subtract":      // "-"按钮
                ans = opc1 - opc2; oper1.Text = "-"; break;
            case "Multiply":      // "×"按钮
                ans = opc1 * opc2; oper1.Text = "×"; break;
            case "Divide":        // "÷"按钮
                ans = opc1 / opc2; oper1.Text = "÷"; break;
        }
        result.Text = ans.ToString();
    } }
```

（3）运行调试

按下〈Ctrl+F5〉快捷键，运行 Web 应用程序，运行结果如图 9-9 所示。

在程序中，"+"、"-"、"×"和"÷"按钮使用同一个 Command 事件处理过程，但它们的 CommandName 属性不同，因而可以在 Command 事件处理过程中区分这些按钮。

图 9-9 简易四则运算器

**【例 9-4】** 利用 OnClickClient 属性弹出确认框。

（1）页面设计

在源视图中，输入如下代码，并保存在 9-4.aspx 文件中：

```
<%@ Page Language= "C#" AutoEventWireup="true" CodeFile="9-4.aspx.cs" Inherits="_Default" %>
<html>
<head runat="server">
    <script type="text/javascript">
    function pop() {return confirm ("是否响应 Click 事件？");}
    </script>
    <title>弹出确认框</title>
</head>
<body>
    <form id="form1" runat="server"><div>
        <asp:Button id="Button1" Text="Confirm" runat="server" onclientclick="return pop();" onclick="Button1_Click"/>
        <asp:Label id="lblMsg" runat="server"></asp:Label>
    </div></form></body></html>
```

（2）编辑逻辑

在代码编辑器中，输入如下代码，并保存在 9-4.aspx.cs 文件中：

```
public partial class _Default : System.Web.UI.Page
{   protected void Button1_Click(object sender, EventArgs e)
    {   lblMsg.Text = "Click 事件已被响应！";   }
}
```

（3）运行调试

按下〈Ctrl+F5〉快捷键，运行 Web 应用程序，运行结果如图 9-10 所示。

图 9-10 弹出确认框

更进一步，如果想引发其他客户端事件，可选用其他两种方法。

一是直接在控件内添加相应属性，如果 ASP.NET 无法识别该属性，则直接把它传递给客户端。例如：

&lt;asp:Button id="btnButton" runat="server" OnMouseOut="this.value= '移出鼠标' " /&gt;

因为 Button 控件中没有 OnMouseOut 属性，所以 ASP.NET 直接把它发给客户端，发给客户端的代码为：

&lt;input type=" submit" id="btnButton" OnMouseOut="this.value= '移出鼠标' " &gt;

其中，OnMouseOut 被浏览器解释为客户端 MouseOut 事件。

二是使用控件的 Attributes 属性。利用它可以为控件添加 HTML 附加属性。例如：

btnButton.Attributes.Add("OnMouseOut", " this.value= '移出鼠标' ");

利用 Add 方法，向 Attributes 集合添加一项，即添加一个属性。Add 方法的第一个参数为属性名，第二个参数为属性值。运行后，其效果与第一种方法相同。

### 4．LinkButton 控件

LinkButton 控件与 Button 控件类似，只不过它的外观显示为超级链接，而不是按钮。在单击 LinkButton 时，引发 Click 事件，而不是超级链接的页面跳转。其在工具箱中的图标为 LinkButton，语法格式为：

&lt;asp:LinkButton id="LinkButton1" Text="返回" OnClick="Button_Click"　runat="sever"/&gt;

LinkButton 控件的属性、方法和事件与 Button 控件完全相同，使用方法也一样，因此不再赘述。

### 5．ImageButton 控件

ImageButton 控件与 Button 控件类似，但它使用定制的图像作为按钮的外观。其在工具箱中的图标为 ImageButton，语法格式为：

&lt;asp: ImageButton id="ImageButton1" Text=主页" OnClick=" ImageButton_Click"　runat="sever" AlternateText="ImageButton1" ImageUrl="images/Home.jpg" ImageAlign="left"/&gt;

ImageButton 控件使用 ImageUrl 属性指定所使用的图像。

ImageButton 控件与 Button 或 LinkButton 控件不同的地方，在于 ImageButton 控件的事件处理过程。事件处理过程的第二个参数类型为 ImageClickEventArgs，而不是 EventArgs，该参数提供鼠标单击处的坐标（e.X 和 e.Y），从而可以确定用户在图像的什么位置上单击了鼠标。

【例 9-5】文本编辑器。

（1）页面设计

在源视图中，输入如下代码，并保存在 9-5.aspx 文件中：

```
<%@ Page Language= "C#" AutoEventWireup="true" CodeFile="9-5.aspx.cs" Inherits="_Default" %>
<html>
<head runat="server">
    <title>文本编辑器</title>
</head>
<body>
```

```
<form id="form1" runat="server"><div>
    <asp:ImageButton id="btnBold" ImageUrl="~/images/BOLD.GIF" onclick="btnBold_Click" runat="server" /> 
    <asp:ImageButton id="btnItalic" ImageUrl="~/images/ITALIC.GIF" onclick="btnItalic_Click" runat="server" /> 
    <asp:ImageButton id="btnUnderline" ImageUrl="~/images/UNDERLINE.GIF" onclick="btnUnderline_Click" runat="server" /> 
    <asp:ImageButton id="btnLeft" ImageUrl="~/images/ALEFT.GIF" onclick="btnLeft_Click" runat="server" /> 
    <asp:ImageButton id="btnCenter" ImageUrl="~/images/CENTER.GIF" onclick="btnCenter_Click" runat="server" /> 
    <asp:ImageButton id="btnRight" ImageUrl="~/images/ARIGHT.GIF" onclick="btnRight_Click" runat="server" /><br/>
    <asp:TextBox id="txtMsg" height="85px" width="219px" TextMode="MultiLine" runat="server"> </asp:TextBox><br/>
    <asp:Literal id="txtMessage" runat="server" Mode="PassThrough" />
</div></form></body></html>
```

（2）编辑逻辑

在代码编辑器中，输入如下代码，并保存在 9-5.aspx.cs 文件中：

```
public partial class _Default : System.Web.UI.Page
{
    protected void btnBold_Click(object sender, ImageClickEventArgs e)
    {   txtMessage.Text = "<B>" + txtMsg.Text + "</B>"; }
    protected void btnItalic_Click(object sender, ImageClickEventArgs e)
    {   txtMessage.Text = "<I>" + txtMsg.Text + "</I>";   }
    protected void btnUnderline_Click(object sender, ImageClickEventArgs e)
    {   txtMessage.Text = "<U>" + txtMsg.Text + "</U>"; }
    protected void btnLeft_Click(object sender, ImageClickEventArgs e)
    {   txtMessage.Text = "<p align=left>" + txtMsg.Text + "</p>";   }
    protected void btnCenter_Click(object sender, ImageClickEventArgs e)
    {   txtMessage.Text = "<p align=center>" + txtMsg.Text + "</p>";   }
    protected void btnRight_Click(object sender, ImageClickEventArgs e)
    {   txtMessage.Text = "<p align=right>" + txtMsg.Text + "</p>";   }
}
```

（3）运行调试

按下〈Ctrl+F5〉快捷键，运行 Web 应用程序，运行结果如图 9-11 所示。

图 9-11　文本编辑器

在程序中，利用 ImageButton 控件为文本编辑器添加各种格式按钮。

**6．HyperLink 控件**

HyperLink 控件用于为页面添加超级链接，相当于实现了 HTML 代码中的"<a href=" "></a>"效果，当然 HyperLink 控件有自己的特点。其在工具箱中的图标为 A HyperLink，语法格式为：

```
<asp:HyperLink id="HyperLink1" NavigateUrl="http://www.synu.edu.cn" Target="_new"
ImageUrl="images/Home.jpg" runat="server" Text="沈阳师范大学" />
```

上述代码声明了一个超链接控件，相对于 HTML 代码形式，超链接控件可以通过传递指定的参数来访问不同的页面。当触发了一个事件后，超链接的属性可以被改变。超链接控件通常使用的三个属性如下。

● ImageUrl：要显示图像的 URL。
● NavigateUrl：要跳转的 URL。
● Target：跳转时加载目标网页的窗口或框架。

（1）ImageUrl 属性

设置 ImageUrl 属性可以设置这个超链接是以文本形式显示还是以图片文件显示，示例代码如下所示：

```
<asp:HyperLink id="HyperLink1" runat="server" ImageUrl="http://www.synu.edu.cn
/images/Home.jpg">HyperLink</asp:HyperLink>
```

上述代码将文本形式显示的超链接变为了图片形式的超链接，虽然表现形式不同，但是不管是图片形式还是文本形式，实现的效果相同。

（2）Navigate 属性

Navigate 属性可以为无论是文本形式还是图片形式的超链接设置超链接属性，即将跳转的页面，示例代码如下所示：

```
<asp:HyperLink id="HyperLink1" runat="server" ImageUrl="http://www.synu.edu.cn
/images/Home.jpg"  NavigateUrl="http://www.synu.edu.cn"> HyperLink</asp:HyperLink>
```

上述代码使用了图片超链接的形式。其中图片来自 http://www.synu.edu.cn/images/Home.jpg，当单击此超链接控件后，浏览器将跳到 URL 为 http://www.synu.edu.cn 的页面。

（3）Target 属性

使用 Target 属性，可以指定单击 HyperLink 控件时加载目标网页的窗口或框架。Target 属性通常取值为：_blank、_self、_top、_parent 或_search。

（4）动态跳转

HyperLink 控件的优点在于能够对控件进行编程，按照用户的意愿跳转到自己想跳转的页面。以下代码实现了当用户选择 qq 时，会跳转到腾讯网站，如果选择 sohu，则会跳转到 sohu 页面，示例代码如下所示：

```
protected void DropDownList1_SelectedIndexChanged(object sender, EventArgs e)
{    if (DropDownList1.Text == "qq")                         //如果选择 qq
    {   HyperLink1.Text = "qq";                              //文本为 qq
        HyperLink1.NavigateUrl = "http://www.qq.com";        //URL 为 qq.com    }
```

```
        else                                                    //选择 sohu
        {   HyperLink1.Text = "sohu";                            //文本为 sohu
            HyperLink1.NavigateUrl = "http://www.sohu.com";      //URL 为 sohu.com
        } }
```

上述代码使用了 DropDownList 控件，当用户选择不同的值时，对 HyperLink1 控件进行操作。当用户选择 qq，则为 HyperLink1 控件配置键接为 http://www.qq.com。关于 DropDownList 控件，在后面的章节中会做详细介绍。

**【例 9-6】** 使用搜索引擎。

（1）页面设计

在源视图中，输入如下代码，并保存在 9-6.aspx 文件中：

```
<%@ Page Language= "C#" AutoEventWireup="true" CodeFile="9-6.aspx.cs" Inherits="_Default" %>
<html>
<head runat="server">
    <title>使用搜索引擎</title>
</head>
<body>
    <form id="form1" runat="server"><div>
        <b>请选择搜索引擎：</b><br/>
        <asp:DropDownList id="DropDownList1" AutoPostBack="True" runat="server" onselectedindexchanged="DropDownList1_SelectedIndexChanged">
            <asp:ListItem value="www.google.com">谷歌</asp:ListItem>
            <asp:ListItem value="www.baidu.com">百度</asp:ListItem>
            <asp:ListItem value="www.sina.com.cn">新浪</asp:ListItem>
        </asp:DropDownList><br/>
        进入搜索页面：
        <asp:HyperLink id="HyperLink1" runat="server">[HyperLink1]</asp:HyperLink>
    </div></form></body></html>
```

（2）编辑逻辑

在代码编辑器中，输入如下代码，并保存在 9-6.aspx.cs 文件中：

```
public partial class _Default : System.Web.UI.Page
{   protected void DropDownList1_SelectedIndexChanged(object sender, EventArgs e)
    {   if (DropDownList1.SelectedIndex > 0)
        {       //动态设置超级链接的 URL
            HyperLink1.Text = DropDownList1.SelectedItem.Text;
            HyperLink1.NavigateUrl = DropDownList1.SelectedValue;
        } } }
```

（3）运行调试

按下〈Ctrl+F5〉快捷键，运行 Web 应用程序，进行结果如图 9-12 所示。
根据下拉列表框所选项，显示相应的超链接。

> 和标签控件相同的是，如果只是为了单纯的实现超链接，同样不推荐使用 HyperLink 控件，因为过多地使用服务器控件同样有可能造成性能问题。

图 9-12 使用搜索引擎

### 7. ListBox 控件

ListBox 控件可以指定用户是否允许多项选择。设置 SelectionMode 属性为 Single 时，表明只允许用户从列表框中选择一个项目，而当 SelectionMode 属性的值为 Multiple 时，用户可以按住〈Ctrl〉键或者使用〈Shift〉组合键从列表中选择多个数据项。当创建一个 ListBox 控件后，开发人员能够在控件中添加所需的项目。ListBox 控件在工具箱中的图标为 ListBox，语法格式为：

```
<asp:ListBox id="ListBox1" runat="server" AutoPostBack="True"
OnSelectedIndexChanged="ListBox1_SelectedIndexChanged">
    <asp:ListItem>1</asp:ListItem>
    <asp:ListItem>2</asp:ListItem>
    <asp:ListItem>3</asp:ListItem>
    <asp:ListItem>4</asp:ListItem>
    <asp:ListItem>5</asp:ListItem>
    <asp:ListItem>6</asp:ListItem>
</asp:ListBox>
```

上述代码创建了一个 ListBox 控件，并手动增加了列表项。SelectedIndexChanged 是 ListBox 控件中最常用的事件，双击 ListBox 列表控件，系统会自动生成相应的代码。同样，开发人员可以为 ListBox 控件中的选项改变后的事件做编程处理，示例代码如下所示：

```
protected void ListBox1_SelectedIndexChanged(object sender, EventArgs e)
{    Label1.Text = "你选择了第" + ListBox1.Text + "项";   }
```

上述代码中，当 ListBox 控件选择项发生改变后，该事件就会被触发并修改相应 Label 标签中的文本，如图 9-13 所示。当用户再次进行选择时，系统将会更改 Label1 中的文本。如果需要实现让用户选择多个 ListBox 项，只需要设置 SelectionMode 属性为 Multiple 即可，如图 9-14 所示。

图 9-13 ListBox 单选

图 9-14 SelectionMode 属性

当设置了 SelectionMode 属性后，用户可以按住〈Ctrl〉键或者使用〈Shift〉组合键选择多项。同样，开发人员也可以编写处理选择多项时的事件，示例代码如下所示：

```
protected void ListBox1_SelectedIndexChanged(object sender, EventArgs e)
{   Label1.Text += "你选择了第" + ListBox1.Text + "项";   }
```

上述代码使用了 "+=" 运算符，在触发 SelectedIndexChanged 事件后，应用程序将为 Label1 标签赋值，如图 9-15 所示。当用户每选一项的时候，就会触发该事件，如图 9-16 所示。

图 9-15　单选效果

图 9-16　多选效果

从运行结果可以看出，当单选时，选择项返回值和选择的项相同，而当选择多项的时候，返回值同第一项相同。所以，在选择多项时，也需要使用 Item 集合获取和遍历多个项目。

若列表选择项为单选，则可以使用 SelectedIndex、SelectedItem 和 SelectedValue 属性获取用户所选项。其中，SelectedIndex 属性代表所选项的索引（该索引从 0 开始），若没有选项被选中，则 SelectedIndex 的值为-1；SelectedItem 属性代表选定的选项（即 ListItem 对象）；SelectedValue 属性代表与选定项相关的附加值。

若列表选择项为多选，则一般使用以下形式获取选定项：

```
foreach(ListItem li in ListBox1.Items)
{   if(li.Selected)                        //判断该选项是否被选中
       lblMsg.Text+=li.Text+"<br>",        //输出选中的选项
}
```

【例 9-7】　装机清单。

（1）页面设计

在源视图中，输入如下代码，并保存在 9-7.aspx 文件中：

```
<%@ Page Language=" C#" AutoEventWireup="true" CodeFile="9-7.aspx.cs" Inherits="_Default" %>
<html>
<head runat="server">
    <style type="text/css">
        .listor{border:solid 2px black; padding:6px; width:400px; background-color:Silver;}
    </style>
    <title>装机清单</title>
</head>
<body>
    <form id="form1" runat="server">
```

```
<div class="listor">
<div style="float:left; width:40%;">
<asp:ListBox id="list1" runat="server" >
    <asp:ListItem>E5200CPU</asp:ListItem>
    <asp:ListItem>速龙 5000+CPU</asp:ListItem>
    <asp:ListItem>技嘉 P450 主板</asp:ListItem>
    <asp:ListItem>DDR2 2G 内存条</asp:ListItem>
    <asp:ListItem>三星 5400LCD</asp:ListItem>
</asp:ListBox>
</div><div style="float:left; width:20%; text-align:center; ">
<asp:Button id="btnAdd" runat="server" text=">>" onclick="btnAdd_Click" /><br/>
<asp:Button id="btnRemove" runat="server" text="<<" onclick="btnRemove_Click" /><br/>
</div>
<div style="float:left; width:40%;">
<asp:ListBox id="list2" runat="server" >
</asp:ListBox>
</div></div></form></body></html>
```

（2）编辑逻辑

在代码编辑器中，输入如下代码，并保存在 9-7.aspx.cs 文件中：

```
public partial class _Default : System.Web.UI.Page
{   protected void btnAdd_Click(object sender, EventArgs e)
    {   //从 list1 移动列表项至 list2
        if (list1.SelectedIndex != -1)
        {   list2.Items.Add(list1.SelectedItem);
            list1.Items.Remove(list1.SelectedItem);
            list2.ClearSelection();
        } }
    protected void btnRemove_Click(object sender, EventArgs e)
    {   //从 list2 移动列表项至 list1
        if (list2.SelectedIndex != -1)
        {   list1.Items.Add(list2.SelectedItem);
            list2.Items.Remove(list2.SelectedItem);
            list1.ClearSelection();
        } } }
```

（3）运行调试

按下〈Ctrl+F5〉快捷键，运行 Web 应用程序，运行结果如图 9-17 所示。

通过单击">>"按钮，可以把 list1 中所选项添加到 list2 中，也可以单击"<<"按钮，把 list2 中所选项添加到 list1 中。

### 8. DropDownList 控件

相对于 ListBox 控件而言，DropDownList 控件能在一个控件中为用户提供多个选项，同时又能够避免用户输入错误的选项。例如，在用户注册时，可以选择性别是男或者女，就可以使用 DropDownList 控件，同时又避免了用户输入其他的信息。因为性别除了男就是女，输入其他的信息说明这个信息是错误或者是无效的。DropDownList 控件在工具箱中的图标为 DropDownList，语法格式为：

图 9-17 装机清单

```
<asp:DropDownList id="DropDownList1" runat="server" AutoPostBack="true"
OnSelectedIndexChanged="DropDownList1_SelectedIndexChanged">
    <asp:ListItem>1</asp:ListItem>
    <asp:ListItem>2</asp:ListItem>
    <asp:ListItem>3</asp:ListItem>
    <asp:ListItem>4</asp:ListItem>
    <asp:ListItem>5</asp:ListItem>
    <asp:ListItem>6</asp:ListItem>
</asp:DropDownList>
```

从结构上看，DropDownList 控件的 HTML 样式代码和 ListBox 控件十分相似。同时 DropDownList 控件也可以绑定数据源控件。同样，DropDownList 控件最常用的事件也是 SelectedIndexChanged，当 DropDownList 控件选择项发生变化时，则会触发该事件，示例代码如下所示：

```
protected void DropDownList1_SelectedIndexChanged(object sender, EventArgs e)
{   Label1.Text = "你选择了第" + DropDownList1.Text + "项";   }
```

上述代码中，当选择的项目发生变化时则会触发该事件，如图 9-18 所示。上面的程序同样实现了 ListBox 中程序的效果，当用户再次进行选择时，系统将会更改 Label1 中的文本，如图 9-19 所示。

图 9-18 选择第二项

图 9-19 选择第三项

当用户选择相应的项目时，就会触发 SelectedIndexChanged 事件，开发人员可以通过捕捉相应的用户选中的控件进行编程处理。虽然 DropDownList 控件的属性、方法和事件与 ListBox 控件均一样，但是 DropDownList 控件只允许单选，不允许多选。

【例9-8】 选课。

（1）页面设计

在源视图中，输入如下代码，并保存在 9-8.aspx 文件中：

```
<%@ Page Language="C#" AutoEventWireup="true" CodeFile="9-8.aspx.cs" Inherits="_Default" %>
<html>
<head runat="server">
    <title>选课</title>
</head>
<body>
    <form id="form1" runat="server"><div>所选课程：
        <asp:DropDownList id="DropDownList1" runat="server" AutoPostBack="true" onselectedindexchanged="DropDownList1_SelectedIndexChanged">
            <asp:ListItem value="0">c#.net</asp:ListItem>
            <asp:ListItem value="1">vb.net</asp:ListItem>
            <asp:ListItem value="2">vc++.net</asp:ListItem>
            <asp:ListItem value="3">j#.net</asp:ListItem>
        </asp:DropDownList>
        学分：<asp:Label id="Label1" runat="server"/><br/><br/>
        <asp:Label id="lblMsg" runat="server" backcolor="#999999" forecolor="white"></asp:Label>
    </div></form></body></html>
```

（2）编辑逻辑

在代码编辑器中，输入如下代码，并保存在 9-8.aspx.cs 文件中：

```
public partial class _Default : System.Web.UI.Page
{
    protected void DropDownList1_SelectedIndexChanged(object sender, EventArgs e)
    {
        int[] grade = { 2, 6, 4, 3 };
        Label1.Text = grade[int.Parse(DropDownList1.SelectedValue)].ToString();
        lblMsg.Text = "你选择了" + DropDownList1.SelectedItem.Text + "课程，学分是" + Label1.Text;
    }
}
```

（3）运行调试

按下〈Ctrl+F5〉快捷键，运行 Web 应用程序，运行结果如图 9-20 所示。

图 9-20 选课

### 9. RadioButtonList 控件

单选组控件 RadioButtonList 是只能选择一个项目的控件，另外，RadioButtonList 控件所生成的代码比单选控件 RadioButton 实现得相对少。RadioButtonList 控件添加项如图 9-21 所示。

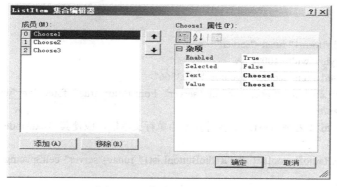

图 9-21　单选组控件添加项

RadioButtonList 控件用于生成一组单选按钮，它相当于多个 RadioButton 控件。其在工具箱中的图标为 RadioButtonList，语法格式为：

```
<asp:RadioButtonList id="RadioButtonList1" runat="server">
    <asp:ListItem>Choose1</asp:ListItem>
    <asp:ListItem>Choose2</asp:ListItem>
    <asp:ListItem>Choose3</asp:ListItem>
</asp:RadioButtonList>
```

上述代码使用了 RadioButtonList 控件实现单选功能，RadioButtonList 控件还包括一些属性用于样式和重复的配置。RadioButtonList 控件的常用属性如下所示。

- DataMember：在数据集用做数据源时，做数据绑定。
- DataSource：向列表填入项时所使用的数据源。
- DataTextFiled：提供项文本的数据源中的字段。
- DataTextFormat：应用于文本字段的格式。
- DataValueFiled：数据源中提供项值的字段。
- Items：列表中项的集合。
- RepeatColumn：用于布局项的列数。
- RepeatDirection：项的布局方向。
- RepeatLayout：是否在某个表或者流中重复。

双击 RadioButtonList 控件时系统会自动生成该事件的声明，同样可以在该事件中确定代码。当选择一项内容时，提示用户所选择的内容，示例代码如下所示：

```
protected void RadioButtonList1_SelectedIndexChanged(object sender, EventArgs e)
{   Label1.Text = RadioButtonList1.Text;    //文本标签段的值等于选择控件的值   }
```

【例 9-9】 单选题。

（1）页面设计

在源视图中，输入如下代码，并保存在 9-9.aspx 文件中：

```
<%@ Page Language= "C#" AutoEventWireup="true" CodeFile="9-9.aspx.cs" Inherits="_Default" %>
<html>
<head runat="server">
    <title>单选题</title>
</head>
<body>
    <form id="form1" runat="server"><div>
    <table style="width:100%;">
        <tr><td align="center" bgcolor="#003366">
            <asp:Label id="Label1" runat="server" Font-Bold="true" forecolor="white" text="单选题">
            </asp:Label></td></tr>
        <tr><td>1.若使 TextBox 控件显示为单行文本框,应使其 TextMode 属性取值为:  </td>
        </tr> <tr><td>
            <asp:RadioButtonList id="RadioButtonList1" runat="server" cellSpacing="6" RepeatDirection="Horizontal" >
                <asp:ListItem >Single</asp:ListItem>
                <asp:ListItem >MultiLine</asp:ListItem>
                <asp:ListItem>Password</asp:ListItem>
                <asp:ListItem>Wrap</asp:ListItem>
            </asp:RadioButtonList >
        </td></tr><tr><td align="center" bgcolor="#CCFFCC">
            <asp:Button id="Button1" runat="server" onclick="Button1_Click" text="答题" />
            <asp:Button id="Button2" runat="server" text="下一题" />
        </td></tr></table><br />
    <asp:Label id="lblMsg" runat="server" forcolor="red"/>
    </div></form></body></html>
```

(2)编辑逻辑

在代码编辑器中,输入如下代码,并保存在 9-9.aspx.cs 文件中:

```
public partial class _Default : System.Web.UI.Page
{   protected void Button1_Click(object sender, EventArgs e)
    {   if (RadioButtonList1.SelectedIndex == 0)
            lblMsg.Text = "正确";
        else
            lblMsg.Text = "错误";   }
}
```

(3)运行调试

按下〈Ctrl+F5〉快捷键,运行 Web 应用程序,运行结果如图 9-22 所示。

图 9-22 单选题

### 10. CheckBoxList 控件

同 RadioButtonList 控件相同，为了方便复选控件的使用，.NET 服务器控件中同样包括了 CheckBoxList 控件，拖动一个 CheckBoxList 控件到页面可以同 RadioButtonList 控件一样添加复选组列表。CheckBoxList 控件用于生成一组复选框，它相当于多个 CheckBox 控件。其在工具箱中的图标为 ，语法格式为：

```
<asp:CheckBoxList id="CheckBoxList1" runat="server" AutoPostBack="true" onselectedindexchanged="CheckBoxList1_SelectedIndexChanged">
    <asp:ListItem Value="Choose1">Choose1</asp:ListItem>
    <asp:ListItem Value="Choose2">Choose2</asp:ListItem>
    <asp:ListItem Value="Choose3">Choose3</asp:ListItem>
</asp:CheckBoxList>
```

上述代码中，同样增加了 3 个项目提供给用户选择，CheckBoxList 控件最常用的是 SelectedIndexChanged 事件。当控件中某项的选中状态被改变时，则会触发该事件。示例代码如下所示：

```
protected void CheckBoxList1_SelectedIndexChanged(object sender, EventArgs e)
{
    if (CheckBoxList1.Items[0].Selected)        //判断某项是否被选中
    { Label1.Font.Size = FontUnit.XXLarge;      //更改字体大小}
    if (CheckBoxList1.Items[1].Selected)        //判断是否被选中
    { Label1.Font.Size = FontUnit.XLarge;       //更改字体大小}
    if (CheckBoxList1.Items[2].Selected)        //判断是否被选中
    { Label1.Font.Size = FontUnit.XSmall;       //更改字体大小}
}
```

上述代码中，CheckBoxList1.Items[0].Selected 用来判断某项是否被选中，其中 Item 数组是复选组控件中项目的集合，其中 Items[0]是复选组中的第一个项目。上述代码用来修改字体的大小，如图 9-23 所示，当选择不同的选项时，字体的大小也不相同，运行结果如图 9-24 所示。

图 9-23 选择大号字体

图 9-24 选择小号字体

正如图 9-23、图 9-24 所示，当用户选择不同的选项时，Label 标签的字体的大小会随之改变。

CheckBoxList 控件与 RadioButtonList 控件不同的是，不能够直接获取复选组控件某个选中项目的值，因为 CheckBoxList 控件返回的是第一个选择项的返回值，只能够通过 Item 集合来获取选择某个或多个选中的项目值。

243

CheckBoxList 控件的属性、方法和事件与 ListBox 控件几乎一样，仅有几个属性有所不同，下面就一一介绍。

（1）RepeatColumns 属性

使用 RepeatColumns 属性可以设定在一行中显示多少个复选框，示例代码如下所示：

```
<asp:CheckBoxList id="CheckBoxList1" runat="server" RepeatColumns="2" >
    <asp:ListItem Selected="true">1</asp:ListItem>
    <asp:ListItem>2</asp:ListItem>
    <asp:ListItem>3</asp:ListItem>
    <asp:ListItem>4</asp:ListItem>
</asp:CheckBoxList>
```

CheckBoxList 控件在每一行显示两个复选框。

（2）RepeatLayout 属性

RepeatLayout 属性可以指定列表的显示方式。如果将 RepeatLayout 设置为 Table（默认设置），则复选框以表格布局方式呈现；如果将其设置为 Flow，则复选框以流式布局方式呈现。

（3）RepeatDirection 属性

RepeatDirection 属性同样可以指定列表的显示方式。默认情况下，RepeatDirection 设置为 Vertical，即复选框以垂直方式呈现，如果将其设置为 Horizontal 时，复选框以水平方式呈现。

**11. BulletedList 控件**

BulletedList 与上述选择类型控件不同的是，BulleteList 控件可呈现项目符号或编号。对 BulleteList 属性的设置为呈现项目符号，则当 BulletedList 被呈现在页面时，列表前端会显示项目符号或者特殊符号，相当于 HTML 的<ol>或<ul>标记。其在工具箱中的图标为 ⋮⋮ BulletedList，语法格式为：

```
<asp:BulletedList id="BulletedList1" BulletStyle="Disc"  runat="server" >
    <asp:ListItem>1</asp:ListItem>
    <asp:ListItem>2</asp:ListItem>
    <asp:ListItem>3</asp:ListItem>
    <asp:ListItem>4</asp:ListItem>
    <asp:ListItem>5</asp:ListItem>
    <asp:ListItem>6</asp:ListItem>
</asp:BulletedList>
```

显示效果如图 9-25 所示。

图 9-25　BulletedList 显示效果

BulletedList 可以通过设置 BulletStyle 属性来编辑列表前的符号样式，常用的 BulletStyle 项目符号或编号样式如下所示。
- Circle：项目符号设置为○。
- CustomImage：项目符号为自定义图片。
- Disc：项目符号设置为●。
- LowerAlpha：项目符号为小写字母格式，如 a、b、c 等。
- LowerRoman：项目符号为罗马数字格式，如 i、ii 等。
- NotSet：表示不设置，此时将以 Disc 样式为默认样式。
- Numbered：项目符号为 1、2、3、4 等。
- Square：项目符号为黑方块■。
- UpperAlpha：项目符号为大写字母格式，如 A、B、C 等。
- UpperRoman：项目符号为大写罗马数字格式，如Ⅰ、Ⅱ、Ⅲ等。

同样，BulletedList 控件也同 DropDownList 控件以及 ListBox 控件相同，可以添加事件。不同的是，生成的事件是 Click 事件，示例代码如下所示：

```
protected void BulletedList1_Click(object sender, BulletedListEventArgs e)
{    Label1.Text += "你选择了第" + BulletedList1.Items[e.Index].ToString() + "项";    }
```

DropDownList 和 ListBox 控件生成的事件是 SelectedIndexChanged，当其中的选择项被改变时，则触发该事件。而 BulletedList 控件生成的事件是 Click，用于在其中提供逻辑以执行特定的应用程序任务。

BulletedList 控件可以使用 FirstBulletNumber 属性指定有序列表的起始编号。如果是无序列表，即 BulletStyle 属性值为 Disc、Square、Circle 或 CustomImage，则忽略 FirstBulletNumber 属性。示例代码如下所示：

```
<asp:BulletedList id="BulletedList1" BulletStyle="LowerAlpha" DisplayMode="Text" FirstBulletNumber="3" runat="server" >
    <asp:ListItem Value="0">C#</asp:ListItem>
    <asp:ListItem Value="1">VB</asp:ListItem>
    <asp:ListItem Value="2">C++</asp:ListItem>
</asp:BulletedList>
```

显示效果如图 9-26 所示。

图 9-26  指定起始编号

通过设置 DisplayMode 属性，可以将列表项内容显示为文本、超链接或 LinkButton。当 DisplayMode 属性取值为 Text 时，列表项的内容显示为文本；当 DisplayMode 属性取值为 HyperLink 时，列表项的内容显示为超链接，此时必须使用 Value 属性指定超链接的 URL，单击列表项可导航至此 URL；当 DisplayMode 属性取值为 LinkButton 时，列表项的内容显示为 LinkButton，当用户单击 LinkButton 时，可以触发 BulletedList 控件的 Click 事件。

**12. Image 控件**

Image 控件用来在 Web 窗体中显示图像。其在工具箱中的图标为 Image，语法格式为：

```
<asp:Image id="Image1" runat="server" AlternateText="图片连接失效" ImageUrl="~images/jimi.jpg" />
```

上述代码设置了一个图片，并当图片失效的时候提示图片连接失效。

Image 控件常用的属性如下。

- AlternateText：在图像无法显示时显示的备用文本。
- ImageAlign：图像的对齐方式。
- ImageUrl：要显示图像的 URL。

当图片无法显示的时候，图片将被替换成 AlternateText 属性中的文字，ImageAlign 属性用来控制图片的对齐方式，而 ImageUrl 属性用来设置图像连接地址。同样，HTML 中也可以使用<img src=" " alt=" ">来替代 Image 控件，Image 控件具有可控性的优点，就是通过编程来控制 Image 控件。

除了显示图形以外，Image 控件的其他属性还允许为图像指定各种文本，各属性如下所示。

- ToolTip：浏览器显示在工具提示中的文本。
- GenerateEmptyAlternateText：如果将此属性设置为 true，则呈现的图片的 alt 属性将设置为空。

当双击 Image 控件时，系统并没有生成事件所需要的代码段，这说明 Image 控件不支持任何事件。

**【例 9-10】** 显示图片。

在源视图中，输入如下代码，并保存在 9-10.aspx 文件中：

```
<html >
<head runat="server">
    <title>显示图片</title>
</head>
<body>
  <form id="form1" runat="server">
  <div>
        <asp:Image id="Image1" runat="server" ImageUrl="~/images/jimi.jpg" AlternateText="我的桌面" width="200px"></asp:Image>
        <asp:Label id="Label1" runat="server" width="160px">我的桌面</asp:Label>
    </div></form></body></html>
```

按下〈Ctrl+F5〉快捷键，运行 Web 应用程序，运行结果如图 9-27 所示。

图 9-27　显示图片

**13．ImageMap 控件**

ImageMap 控件是一个可以在图片上定义热点（HotSpot）区域的服务器控件。用户可以通过单击这些热点区域进行回发（PostBack）操作或者定向（Navigate）到某个 URL 位址。该控件一般用在需要对某张图片的局部范围进行互动操作。其在工具箱中的图标为 ImageMap，语法格式为：

&lt;asp:ImageMap id="ImageMap1" runat="server" HotSpotMode="PostBack" ImageUrl="images/ImageMap.jpg" OnClick="ImageMap1_Click" Width="100" Height="80" AlternateText="ImageMap Info"&gt;热区&lt;/asp:ImageMap&gt;

ImageMap 控件主要由两个部分组成，第一部分是图像，第二部分是作用点控件的集合。其主要属性有 HotSpotMode、HotSpots，具体如下所示。

（1）HotSpotMode（热点模式）常用选项

- NotSet：未设置项。虽然名为未设置，但默认情况下会执行定向操作，定向到指定的 URL 位址去。如果未指定 URL 位址，那默认将定向到自己的 Web 应用程序根目录。
- Navigate：定向操作项。定向到指定的 URL 位址去。如果未指定 URL 位址，那默认将定向到自己的 Web 应用程序根目录。
- PostBack：回发操作项。单击热点区域后，会触发 ImageMap 控件的 Click 事件。设置该选项后，必须设置热区的 PostBackValue 属性，为热区指定名称。由于所有热区共用一个 Click 事件，因此必须通过热区的 PostBackValue 属性值来区分是哪个热区引发了 Click 事件。
- Inactive：无任何操作，即此时形同一张没有热点区域的普通图片。

（2）HotSpots（图片热点）常用属性

该属性对应着 System.Web.UI.WebControls.HotSpot 对象集合。HotSpot 类是一个抽象类，它之下有 CircleHotSpot（圆形热区）、RectangleHotSpot（方形热区）和 PolygonHotSpot（多边形热区）三个子类。实际应用中，都可以使用上面三种类型来定制图片的热点区域。如果需要使用自定义的热点区域类型时，该类型必须继承 HotSpot 抽象类。同时，ImageMap 最常用的事件有 Click，通常在 HotSpotMode 为 PostBack 时用到。当需要设置 HotSpots 属性时，可以可视化设置，如图 9-28 所示。

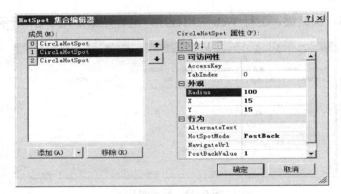

图 9-28 可视化设置 HotSpots 属性

ImageMap 控件提供三种类型热点区域。

1）圆形区域热区。圆形区域热区由 CircleHotSpot 定义，语法格式如下：

&lt;asp:CircleHotSpot HotSpotMode="Navigate" X="25" Y="100" Radius="55" NavigateUrl="http://www.microsoft.com" AlternateText="Info"&gt;&lt;/asp:CircleHotSpot&gt;

其中，Radius 属性定义圆形区域的半径；X 和 Y 属性定义圆形区域的圆心坐标。

2）矩形区域热区。矩形区域热区由 RectangleHotSpot 定义，语法格式如下：

&lt;asp:RectangleHotSpot Top="0" Left="0" Bottom="200" Right="200" PostBackValue="yes" AlternateText="Info"&gt;&lt;/asp:RectangleHotSpot &gt;

其中，Left 和 Top 属性定义矩形区域的左上角坐标；Right 和 Bottom 属性定义矩形区域的右下角坐标。

3）多边形区域热区。多边形区域热区由 PolygonHotSpot 定义，语法格式如下：

&lt;asp:PolygonHotSpot Coordinates="0,0,170,0,120,0,220,400,0,400" PostBackValue="yes" AlternateText="Info"&gt;&lt;/asp:PolygonHotSpot&gt;

其中，Coordinates 属性用于定义多边形各顶点的坐标。

利用 ImageMap 控件的 HotSpots 属性，可以获取 ImageMap 控件的所有热区。当可视化完毕后，系统会自动生成 HTML 代码，核心代码如下所示：

```
<asp:ImageMap id="ImageMap1" runat="server" HotSpotMode="PostBack" ImageUrl="~/images/jimi.jpg" onclick="ImageMap1_Click">
    <asp:CircleHotSpot Radius="15" X="15" Y="15" HotSpotMode="PostBack" PostBackValue="0" />
    <asp:CircleHotSpot Radius="50" X="15" Y="15" HotSpotMode="PostBack" PostBackValue="1" />
    <asp:CircleHotSpot Radius="70" X="15" Y="15" HotSpotMode="PostBack" PostBackValue="2" />
</asp:ImageMap>
```

上述代码还添加了一个 Click 事件，事件处理的核心代码如下所示：

```
protected void ImageMap1_Click(object sender, ImageMapEventArgs e)
{   string str="";
    switch (e.PostBackValue)                       //获取传递过来的参数
    {
        case "0": str = "你单击了 1 号位置，图片大小将变为 1 号"; break;
```

```
            case "1": str = "你单击了 2 号位置，图片大小将变为 2 号"; break;
            case "2": str = "你单击了 3 号位置，图片大小将变为 3 号"; break;
        }
        Label1.Text = str;
        ImageMap1.Height =120*(Convert.ToInt32(e.PostBackValue)+1); //更改图片的大小
    }
```

上述代码通过获取 ImageMap 中的 CricleHotSpot 控件中的 PostBackVlue 值来获取传递的参数，如图 9-29 所示。当获取到传递的参数时，可以通过参数做相应的操作，如图 9-30 所示。

图 9-29  单击图片变大

图 9-30  单击图片变小

【例 9-11】 图像地图的应用。

（1）页面设计

在源视图中，输入如下代码，并保存在 9-11.aspx 文件中：

```
<%@ Page Language= "C#"  AutoEventWireup="true" CodeFile="9-11.aspx.cs" Inherits="_Default" %>
<html>
<head runat="server">
    <title>图像地图的应用</title>
</head>
<body>
    <form id="form1" runat="server">
    <div>选择表情：<br/>
        <asp:ImageMap id="ImageMap1" HotSpotMode="Navigate" ImageUrl="~/images/map.jpg" runat="server" onclick="ImageMap1_Click">
            <asp:CircleHotSpot Radius="100" X="150" Y="400" HotSpotMode="Navigate" NavigateUrl= "love.aspx" />
            <asp:CircleHotSpot Radius="100" X="350" Y="400" HotSpotMode="Navigate" NavigateUrl= "sleep.aspx" />
            <asp:RectangleHotSpot top="300" Left="430" Bottom="500" Right="600" HotSpotMode="PostBack" PostBackValue="happy" AlternateText="Info"/>
            <asp:RectangleHotSpot top="300" Left="630" Bottom="500" Right="800" HotSpotMode="PostBack" PostBackValue="depressed" AlternateText="Info"/>
            <asp:RectangleHotSpot top="300" Left="830" Bottom="500" Right="1000" HotSpotMode="PostBack" PostBackValue="angry" AlternateText="Info"/>
        </asp:ImageMap><br/>
        <asp:Label id="lblMsg" runat="server" text="Label" ></asp:Label>
```

love.aspx 源文件代码如下：

```
<html >
<head runat="server">
    <title>love</title>
</head>
<body>
    <form id="form1" runat="server">
    <div>
        <asp:Image id="Image1" runat="server" ImageUrl="~/images/love.jpg" AlternateText=" 爱 " width= "200px"></asp:Image>
    </div></form></body></html>
```

sleep.aspx 源文件代码如下：

```
<html >
<head runat="server">
    <title>love</title>
</head>
<body>
    <form id="form1" runat="server">
    <div>
        <asp:Image id="Image1" runat="server" ImageUrl="~/images/sleep.jpg" AlternateText="睡觉" width="200px"></asp:Image>
    </div></form></body></html>
```

（2）编辑逻辑

在代码编辑器中，输入如下代码，并保存在 9-11.aspx.cs 文件中：

```
public partial class _Default : System.Web.UI.Page
{   protected void ImageMap1_Click(object sender, ImageMapEventArgs e)
    {   string str = " ";
        switch (e.PostBackValue)
        {
            case "happy":
                str = "高兴"; break;
            case "depressed":
                str = "郁闷"; break;
            case "angry":
                str = "愤怒"; break;
        }
        lblMsg.Text = "现在处于" + str + "阶段";
    }  }
```

（3）运行调试

按下〈Ctrl+F5〉快捷键，运行 Web 应用程序，运行结果如图 9-31 所示。

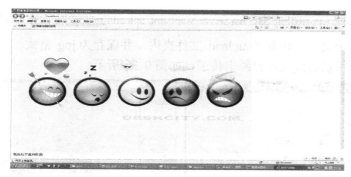

图 9-31　图像地图的应用

#### 14．FileUpload 文件上传控件

在网站开发中，如果需要加强用户与应用程序之间的交互，就需要上传文件。例如在论坛中，用户需要上传文件分享信息或在博客中上传视频分享快乐等。上传文件在 ASP 中是一个复杂的问题，可能需要通过组件才能够实现文件的上传。在 ASP.NET 中，开发环境默认提供了文件上传控件来简化文件上传的开发。当开发人员使用文件上传控件时，将会显示一个文本框，用户可以输入或通过"浏览"按键浏览和选择希望上传到服务器的文件。FileUpload 控件在工具箱中的图标为 ![]FileUpload，语法格式为：

    \<asp:FileUpload id="FileUpload1" runat="server" Style="string" /\>

使用以下属性可以获取用户上传文件的信息。
- HasFile 属性：检查是否有上传文件，若有，则返回 true。
- FileName 属性：用户上传文件名称。
- PostedFile 属性：它是一个对象属性，是 HttpPostedFile 对象，包含许多上传文件的信息。
- PostedFile.ContentLength：上传文件的大小，以字节为单位。
- PostedFile.ContentType：上传文件的类型。

FileUpload 控件可视化设置属性较少，大部分都是通过代码控制完成的。当用户选择了一个文件并提交页面后，该文件作为请求的一部分上传，文件将被完整地缓存在服务器内存中。当文件完成上传，页面才开始运行，在代码运行的过程中，可以检查文件的特征，然后保存该文件。同时，上传控件在选择文件后，并不会立即执行操作，需要其他的控件来完成操作，例如按钮控件 Button。实现文件上传的 HTML 核心代码如下所示：

```
<body>
<form id="form1" runat="server">
    <div>
        <asp:FileUpload id="FileUpload1" runat="server" />
        <asp:Button id="Button1" runat="server" Text="选择好了，开始上传" OnClick="Button1_ Click"/>
    </div></form></body>
```

上述代码通过一个 Button 控件来操作 FileUpload 控件，当用户单击按钮控件后就能够将 FileUpload 控件选中的控件上传到服务器空间中，示例代码如下所示：

    protected void Button1_Click(object sender, EventArgs e)

```
{ FileUpload1.PostedFile.SaveAs(Server.MapPath("upload/jimi.jpg"));//上传文件另存为 }
```

上述代码将一个文件上传到了 upload 文件夹内，并保存为.jpg 格式，如图 9-32 所示。打开服务器文件，可以看到文件已经上传了，如图 9-33 所示。

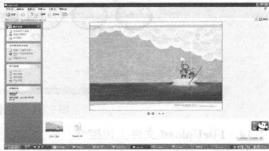

图 9-32　上传文件　　　　　　　　　　图 9-33　文件已经被上传

通常情况下，用户上传的并不全部都是.jpg 文件，也有可能是.doc 等其他格式的文件，在这段代码中，并没有对其他格式进行处理而全部保存为了.jpg 格式。同时，也没有对上传的文件进行过滤，存在着极大的安全风险，开发人员可以将相应的文件上传的.cs 更改，以便限制用户上传的文件类型，示例代码如下所示：

```
protected void Button1_Click(object sender, EventArgs e)
{   if (FileUpload1.HasFile)                //如果存在文件
    {
        string fileExtension = System.IO.Path.GetExtension(FileUpload1.FileName);
        //获取文件扩展名
        if (fileExtension != ".jpg")              //如果扩展名不等于.jpg 时
        {   Label1.Text = "文件上传类型不正确，请上传.jpg 格式";  //提示用户重新上传 }
        else
        {   FileUpload1.PostedFile.SaveAs(Server.MapPath("upload/love.jpg"));//文件保存
            Label1.Text = "文件上传成功";       //提示用户成功
        } } }
```

上述代码中决定了用户只能上传.jpg 格式文件，如果用户上传的文件不是.jpg 格式，那么用户将被提示上传的文件类型有误并停止用户的文件上传，如图 9-34 所示。如果上传文件的类型为.jpg 格式，用户就能够上传文件到服务器的相应目录中，运行上传控件进行文件上传，运行结果如图 9-35 所示。

图 9-34　文件类型错误　　　　　　　　　图 9-35　文件类型正确

> 在.NET 中，默认上传文件最大为 4MB 左右，不能上传超过该限制的任何内容。当然，开发人员可以通过配置.NET 相应的配置文件来更改此限制，但是推荐不要更改此限制，否则可能造成潜在的安全威胁。

如果需要更改默认上传文件大小的值，通常可以直接修改存放在 C:\WINDOWS\Microsoft.NET\FrameWork\V2.0.50727\CONFIG 的 ASP.NET 2.0 配置文件，通过修改文件中的 maxRequestLength 标签的值，或者可以通过 web.config 来覆盖配置文件。

**【例 9-12】** 上传文件。

（1）页面设计

在源视图中，输入如下代码，并保存在 9-12.aspx 文件中：

```
<%@ Page Language="C#" AutoEventWireup="true" CodeFile="9-12.aspx.cs" Inherits="_Default" %>
<html>
<head runat="server">
    <title>上传文件</title>
</head><body>
    <form id="form1" runat="server">
    <div style="padding:10px; margin:10px; border:1px solid #000000; width:406px; ">
        <div style="background-color:#EBEBEB;">
            <asp:Label id="lblMsg" runat="server" BackColor="#EBEBEB" />
        </div>
        <hr/><br/>上传文件路径：
        <asp:FileUpload id="FileUpload1" runat="server"/>
        <br/><br/><hr/>
        <div style="padding:10px; ">
            <asp:Button id="btnUpload" runat="server" Text="上传" onclick="btnUpload_Click"/>
        </div></div></form></body></html>
```

（2）编辑逻辑

在代码编辑器中，输入如下代码，并保存在 9-12.aspx.cs 文件中：

```
public partial class _Default : System.Web.UI.Page
{   protected void btnUpload_Click(object sender, EventArgs e)
    {   if (FileUpload1.HasFile)        //首先判断是否有上传文件
        {   try
            {   //获取保存上传文件的文件夹路径
                String path = Request.MapPath("~/uploads/");
                lblMsg.Text = "上传文件名：" + FileUpload1.FileName + "<br>" + "上传文件类型：" +
                FileUpload1.PostedFile.ContentType + "<br>" + "上传文件大小：" +
                FileUpload1.PostedFile.ContentLength.ToString() + "字节";
            }
            catch (Exception ex)        //异常处理
            {   lblMsg.Text = ex.Message;   }
        }   }   }
```

（3）运行调试

按下〈Ctrl+F5〉快捷键，运行 Web 应用程序，运行结果如图 9-36 所示。

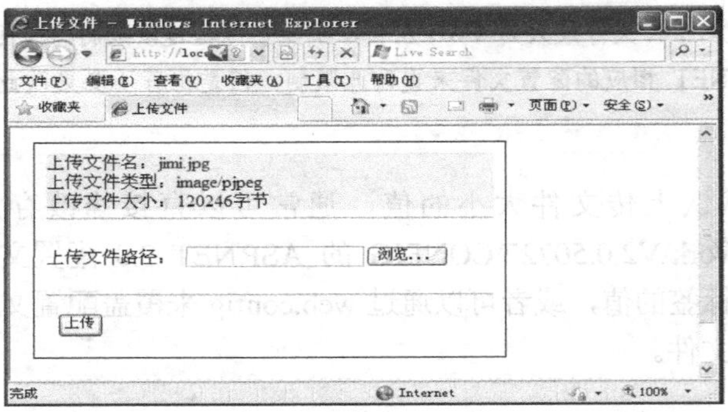

图 9-36 上传文件

> 若想保存上传文件，ASP.NET Web 应用程序必须对保存上传文件的文件夹具有写入权限。

### 15. Panel 容器控件

Panel 控件就好像是一些控件的容器，可以将一些控件包含在 Panel 控件内，然后对 Panel 控件进行操作来设置在 Panel 控件内的所有控件是显示还是隐藏，从而达到设计者的特殊目的。Panel 控件在工具箱中的图标为 Panel，语法格式为：

```
<asp:Panel id="Panel1" runat="server"></asp:Panel>
```

Panel 控件可以作为其他控件的母控件，但是它的常用功能在于同时控制多个子控件的可见性和可用性，而不需要烦琐地把每个控件的 Visible 属性或 Enabled 属性设为 false。

Panel 控件的常用功能就是显示或隐藏一组控件，HTML 代码如下所示：

```
<form id="form1" runat="server">
    <asp:Button id="Button1" runat="server" Text="Show" onclick="Button1_Click" />
    <asp:Panel id="Panel1" runat="server" Visible="False">
        <asp:Label id="Label1" runat="server" Text="Name:" style="font-size: xx-large"></asp:Label>
        <asp:TextBox id="TextBox1" runat="server"></asp:TextBox>
        <br />
        This is a Panel!
    </asp:Panel>
</form>
```

上述代码创建了一个 Panel 控件，Panel 控件默认属性为隐藏，并在控件外创建了一个 Button 控件 Button1，当用户单击外部的按钮控件后将显示 Panel 控件，.cs 代码如下所示：

```
protected void Button1_Click(object sender, EventArgs e)
{   Panel1.Visible = true;                    //Panel 控件显示可见    }
```

当页面初次被载入时，Panel 控件以及 Panel 控件内部的服务器控件都为隐藏，如图 9-37 所示。当用户单击 Button1 时，则 Panel 控件可见性为可见，页面中 Panel 控件以及 Panel 控件中的所有服务器控件也都为可见，如图 9-38 所示。

图 9-37 Panel 控件被隐藏

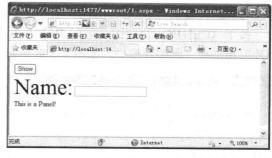

图 9-38 Panel 控件被显示

将 TextBox 控件和 Button 控件放到 Panel 控件中，可以为 Panel 控件的 DefaultButton 属性设置为面板中某个按钮的 id 来定义一个默认的按钮。当用户在面板中输入完毕，可以直接按〈Enter〉键来传送表单。并且，当设置了 Panel 控件的高度和宽度时，当 Panel 控件中的内容高度或宽度超过时，还能够自动出现滚动条。

**【例 9-13】** 隐藏显示图片。

（1）页面设计

在源视图中，输入如下代码，并保存在 9-13.aspx 文件中：

```
<%@ Page Language= "C#"   AutoEventWireup="true" CodeFile="9-13.aspx.cs" Inherits="_Default" %>
<html>
<head runat="server">
    <title>隐藏显示图片</title>
</head>
<body>
    <form id="form1" runat="server">
    <div>
        <asp:Panel id="Panel1" runat="server" HorizontalAlign="Left">
            <asp:Image runat="server" ImageUrl="~/images/jimi.jpg" width="165px" />
        </asp:Panel><br/>
        <asp:LinkButton id="Button1" runat="server" text="隐藏图片" onclick="Button1_Click" />
    </div></form></body></html>
```

（2）编辑逻辑

在代码编辑器中，输入如下代码，并保存在 9-13.aspx.cs 文件中：

```
public partial class _Default : System.Web.UI.Page
{   protected void Button1_Click(object sender, EventArgs e)
    {   if (Panel1.Visible = true)
        {   Panel1.Visible = false;
            Button1.Text = "显示图片";
        }
        else
        {   Panel1.Visible = true;
            Button1.Text = "隐藏图片";
        } } }
```

### (3) 运行调试

按下〈Ctrl+F5〉快捷键，运行 Web 应用程序，运行结果如图 9-39a 所示。单击"隐藏图片"超链接，则图片消失，如图 9-39b 所示。

a)

b)

图 9-39 隐藏显示图片

a) 显示图片　b) 隐藏图片

### 9.3.2 验证控件

ASP.NET 提供了强大的验证控件，它可以验证服务器控件中用户的输入，并在验证失败的情况下显示一条自定义错误消息。验证控件直接在客户端执行，用户提交后执行相应的验证无需使用服务器端进行验证操作，从而减少了服务器与客户端之间的往返过程。

#### 1. 表单验证控件（RequiredFieldValidator）

在实际的应用中，如在用户填写表单时，有一些项目是必填项，例如用户名和密码。在传统的 ASP 中，当用户填写表单后，页面需要被发送到服务器并判断表单中的某项 HTML 控件的值是否为空，如果为空，则返回错误信息。在 ASP.NET 中，系统提供了 RequiredFieldValidator 验证控件进行验证，语法格式为：

```
<asp:RequiredFieldValidator id="RequiredFieldValidator1" ControlToValidate="TextBox1" Display="Static" ErrorMessage="*" Text="出错信息" InitialValue="请选择" ForeColor="前景色" Width="100%" runat="server"/>
```

使用 RequiredFieldValidator 控件能够指定某个用户在特定的控件中必须提供相应的信息，如果不填写相应的信息，RequiredFieldValidator 控件就会提示错误信息，RequiredFieldValidator 控件示例代码如下所示：

```
<body>
    <form id="form1" runat="server">
    <div>
        姓名:<asp:TextBox ID="TextBox1" runat="server"></asp:TextBox>
            <asp:RequiredFieldValidator ID="RequiredFieldValidator1" runat="server"
ControlToValidate="TextBox1" ErrorMessage="必填字段不能为空"></asp:RequiredFieldValidator>
        <br />
        密码:<asp:TextBox ID="TextBox2" runat="server"></asp:TextBox><br />
```

```
            <asp:Button ID="Button1" runat="server" Text="Button" /><br />
        </div></form></body>
```

在进行验证时，RequiredFieldValidator 控件必须绑定一个服务器控件，在上述代码中，验证控件 RequiredFieldValidator 的服务器控件绑定为 TextBox1，当 TextBox1 中的值为空时，则会提示自定义错误信息"必填字段不能为空"，如图 9-40 所示。

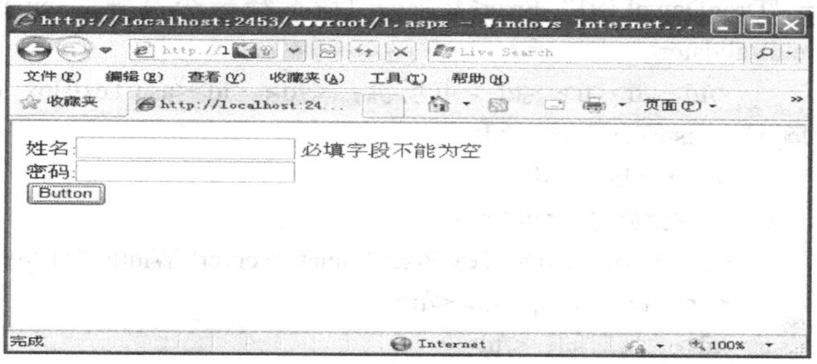

图 9-40 RequiredFieldValidator 验证控件

当姓名选项未填写时，会提示必填字段不能为空，并且该验证在客户端执行。当发生此错误时，用户会立即看到该错误提示而不会立即进行页面提交，当用户填写完成并再次单击按钮控件时，页面才会向服务器提交。

**【例 9-14】** 添加商品。

（1）页面设计

在源视图中，输入如下代码，并保存在 9-14.aspx 文件中：

```
<html>
<head runat="server">
    <title>添加商品</title>
    <style type="text/css">
        .style1
        {   width: 100%;
            border-style: solid;
            border-width: 1px;
            background-color: #6B8FC8;       }
        .style2
        {   text-align: center;       }
    </style></head>
<body><form id="form1" runat="server">
    <div class="style1">
        <table class="style1" >
            <tr><td class="style2" colspan="3" ><b>添加商品</b></td </tr>
            <tr><td >商品名称：</td> <td >
                <asp:TextBox ID="TextBox1" runat="server"></asp:TextBox></td>
                <td>   <asp:RequiredFieldValidator  ID="RequiredFieldValidator1"  runat="server"
ControlToValidate="TextBox1" ErrorMessage="请填写商品名称"></asp:RequiredFieldValidator></td></tr>
            <tr><td >品牌：</td>
                <td ><asp:DropDownList ID="DropDownList1" runat="server">
```

```
                    <asp:ListItem>请选择品牌</asp:ListItem>
                    <asp:ListItem>索尼</asp:ListItem>
                    <asp:ListItem>松下</asp:ListItem>
                    <asp:ListItem>尼康</asp:ListItem>
                </asp:DropDownList></td>
                <td><asp:RequiredFieldValidator ID="RequiredFieldValidator2" runat="server" ControlToValidate= "DropDownList1" ErrorMessage="请选择一个品牌" InitialValue="请选择品牌"></asp:RequiredFieldValidator>
                </td></tr><tr> <td >市场价：</td> <td><asp:TextBox ID="TextBox5" runat="server" Width= "113px"></asp:TextBox></td>
                <td > </td></tr>
            <tr><td >会员价：</td><td >
                <asp:TextBox ID="TextBox6" runat="server" Width="112px"></asp:TextBox>
                </td><td > </td></tr>
            <tr><td >上架时间：</td>
                <td ><asp:TextBox ID="TextBox4" runat="server"></asp:TextBox></td>
                <td > </td></tr>
            <tr><td align="center" colspan="3">
                    <asp:Button ID="Button1" runat="server" Text="添加" /> 
                    <asp:Button ID="Button2" runat="server" Text="重置" />
                </td></tr>
        </table>
    </div></form></body></html>
```

（2）运行调试

按下〈Ctrl+F5〉快捷键，运行 Web 应用程序，运行结果如图 9-41 所示。

图 9-41 添加商品

上述例子中，使用两个表单验证控件分别验证"商品名称"文本框和"品牌"下拉列表框，当商品名称选项和品牌选项未填写时，会提示错误信息，并且该验证在客户端执行。

**2．比较验证控件（CompareValidator）**

比较验证控件对照特定的数据类型来验证用户的输入。因为当用户输入用户信息时，难免会输入错误信息，如当需要了解用户的生日时，用户很可能输入了其他的字符串。CompareValidator 比较验证控件能够比较控件中的值是否符合开发人员的需要，语法格式为：

    <asp:CompareValidator id=" CompareValidator1" ControlToValidate="TextBox1" ValueToCompare="

常数值" ControlToCompare=" TextBox2" Type="数据类型" Operator="比较运算符" ErrorMessage="出错信息" Text="出错信息" runat="server"/>

CompareValidator 控件的特有属性如下。
- ControlToCompare：以字符串形式输入的表达式，要与另一个控件的值进行比较。
- Operator：要使用的比较。
- Type：要比较两个值的数据类型。
- ValueToCompare：以字符串形式输入的表达式。

当使用 CompareValidator 控件时，可以方便地判断用户是否正确输入，示例代码如下所示：

```
<body>
    <form id="form1" runat="server">
    <div>
        请输入生日：
        <asp:TextBox ID="TextBox1" runat="server"></asp:TextBox>
        <br />
        毕业日期：
        <asp:TextBox ID="TextBox2" runat="server"></asp:TextBox>
        <asp:CompareValidator ID="CompareValidator1" runat="server"
            ControlToCompare="TextBox2" ControlToValidate="TextBox1"
            CultureInvariantValues="True" ErrorMessage="输入格式错误！请改正！"
            Operator="GreaterThan"
            Type="Date">
        </asp:CompareValidator>
        <br />
        <asp:Button ID="Button1" runat="server" Text="Button" />
        <br />
    </div></form></body>
```

上述代码判断 TextBox1 输入的格式是否正确，当输入的格式错误时，会提示错误，如图 9-42 所示。

CompareValidator 验证控件不仅能够验证输入的格式是否正确，还可以验证两个控件之间的值是否相等。如果两个控件之间的值不相等，CompareValidator 验证控件同样会将自定义错误信息呈现在用户的客户端浏览器中。

图 9-42　CompareValidator 验证控件

【例9-15】市场价与会员价。

(1) 页面设计

在源视图中，输入如下代码，并保存在9-15.aspx文件中：

```html
<html>
<head runat="server">
    <title>市场价与会员价</title>
    <style type="text/css">
        .style1
        {   width: 100%;
            border-style: solid;
            border-width: 1px;
            background-color: #6B8FC8;    }
        .style2
        {   text-align: center;    }
    </style></head>
<body><form id="form1" runat="server">
    <div><table class="style1" >
        <tr><td class="style2" colspan="3" ><b>添加商品</b></td></tr>
        <tr><td >商品名称：</td><td>
            <asp:TextBox ID="TextBox1" runat="server"></asp:TextBox></td>
            <td ><asp:RequiredFieldValidator ID="RequiredFieldValidator1" runat="server" ControlToValidate="TextBox1" ErrorMessage="请填写商品名称"></asp:RequiredFieldValidator>
            </td></tr><tr>
            <td >品牌：</td>
            <td ><asp:DropDownList ID="DropDownList1" runat="server">
                <asp:ListItem>请选择品牌</asp:ListItem>
                <asp:ListItem>索尼</asp:ListItem>
                <asp:ListItem>松下</asp:ListItem>
                <asp:ListItem>尼康</asp:ListItem>
            </asp:DropDownList> </td>
            <td><asp:RequiredFieldValidator  ID="RequiredFieldValidator2"  runat="server" ControlToValidate="DropDownList1"  ErrorMessage=" 请 选 择 一 个 品 牌 "  InitialValue=" 请 选 择 品 牌 "></asp:RequiredFieldValidator>
            </td></tr><tr><td >市场价：</td> <td><asp:TextBox ID="TextBox2" runat="server" Width="113px"></asp:TextBox></td> <td > </td> </tr><tr><td >会员价：</td><td><asp:TextBox ID="TextBox3" runat="server" Width="112px"></asp:TextBox></td>
            <td><asp:CompareValidator  ID="CompareValidator1"  runat="server" ControlToCompare="TextBox2" ControlToValidate="TextBox3" ErrorMessage="会员价不能大于市场价" Operator="LessThanEqual" Type="Double"></asp:CompareValidator>
            </td></tr> <tr><td >上架时间：</td>
            <td><asp:TextBox ID="TextBox4" runat="server"></asp:TextBox></td>
            <td><asp:CompareValidator  ID="CompareValidator2"runat="server"  ControlToValidate="TextBox4"  ErrorMessage=" 时 间 格 式 &quot;yyyy-mm-dd&quot;"  Operator="DataTypeCheck"  Type="Date"></asp:CompareValidator>
            </td></tr><tr><td align="center" colspan="3">
```

```
                <asp:Button ID="Button1" runat="server" Text="添加" /> 
                <asp:Button ID="Button2" runat="server" Text="重置" />
            </td></tr>
    </table></div></form></body></html>
```

（2）运行调试

按下〈Ctrl+F5〉快捷键，运行 Web 应用程序，运行结果如图 9-43 所示。

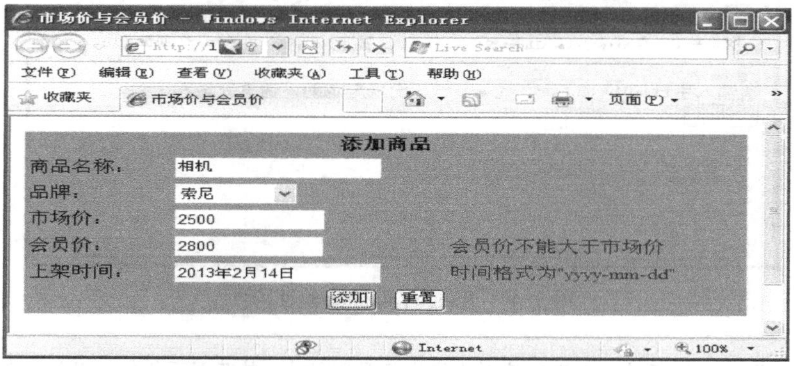

图 9-43　市场价与会员价

在上述例子中，验证输入的会员价不能大于市场价。

### 3．范围验证控件（RangeValidator）

范围验证控件（RangeValidator）可以检查用户的输入是否在指定的上限与下限之间。通常情况下用于检查数字、日期、货币等，语法格式为：

```
<asp:RangeValidator id="RangeValidator1" Type="数据类型" ControlToValidate="TextBox1" MinimumValue="验证范围的下限" MaximumValue="验证范围的上限" ErrorMessage="出错信息" Text="出错信息" runat="server"></asp:RangeValidator>
```

范围验证控件（RangeValidator）控件的常用属性如下。

- MinimumValue：指定有效范围的最小值。
- MaximumValue：指定有效范围的最大值。
- Type：指定要比较的值的数据类型。

通常情况下，为了控制用户的输入范围，可以使用该控件。当输入用户的生日时，今年是 2013 年，那么用户就不应该输入 2012 年的日期，同样基本上没有人的寿命会超过 100，所以对输入日期的下限也需要进行规定，示例代码如下所示：

```
<body>
    <form id="form1" runat="server">
    <div>
        请输入生日:<asp:TextBox ID="TextBox1" runat="server"></asp:TextBox>
            <asp:RangeValidator ID="RangeValidator1" runat="server"
            ControlToValidate="TextBox1" ErrorMessage="超出规定范围，请重新填写"
            MaximumValue="2009/1/1" MinimumValue="1990/1/1" Type="Date">
            </asp:RangeValidator>
            <br />
```

```
        <asp:Button ID="Button1" runat="server" Text="Button" />
</div></form></body>
```

上述代码将 MinimumValue 属性值设置为 1990/1/1，并将 MaximumValue 属性值设置为 2009/1/1，当用户的日期低于最小值或高于最大值时，则提示错误，如图 9-44 所示。

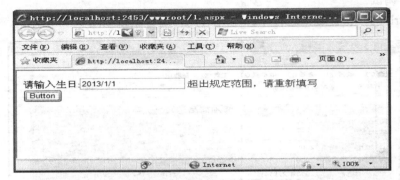

图 9-44  RangeValidator 验证控件

> RangeValidator 验证控件在进行控件的值的范围设定时，其范围不仅仅可以是一个整数值，还能够是时间、日期等值。

【例 9-16】 时间限定。

（1）页面设计

在源视图中，输入如下代码，并保存在 9-16.aspx 文件中：

```
<html>
<head runat="server">
    <title>时间限定</title>
    <style type="text/css">
        .style1
        {    width: 100%;
             border-style: solid;
             border-width: 1px;
             background-color: #6B8FC8;   }
        .style2
        {    text-align: center;     }
    </style></head>
<body><form id="form1" runat="server">
    <div><table class="style1" >
            <tr><td class="style2" colspan="3" ><b>添加商品</b></td></tr>
            <tr><td >商品名称：</td><td >
                <asp:TextBox ID="TextBox1" runat="server"></asp:TextBox></td>
                <td ><asp:RequiredFieldValidator ID="RequiredFieldValidator1" runat="server" ControlToValidate="TextBox1" ErrorMessage="请填写商品名称"></asp:RequiredFieldValidator>
            </td></tr><tr><td >品牌：</td>
                <td ><asp:DropDownList ID="DropDownList1" runat="server">
                    <asp:ListItem>请选择品牌</asp:ListItem>
```

```
                    <asp:ListItem>索尼</asp:ListItem>
                    <asp:ListItem>松下</asp:ListItem>
                    <asp:ListItem>尼康</asp:ListItem>
                </asp:DropDownList> </td>
                <td><asp:RequiredFieldValidator ID="RequiredFieldValidator2" runat="server" ControlToValidate="DropDownList1" ErrorMessage="请选择一个品牌" InitialValue="请选择品牌"></asp:RequiredFieldValidator>
                </td></tr><tr><td>市场价：</td>
                <td><asp:TextBox ID="TextBox2" runat="server" Width="113px"></asp:TextBox></td>
                <td > </td> </tr><tr><td>会员价：</td>
                <td><asp:TextBox ID="TextBox3" runat="server" Width="112px"></asp:TextBox></td>
                <td><asp:CompareValidator ID="CompareValidator1" runat="server" ControlToCompare="TextBox2" ControlToValidate="TextBox3" ErrorMessage="会员价不能大于市场价" Operator="LessThanEqual" Type="Double"></asp:CompareValidator>
                </td></tr> <tr><td >上架时间：</td>
                <td><asp:TextBox ID="TextBox4" runat="server"></asp:TextBox></td>
                <td><asp:RangeValidator ID="RangeValidator1" runat="server" ControlToValidate="TextBox4" ErrorMessage="超出规定范围，请重新填写" MaximumValue="2013/3/1" MinimumValue="2012/1/1" Type="Date"></asp:RangeValidator>
                </td></tr><tr><td align="center" colspan="3">
                    <asp:Button ID="Button1" runat="server" Text="添加" /> 
                    <asp:Button ID="Button2" runat="server" Text="重置" />
                </td></tr>
            </table>
        </div></form></body></html>
```

（2）运行调试

按下〈Ctrl+F5〉快捷键，运行 Web 应用程序，运行结果如图 9-45 所示。

图 9-45 时间限定

上述代码将 MinimumValue 属性值设置为 2012/1/1，并将 MaximumValue 属性值设置为 2013/3/1，当用户的日期低于最小值或高于最大值时，则提示错误信息。

**4．正则验证控件（RegularExpressionValidator）**

在上述控件中，虽然能够实现一些验证，但是验证的能力有限，例如在验证的过程中，只能验证是否为数字，是否为日期，是否为一定范围内的数值，虽然这些控件提供了一些验证功能，但却限制了开发人员进行自定义验证和错误信息的开发。为实现一个验证，很可能需要多个控件同时搭配使用。

正则验证控件就解决了这个问题，正则验证控件的功能非常强大，它用于确定输入控件的值是否与某个正则表达式所定义的模式相匹配，如电子邮件、电话号码以及序列号等，语法格式为：

&lt;asp:RegularExpressionValidator id=" RegularExpressionValidator1" ControlToValidate=" TextBox1" ValidationExpression="正则表达式" ErrorMessage="出错信息" Text="出错信息" runat="server"&gt;&lt;/asp:RegularExpressionValidator&gt;

正则验证控件常用的属性是 ValidationExpression，它用来指定用于验证的输入控件的正则表达式。客户端的正则表达式验证语法和服务器端的正则表达式验证语法不同，因为在客户端使用的是 JSript 正则表达式语法，而在服务器端使用的是 Regex 类提供的正则表达式语法。使用正则表达式能够实现强大字符串的匹配并验证用户输入的格式是否正确，系统提供了一些常用的正则表达式，开发人员能够选择相应的选项进行规则筛选，如图 9-46 所示。

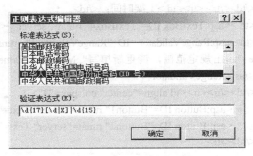

图 9-46 系统提供的正则表达式

RegularExpressionValidator 控件使用正则表达式来确定用户输入是否符合指定模式。一个正则表达式就是由普通字符（如字符 a 到 z）以及特殊字符（称为元字符）组成的文字模式。该模式描述在查找文字主体时待匹配的一个或多个字符串。正则表达式作为一个模板，将某个字符模式与所搜索的字符串进行匹配。例如，正则表达式/&lt;(.*)&gt;.*&lt;\\1&gt;/就是匹配一个 HTML 标记。正则表达式的书写和理解稍微有些复杂，但是使用 RegularExpressionValidator 控件，并不需要十分熟悉正则表达式。

当选择了正则表达式后，系统自动生成的 HTML 代码如下所示：

```
<body>
    <form id="form1" runat="server">
    <div>请输入身份证号码:<asp:TextBox ID="TextBox1" runat="server"></asp:TextBox>
        <asp:RegularExpressionValidator ID="RegularExpressionValidator1" runat="server"
        ControlToValidate="TextBox1" ErrorMessage="正则不匹配,请重新输入!"
        ValidationExpression="\d{17}[\d|X]|\d{15}">
        </asp:RegularExpressionValidator>
        <br />
        <asp:Button ID="Button1" runat="server" Text="Button" />
    </div></form></body>
```

运行后当用户单击按钮控件时，如果输入的信息与相应的正则表达式不匹配，则会提示错误信息，如图 9-47 所示。

图 9-47　RegularExpressionValidator 验证控件

同样，开发人员也可以自定义正则表达式来规范用户的输入。使用正则表达式能够加快验证速度并在字符串中快速匹配，而另一方面，使用正则表达式能够减少复杂应用程序的功能开发和实现。

> 在用户输入为空时，其他的验证控件都会验证通过。所以，在验证控件的使用中，通常需要同表单验证控件（RequiredFieldValidator）一起使用。

**【例 9-17】** 网站安全过滤设置。

（1）页面设计

在源视图中，输入如下代码，并保存在 9-17.aspx 文件中：

```
<html>
<head runat="server">
    <title>网站安全过滤设置</title>
</head>
<body><form id="form1" runat="server">
    <div><table >
            <tr><td bgcolor="#669999" align="center" colspan="3" >
            <b>网站安全过滤设置</b></td></tr>
            <tr><td >用户名可用字符：</td>
            <td><asp:TextBox ID="TextBox1" runat="server" Width="110px"></asp:TextBox>
            </td><td >
            <asp:RegularExpressionValidator ID="RegularExpressionValidator1" runat="server"
ControlToValidate="TextBox1" ErrorMessage="以字母或下划线开头，后跟 6 个字符"
ValidationExpression="[a-zA-Z_]\w{6}"></asp:RegularExpressionValidator>
            </td></tr><tr><td >密码可用字符：</td>
            <td ><asp:TextBox ID="TextBox2" runat="server" Width="113px"></asp:TextBox>
            </td><td><asp:RegularExpressionValidator  ID="RegularExpressionValidator2"  runat="server"    ControlToValidate="TextBox2" ErrorMessage="密码为不少于 6 个数字"
            ValidationExpression="\d{6,}"></asp:RegularExpressionValidator>
```

```
                    </td></tr><tr><td >不健康字符: </td><td >
                        <asp:TextBox ID="TextBox3" runat="server" Width="113px"></asp:TextBox>
</td><td> </td>
                    </tr><tr><td align="center" colspan="3">
                        <asp:Button ID="Button1" runat="server" Text="确定" /> 
                        <asp:Button ID="Button2" runat="server" Text="重置" />
                    </td></tr>
            </table>
        </div></form></body></html>
```

(2) 运行调试

按下〈Ctrl+F5〉快捷键,运行 Web 应用程序,运行结果如图 9-48 所示。

图 9-48 网站安全过滤设置

### 5. 自定义逻辑验证控件(CustomValidator)

自定义逻辑验证控件允许使用自定义的验证逻辑创建验证控件,语法格式为:

```
<asp:CustomValidator id="CustomValidator1" Text="出错信息" ErrorMessage="出错信息" ControlToValidate="TextBox1" OnServerValidate="服务端验证事件" ClientValidationFunction="客户端验证函数" Display="Static|None|Dynamic" runat="server"/>
```

自定义逻辑验证控件的 HTML 页面示例代码如下所示:

```
<%@ Page Language="C#" AutoEventWireup="true" CodeFile="1.aspx.cs" Inherits="_Default" %>
<html>
<body>
    <form id="form1" runat="server">
<div>
        请输入浮点型:<asp:TextBox ID="TextBox1" runat="server"></asp:TextBox>
        <asp:CustomValidator id="CustomValidator1" runat="server" ErrorMessage="输入格式错误,请重新输入! "        ControlToValidate="TextBox1"
        OnServerValidate="CustomValidator1_ServerValidate" /> <br />
        <asp:Button ID="Button1" runat="server" Text="提交" onclick="Button1_Click"/> <br />
        <asp:Label id="Label1" runat="server" />
</div></form></body></html>
```

上述代码声明了一个自定义逻辑验证控件和一个按钮控件,验证控件判断用户输入的是否包含"."号,当用户单击按钮控件时,就需要实现标签控件的文本改变。为了实现相应的效果,可以通过编写.cs 文件代码进行逻辑处理,示例代码如下所示:

```
protected void CustomValidator1_ServerValidate(object source, ServerValidateEventArgs args)
```

```
        { args.IsValid = args.Value.ToString().Contains(".");   //设置验证程序,并返回布尔值 }
    protected void Button1_Click(object sender, EventArgs e)    //用户自定义验证
    {
        if (Page.IsValid)                                        //判断是否验证通过
        { Label1.Text = "验证通过";                              //输出验证通过 }
        else { Label1.Text = "输入格式错误"; /                   /提交失败信息 }
    }
```

上述代码不仅使用了验证控件自身的验证,也使用了用户自定义验证,运行结果如图 9-49 所示。

图 9-49  CustomValidator 验证控件

从 CustomValidator 验证控件的验证代码可以看出,CustomValidator 验证控件可以在服务器上执行验证检查。如果要创建服务器端的验证函数,则处理 CustomValidator 控件的 ServerValidate 事件,使用传入的 ServerValidateEventArgs 对象的 IsValid 字段来设置是否通过验证。

CustomValidator 控件同样也可以在客户端实现,该验证函数可用 VBScript 或 Jscript 来实现,需要在 CustomValidator 控件中使用 ClientValidationFunction 属性指定与 CustomValidator 控件相关的客户端验证脚本的函数名称进行控件中值的验证。

【例 9-18】 客户端闰年检测。

(1) 页面设计

在源视图中,输入如下代码,并保存在 9-18.aspx 文件中:

```
<%@ Page Language= "C#"  AutoEventWireup="true" %>
<html>
<head runat="server">
    <title>客户端闰年检测</title>
    <style type="text/css">
        .style1
        {   text-align: center;
            width: 479px;
            color: #FFFFFF;
            font-weight: bold;   }</style>
    <script type="text/javascript">
    function Validate(sender,args)
```

```
            {
                var year;
                year=args.Value;
                if(year % 4 == 0 && year % 100 !=0 || year % 400 == 0 )
                    args.IsValid=true;
                else    args.IsValid=false;
            }
        </script>
    </head>
    <body>
        <form id="form1" runat="server">
        <div class="style1" style="background-color: #808080">闰年检测</div>
        <div style="width: 478px"><br />
            年份： <asp:TextBox ID="TextBox1" runat="server"></asp:TextBox>
            <asp:CustomValidator ID="CustomValidator1" runat="server"
              ClientValidationFunction="Validate" ControlToValidate="TextBox1"
              ErrorMessage="请输入闰年"></asp:CustomValidator>
        </div></form></body></html>
```

（2）运行调试

按下〈Ctrl+F5〉快捷键，运行 Web 应用程序，运行结果如图 9-50 所示。

图 9-50　客户端闰年检测

上述代码中，使用 Validate 函数验证所给年份是否为闰年。

### 6．验证组控件（ValidationSummary）

验证组控件能够对同一页面的多个控件进行验证。同时，验证组控件通过 ErrorMessage 属性为页面上的每个验证控件显示错误信息，语法格式为：

```
<asp:ValidationSummary id=" ValidationSummary1" DisplayMode="显示模式" EnableClientScript="是否开启客户端验证" ShowSummary="控件是否显示" ShowMessageBox="是否显示对话框" HeaderText="标题" runat="server"/>
```

验证组控件的常用属性如下。
- DisplayMode：摘要可显示为列表、项目符号列表或单个段落。
- HeaderText：标题部分指定一个自定义标题。
- ShowMessageBox：是否在消息框中显示摘要。
- ShowSummary：控制是显示还是隐藏 ValidationSummary 控件。

验证控件能够显示页面多个控件产生的错误,示例代码如下所示:

```
<body>
    <form id="form1" runat="server">
    <div>
        姓名:
        <asp:TextBox ID="TextBox1" runat="server"></asp:TextBox>
        <asp:RequiredFieldValidator ID="RequiredFieldValidator1" runat="server"
            ControlToValidate="TextBox1" ErrorMessage="姓名为必填项">
        </asp:RequiredFieldValidator><br />身份证:
        <asp:TextBox ID="TextBox2" runat="server"></asp:TextBox>
        <asp:RegularExpressionValidator ID="RegularExpressionValidator1" runat="server"
            ControlToValidate="TextBox1" ErrorMessage="身份证号码错误"
            ValidationExpression="\d{17}[\d|X]|\d{15}"></asp:RegularExpressionValidator>
        <br /><asp:Button ID="Button1" runat="server" Text="Button" />
        <asp:ValidationSummary ID="ValidationSummary1" runat="server" />
</div></form></body>
```

运行结果如图 9-51 所示。

图 9-51　ValidationSummary 验证控件

当有多个错误发生时,ValidationSummary 控件能够捕获多个验证错误并呈现给用户,这样就避免了一个表单有多个验证时需要使用多个验证控件进行绑定,使用 ValidationSummary 控件就无需为每个需要验证的控件进行绑定。

【例 9-19】 错误汇总。

(1)页面设计

在源视图中,输入如下代码,并保存在 9-19.aspx 文件中:

```
<html>
<head runat="server">
    <title>错误汇总</title>
    <style type="text/css">
        .style1
        {    width: 100%;
            border-style: solid;
            border-width: 1px;
            background-color: #6B8FC8;    }
```

```
                .style2
                    {  text-align: center;} </style>
        </head>
        <body>
            <form id="form1" runat="server">
            <div><table class="style1" >
                    <tr><td class="style2" colspan="3" ><b>添加商品</b></td></tr>
                    <tr><td >商品名称：</td>
                    <td ><asp:TextBox ID="TextBox1" runat="server"></asp:TextBox>
                        <asp:RequiredFieldValidator ID="RequiredFieldValidator1" runat="server" ControlToValidate=
"TextBox1" ErrorMessage="请填写商品名称" Display="None"></asp:RequiredFieldValidator></td>
                    <td rowspan="5"><asp:ValidationSummary ID="ValidationSummary1" runat="server"
HeaderText="&lt;div style='text-align: center;'&gt;&lt;img src='images/tip.bmp'&gt;温馨提示&lt;HR&gt;
&lt;/div&gt;" BorderColor="White" BorderStyle="Dotted" /></td></tr>
                    <tr><td >品牌：</td>
                        <td ><asp:DropDownList ID="DropDownList1" runat="server">
                            <asp:ListItem>请选择品牌</asp:ListItem>
                            <asp:ListItem>索尼</asp:ListItem>
                            <asp:ListItem>松下</asp:ListItem>
                            <asp:ListItem>尼康</asp:ListItem>
                        </asp:DropDownList>
                        <asp:RequiredFieldValidator ID="RequiredFieldValidator2" runat="server"
ControlToValidate="DropDownList1" ErrorMessage=" 请选择一个品牌 " InitialValue="请选择品牌"
Display="None"></asp:RequiredFieldValidator></td></tr>
                    <tr><td>市场价：</td>
                    <td><asp:TextBox ID="TextBox2" runat="server" Width="113px"></asp:TextBox>
                    </td></tr>
                    <tr><td>会员价：</td>
                    <td><asp:TextBox ID="TextBox3" runat="server" Width="112px"></asp:TextBox>
                        <asp:CompareValidator ID="CompareValidator1" runat="server" ControlToCompare=
"TextBox2" ControlToValidate="TextBox3" ErrorMessage="会员价不能大于市场价" Operator=
"LessThanEqual" Type="Double" Display="None"></asp:CompareValidator></td></tr>
                    <tr><td>上架时间：</td>
                        <td><asp:TextBox ID="TextBox4" runat="server"></asp:TextBox>
                            <asp:CompareValidator ID="CompareValidator2"runat="server"ControlToValidate=
"TextBox4" ErrorMessage="时间格式为&quot;yyyy-mm-dd&quot;" Operator="DataTypeCheck"Type=
"Date" Display="None"></asp:CompareValidator></td>
                    </tr><tr><td align="center" colspan="2">
                        <asp:Button ID="Button1" runat="server" Text="添加" /> 
                        <asp:Button ID="Button2" runat="server" Text="重置" /></td>
                        <td align="center"> </td></tr></table> <br />
            </div></form></body></html>
```

（2）运行调试

按下〈Ctrl+F5〉快捷键，运行 Web 应用程序，运行结果如图 9-52 所示。

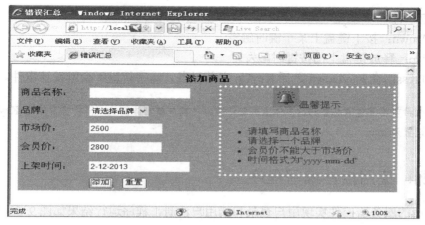

图 9-52 错误汇总

## 9.4 控件的常用事件

一个基于 GUI 的应用程序花费很多时间等待用户的动作，一旦用户有所行动（如单击鼠标等），系统就会判断这个单击的目的是哪一个应用程序，并且传送一个通知对象（或一个事件）到应用程序队列中，由应用程序从队列中取事件并予以处理。

服务器控件的事件用于当服务器进行到某个时刻引发，从而完成某些任务。事件的回发会导致页面的 Init 事件和 Onload 事件等，在页面的 Onload 事件方法里编写代码时还需要根据情况判断是否需要检测回发事件，常用的检测方法就是通过 Page.IsPostBack、Page.IsCallBack、Page.IsCrossPagePostBack 等属性来判断页面事件的状态。控件的常用事件如表 9-1 所示。

表 9-1 控件的常用事件

| 事件 | 说明 |
| --- | --- |
| DataBinding | 当一个控件上的 DataBind 方法被调用并且该控件被绑定到一个数据源时，发生这个事件 |
| Disposed | 从内存中释放一个控件时发生这个事件，这是控件生命周期的最后一个阶段 |
| Init | 控件被初始化时发生这个事件，这是控件生命周期的开始 |
| Load | 把控件装入页面时会发生这个事件，该事件在 Init 后发生 |
| PreRender | 控件准备生成它的内容时，发生这个事件 |
| Unload | 从内存中卸载控件，发生这个事件 |

控件常用的事件还有鼠标事件和键盘事件，简单介绍如下。

**1．鼠标事件**

- Click：单击鼠标左键时触发。
- MouseDoubleClick：双击鼠标左键时触发。
- MouseEnter：鼠标进入控件可见区域时触发。
- MouseMove：鼠标在控件区域内移动时触发。
- MouseLeave：鼠标离开控件可见区域时触发。

2. 键盘事件
- KeyDown：按下键盘上某个键时触发。
- KeyUp：释放键盘上的按键时触发。
- KeyPress：在 KeyDown 之后 KeyUp 之前触发，非字符键不会触发该事件。

📖 如果希望使键盘消息在到达窗体上的任何控件之前先被窗体接收，需要将窗体的 KeyPreview 属性设置为 true。

## 9.5 案例：使用控件编写程序

使用常用的服务器控件实现用户登录和新用户注册，程序运行结果如图 9-53 所示。

图 9-53 控件应用运行结果
a）用户登录页面 b）新用户注册页面

### 9.5.1 案例设计

案例包括 UserLogin.aspx、UserReg.aspx、ValidateCode.aspx 和 index.aspx 页面，分别作为用户登录、新用户注册、验证码生成和登录成功页面。

用户登录页面（UserLogin.aspx）主要实现用户登录功能。当用户名或密码栏为空时，会提示错误信息，如图 9-54 所示。当填写的验证码错误时，会弹出对话框，提示"验证码错误！"，如图 9-55 所示。当单击"新用户注册"时，会跳到新用户注册页面（UserReg.aspx）。当单击"看不清"时，会调用验证码生成页面（ValidateCode.aspx）。

图 9-54 用户名和密码为空　　　　　　　　图 9-55 验证码错误

新用户注册页面（UserReg.aspx）主要实现新用户注册的功能。当用户登录名、密码或 E-mail 为空时，会提示错误信息，如图 9-56 所示。当密码和确认密码不同时，会给出"两次密码不一致"的提示，如图 9-57 所示。当单击"注册"按钮时，会将表单信息提交到数据库中，并且添加登录日志，其中数据库访问的操作会在第 10 章中详细介绍。

图 9-56 用户登录名、密码或 E-mail 为空

图 9-57 两次密码不一致

验证码生成页面（ValidateCode.aspx）主要实现生成验证码的功能。系统自动生成的验证码会显示在用户登录页面的"验证码"一栏的右侧，如图 9-58 所示为验证码生成页面的运行结果。当单击"看不清"时（即采用刷新操作），会自动生成新的验证码，如图 9-59 所示。

图 9-58 系统自动生成验证码

图 9-59 生成新的验证码

登录成功页面（index.aspx）显示用户登录成功的信息。当在用户登录页面，通过用户名、密码和验证码的验证后，会跳到登录成功页面，在页面上显示"用户登录成功！"，如图 9-60 所示。

图 9-60 用户登录成功页面

### 9.5.2 案例实现

用户登录页面（UserLogin.aspx），新用户注册页面（UserReg.aspx），验证码生成页面（ValidateCode.aspx），设计登录成功页面（index.aspx），以上源代码从网上资源包中下载。

本例使用了常用的控件完成相应的功能。通常，在收集用户输入时，用户的输入必须采用特定的格式。有些必须输入，有些必须为数字，有些必须采用特定的格式。案例中将表单信息提交时要连接数据库，并且需要将信息添加到登录日志，其中数据库连接和访问的操作会在第 10 章中做详细介绍。

## 9.6 习题

**1．选择题**

1）如果希望用户输入密码，则应该使用_____控件，并设置控件的_____属性为 Password。

    A．Label，Text         B．TextBox，TextMode
    C．BulletedList，BulletStyle     D．ListBox，SelectionMode

2）要实现跨页面发送，应该使用 Button 控件的_____属性。

    A．IsPostBack         B．IsCrossPagePostBack
    C．PostBack         D．PostBackUrl

3）已知控件：<asp:HyperLink id="HyperLink1" NavigateUrl="http://www.sina.com.cn" runat="server" ImageUrl="images/Student.jpg"/>，单击该控件会跳转到_____。

    A．图片 Student.jpg     B．images 文件夹
    C．新浪网站         D．空白网页

4）如果希望学生在填写个人信息时输入性别项，则使用_____控件比较合适。

    A．DropDownList     B．RadioButtonList
    C．CheckBoxList     D．BulletedList

5）如果选项的 SelectedIndex 属性值为-1，则表明_____。

    A．没有选中任何选项     B．选中了一个选项
    C．选项的值为-1     D．选项的关联值为-1

6）如果有一个图像控件 Image1，现在希望它显示在 images 文件夹下的 Home.jpg 图片，则正确的语句为_____。

    A．Image1.Image="Home.jpg";
    B．Image1.ImageUrl="Home.jpg";
    C．Image1.Image="~/images/Home.jpg";
    D．Image1.ImageUrl="~/images/Home.jpg";

7）下面选项中不属于 ImageMap 控件的热区的是_____。

    A．TriangleHotSpot     B．CircleHotSpot
    C．RectangleHotSpot     D．PolygonHotSpot

8）通过 FileUpload 控件的_____属性，可以获取用户上传文件类型

A．FileName　　　B．HasFile　　　C．FileContent　　　D．PostedFile

9）如果需要检验输入的学生学号是否满足学号规则，应该使用_____验证控件较合适。

　　A．RequiredFieldValidator　　　　B．CompareValidator
　　C．RangeValidator　　　　　　　　D．RegularExpressionValidator

10）在收集用户基本信息的页面上，有一个"重置"按钮，它主要用于清空页面上用户输入的内容。在单击该按钮时，通常不希望它执行验证过程。要达到此目的，应该把它的_____属性设置为 false。

　　A．EnableClientScript　　　　　　B．Enabled
　　C．CausesValidation　　　　　　　D．IsValid

11）当验证未通过时，验证控件通常会显示一些错误信息。下面所列出的属性中，与显示错误信息无关的属性是_____。

　　A．Diaplay　　　　　　　　　　　B．ValidationGroup
　　C．Text　　　　　　　　　　　　 D．ErrorMessage

12）若学生学号由 4~5 个数字组成，则满足此条件的正则表达式为_____。

　　A．\d{4,5}　　　B．\w{4,5}　　　C．\d[4,5]　　　D．\w[4,5]

13）如果希望验证错误信息以项目列表详细显示，则应该设置 ValidationSummary 控件的 DisplayMode 属性为_____。

　　A．None　　　B．BulletList　　　C．List　　　D．SingleParagragh

14）用 RegularExpressionValidator 验证控件来限制用户输入的电子邮件地址，要求不含空格但必须包含"@"，下面_____表达式可以达到这个目的。

　　A．ValidationExpression=".+@.+"　　　　B．ValidationExpression="[@]"
　　C．ValidationExpression=".+@^ "　　　　D．ValidationExpression="^@.^"

15）文件上传控件 PostedFile.FileName 表示的是_____。

　　A．服务器端文件物理路径　　　　B．客户端文件物理路径
　　C．服务器端文件名称　　　　　　D．客户端文件名称

16）如果希望控件内容变换后立即回传表单，需要在控件中添加属性_____。

　　A．AutoPostBack="True"　　　　　B．AutoPostBack="False"
　　C．IsPostBack="True"　　　　　　D．IsPostBack="False"

17）如果需要确保用户输入大于 30 的值，应该使用_____验证控件。

　　A．RequiredFieldValidator　　　　B．CompareValidator
　　C．RangeValidator　　　　　　　　D．RegularExpressionValidator

18）下面哪个验证控件是验证文件字段不能为空_____。

　　A．RequiredFieldValidator　　　　B．CompareValidator
　　C．RangeValidator　　　　　　　　D．RegularExpressionValidator

**2．填空题**

1）在 ASP.NET 中，用于向服务器提交页面的控件有（　　）、（　　）和（　　）。

2）ImageMap 控件提供了三种类型的热区，它们是：（　　）、（　　）和

(　　　)。

3）判断下拉列表框 DropDownList1 中第一个列表项是否被选中的语句是（　　　）。

4）在 ASP.NET 中在使用 Button 控件时，当单击按钮时触发的事件是（　　　）。

5）Web 服务器控件功能相当于 HTML 中 <a></a> 标记的控件是（　　　）。

6）在使用 DropDownList 控件时，需要修改（　　　）属性的值为 true，才会触发 SelectedIndexChanged 事件。

7）现有一课程成绩输入框，成绩范围为 0~100，这里最好使用（　　　）验证控件。

8）要验证 Web 控件在数据无效时显示一条错误消息，应该设置（　　　）属性。

9）能够验证用户所输入的是否为日期值的控件是（　　　），实现这一验证的控件属性为（　　　）和（　　　）。

10）在 ValidationSummary 控件中，为错误信息列表添加标题的属性是（　　　）。

### 3. 简答题

1）简述 HTML 控件和服务器控件的异同。

2）简述 ASP.NET 中的控件有哪些共有的属性和事件？

3）简述 TextBox 控件的属性。

4）ImageButton 控件与 Button 控件有什么区别？

5）简述使用 FileUpload 控件获取文件上传信息的属性。

6）什么是正则表达式？

7）在验证不通过时，范围验证控件显示"Please enter number between 3 and 10"。请写出该验证控件。

8）已知一个名为 1stNumber 的列表框包含"Please select a number"、"1"、"3"和"5"列表项，要求用户必须从列表框中选择一个数字。请写出该验证控件。

### 4. 程序设计题

1）利用 TextBox 控件的 AutoPostBack 属性实现当用户在 TextBox 控件中按〈Enter〉或〈Tab〉键时将两个整数的加法计算结果回发到页面上。

2）使用 Image 控件、ImageButton 控件、HyperLink 控件和 ImageMap 控件制作一个 ASP.NET 网站。

3）在页面上显示一幅校园地图，单击地图的不同地点时显示该地点的交通信息。

4）设计一个模拟的用户注册页面，要求使用比较验证控件（CompareValidator）对用户输入密码和确认密码的一致性、日期数据格式的正确性进行比较验证，使用表单验证控件（RequiredFieldValidator）设置用户名及密码为必填字段。

5）将【例 9-18】闰年检测的例子改写为服务器端验证。

# 第10章 Web 数据库编程

企业信息系统中的大部分数据信息都存储在数据库中,所以 Web 应用程序必须能够处理并显示和数据有交互的业务。动态 Web 应用程序页面的特点是它能够使用数据库中的信息,最大限度地扩展访问者所能执行的操作。ADO.NET 是美国微软公司推出的,由 ADO (ActiveX Data Objects) 演变而来的数据访问技术。通过 ADO.NET 提供的强大的.NET 类,连接到各种数据库,并检索、操作和更新其中的数据,使用户能够对数据进行复杂的操作。本章首先对 ADO.NET 技术进行了一个总体的介绍,接着讲解如何连接数据库。随后,通过与实例结合,讲解数据控件及相关使用技巧在程序中的实际应用。

## 10.1 ADO.NET 技术

ADO.NET 是基于.NET Framework 框架之上的,是.NET 编程环境中优先使用的数据访问接口。ADO.NET 提供了一组用于和数据源进行交互的面向对象类库。通常情况下,数据源是数据库,但也可以是文本文件、Excel 表格或者 XML 文件。

ADO.NET 既可以实现对各种数据源高效访问,也可以对复杂数据进行操作和排序。它是一种使用.NET Framework 编写的全新数据访问模型,在数据库应用程序和数据源间建立联系,并提供一个面向对象的数据存取架构,用来开发数据库应用程序。

### 1. ADO.NET 的数据模型

ADO.NET 采用了层次管理的结构模型,各部分之间的逻辑关系如图 10-1 所示。

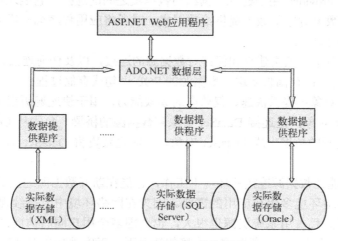

图 10-1 ADO.NET 结构模型

结构的最顶层是应用程序(ASP.NET 网站或 Windows 应用程序),中间是数据层(ADO.NET)和数据提供器(Provider),在这个层次中,数据提供器起到了关键的作用。数据提供器（也称"数据提供程序"）相当于 ADO.NET 的通用接口，各种不同类型的数据源要使用不同的数据提供器。它相当于一个容器，包括一组类及相关的命令，它是数据源（DataSource）与数据集（DataSet）之间的桥梁，负责将数据源中的数据读入到数据集（内存）中，也可将用户处理完毕的数据集保存到数据源中。

**2．ADO.NET 中的常用对象**

ADO.NET 构架由.NET Framework Provider 和 DataSet 两大部分组成。ADO.NET 对象是指包含在 Provider 和 DataSet 中的对象，在 ADO.NET 中 Provider 与 DataSet 是两个非常重要而又相互关联的核心组件。它们二者之间的关系如图 10-2 所示。

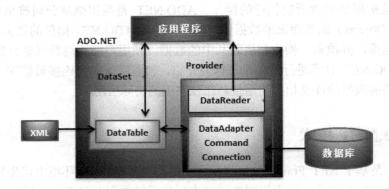

图 10-2　数据集 DataSet 和数据提供程序 Provider

DataSet 对象及其子对象是真正使 ADO.NET 与众不同的原因，它为离线数据提供了一种存储机制。DataSet 对象从来不与任何数据源通信，对用来生成它的数据也一无所知，最好将它理解为内存中一个用来存储已经检索到数据的仓库。

Provider 中包含许多针对数据源的组件，开发人员通过这些组件可以使程序与指定的数据源进行连接。Provider 主要包括 Connection 对象、Command 对象、DataReader 对象以及 DataAdapter 对象。Provider 用于建立数据源与数据集之间的连接，它能连接各种类型的数据源，并能按要求将数据源中的数据提供给数据集，或者将应用程序编辑后的数据发送回数据库。这四个对象介绍如下。

- Connection 对象：负责建立和保持对数据源的连接，以及任何连接特有的信息。
- Command 对象：存储将要送往数据源的 SQL 语句或存储过程。
- DataReader 对象：提供快速、仅前向的读取能力，用于快速遍历记录。
- DataAdapter 对象：是连接 DataSet 对象和数据源的桥梁，负责从 Command 对象检索数据并用返回的数据生成 DataSet 对象，同时也负责将 DataSet 对象的改变永久性写回数据源。

ADO.NET 既能在数据源连接的环境下工作，也能在断开数据源连接的条件下工作。特别是后者，适合网络环境多用户应用的需要。因为在网络环境中若持续保持与数据源的连接，不但效率低下而且占用系统资源也很大，也会因多个用户同时访问同一资源而造成冲突。ADO.NET 较好地解决了在断开网络连接的情况下，正确进行数据处理的问题。

ADO.NET 可以将数据库内的数据以 XML 格式传送到客户端（Client）的 DateSet 对象中，此时客户端不必和数据库服务端建立联系，当客户端程序对数据进行新增、修改、删除等操作后,再和数据服务器建立连接,将数据发送回数据服务器端完成更新操作即可。

ADO.NET 将存取数据和数据处理分开,达到离线存取数据的目的,使得数据库能够执行其他工作,可以避免客户端和数据库服务器建立连接后,客户端不对数据库服务器发出任何请求,却一直占用数据库服务器的资源的问题。

## 10.2 Sql Server Express 数据库连接方法

在进行 Web 应用程序开发时,要实现的一个重要功能就是和数据库进行交互,在和数据库进行交互之前必须要实现和数据库的连接。和数据库连接的一个常用方法就是用 Connection 对象。

**1. Connection 对象概述**

Connection 对象的功能是创建与指定数据源的连接,并完成初始化工作,它提供了一些属性用来描述数据源和进行用户身份验证。Conncetion 对象还提供一些方法,允许程序员与数据源建立或者断开连接。

对不同的数据源类型,使用的 Connection 对象也不同,ADO.NET 中提供了以下 4 种数据库连接对象用于连接到不同类型的数据源。

1)要连接到 Microsoft SQL Server 7.0 或更高版本,应使用 SqlConnection 对象。

2)要连接到 OLE DB 数据源,或者连接到 Microsoft SQL Server 6.x 或更低版本,或者连接到 Access,应使用 OleDbConnection 对象。

3)要连接到 ODBC 数据源,应使用 OdbcConnection 对象。

4)要连接到 Oracle 数据源,应使用 OracleConnection 对象。

**2. 创建 Connection 对象**

下面使用 Connection 对象的构造函数创建 SqlConnection 对象,并通过构造函数的参数来设置 Connection 对象的特定属性值,其语法格式为:

SqlConnection 连接对象名= new SqlConnection(连接字符串);

也可以首先使用构造函数创建一个不含参数的 Connection 对象实例,再通过 Connection 对象的 ConnectionString 属性,设置连接字符串,其语法格式为:

SqlConnection 连接对象名=new SqlConnection( );
连接对象名.ConnectionString= 连接字符串;

以上两种方法在功能上是等效的,选择哪种方法取决于个人喜好和编码风格。不过,对属性进行明确设置,确实能够使代码更易理解和调试。

创建其他类型的 Connection 对象时,仅需将上述语法格式中 SqlConnection 替换成相应的类型即可。例如,下列语法格式用于创建一个连接 Access 数据库的 Connection 对象。

OleDbConnection 连接对象名= new OleDbConnection( );
连接对象名.ConnectionString= 连接字符串;

**3. Connection 对象的属性和方法**

与所有的对象一样,Connection 对象也有自己的一些属性和方法,其中最为常用的是 ConnectionString 属性及 Open()、Close(),CreateCommand()方法。

（1）Connection 对象的属性

Connection 对象用来与数据源建立连接，它有一个重要属性 ConnectionString，用于设置打开数据库的字符串。Connection 对象的常用属性，如表 10-1 所示。

表 10-1　Connection 对象的常用属性

| 属　　性 | 说　　明 |
| --- | --- |
| ConnectionString | 执行 Open()方法连接数据源的字符串 |
| Connection Timeout | 尝试建立连接的时间，超过时间则产生异常 |
| Database | 将要打开数据库的名称 |
| DateSource | 包含数据库的位置和文件 |
| Provider | OLE DB 数据提供程序的名称 |
| ServerVersion | OLE DB 数据提供程序提供的服务器版本 |
| State | 显示当前 Connection 对象的状态 |

📖 除了 ConnectionString 外，其他属性都是只读属性，只能通过字符串的标记配置数据库连接。

（2）Connection 对象的方法

Connection 对象的方法，如表 10-2 所示。

表 10-2　Connection 对象的方法

| 方 法 名 称 | 说　　明 |
| --- | --- |
| Open() | 打开一个数据库连接 |
| Close() | 关闭数据库连接。使用该方法关闭一个打开的数据库连接 |
| Dispose() | 调用 Close()方法，与 Close()方法相同 |
| CreateCommand() | 创建并返回一个与该连接关联的 SqlCommand 对象 |
| ChangeDatabase() | 改变当前连接的数据库。需要一个有效的数据库名称 |
| BeginTransaction() | 开始一个数据库事务。允许指定事务的名称和隔离级 |
| GetSchema() | 检索指定范围（表，数据库）的模式信息，ADO.NET1.X 不支持该方法 |
| ResetStastics() | 复位统计信息服务。ADO.NET1.X 不支持该方法 |
| RetrieveStastics() | 获得一个用连接的信息进行填充的散列表。ADO.NET1.X 不支持该方法 |

Connection 对象最常用的方法是 Open()方法和 Close()方法。

1）Open()方法

使用 Open()方法打开一个数据库连接，为了减轻系统负担，应该尽可能晚地打开数据库，其语法格式为：

　　连接对象名.Open()

连接对象名：是创建的 Connection 对象的名称。

2）Close()方法

使用 Close()方法关闭一个打开的数据库连接。为了减轻系统负担，应该尽可能早地关闭数据库。其语法格式为：

　　连接对象名.Close()

📖 如果连接超出范围,并不会自动关闭,会浪费掉一定的系统资源。因此,必须在连接对象超出范围之前,通过调用 Close( )或 Dispose( )方法,显式地关闭连接。

3）CreateCommand()方法

使用 CreateCommand()方法创建并返回一个与该连接关联的 SqlCommand 对象,其语法格式为:

连接对象名.CreateCommand()

返回值：返回一个 Command 对象。

例如,创建一个连接到 SQL Sever,Connection 对象名为 conn 的 Command 对象 cmd,其语法格式如下:

SqlCommand cmd= conn.CreateCommand();

**4. 连接字符串**

为了连接到数据源,需要使用一个连接字符串,它包括提供数据库服务的位置、要使用特定的数据库及身份验证等信息,它由一组分号";"隔开的"参数=值"组成。

连接字符串中的关键字一般不区分大小写。但根据数据源不同,某些属性值可能是区分大小写的。此外,连接字符串中任何带有分号、单引号或双引号的值,都必须用双引号括起来。

Connection 对象的连接字符串保存在 ConnectionString 属性中,可以使用 ConnectionString 属性来获取或设置数据库的连接字符串。

（1）连接字符串中的常用属性

表 10-3 中列出了数据库连接字符串中常用参数及说明。

表 10-3 数据库连接字符串中常用参数及说明

| 参数说明 | 说 明 |
| --- | --- |
| Provider | 设置或返回连接提供程序的名称,仅用于 OleDbConnect 对象 |
| DateSource 或 Serve | 要连接的 SQL Server 实例的名称或网络地址 |
| Initial Catalog 或 DataBase | 要连接的数据库名称 |
| User ID 或 Uid<br>Password 或 Pwd | SQL Server 登录账户（用户名和密码）,在安全级别要求较高的场合建议不要使用 |
| Integrated Security 或 Trusted-Connection | 该参数决定连接是否为安全连接。当为 False（默认值）时,将在连接中指定用户 ID 和密码。当为 True、Yes、SSPI（安全级别要求较高时推荐使用）时,使用当前的 Windows 账户凭据进行身份验证 |
| Persist Security Info | 当该值设置为 False（默认值）时,如果连接是打开的或者一直处于打开状态,那么安全敏感信号将不会作为连接的一部分再返回。重置连接字符串将重置包括密码在内的所有连接字符串值。可识别的值为 Ture、False、Yes 和 No |
| Connection Timeout | 在终止尝试并产生异常前,等待连接到服务器的连接时间长度（以秒为单位）。默认值是 15s |

（2）连接到 SQL Server 的连接字符串

通过 SqlConnection 对象的 ConnectionString 属性,设置或获取连接字符串,可以连接 Microsoft SQL Server 7.0 或更高版本。有两种连接数据库的方式：标准安全连接和信任连接。

1）标准安全连接。标准安全连接（Standard Security Connection）,也称为非信任连接。它把未登录账户（User ID 或 Uid）和密码（Password 或 Pwd）写在连接字符串中。其语法格式为:

"Data Source=服务器名或 IP；Initial Catalog=数据库名；User ID=用户名；Password=密码"

或者

"Server=服务器名或 IP；Database=数据库名；Uid=用户名；Pwd=密码；Trusted_Connection=False"

如果要连接到本地的 SQL Server 服务器，可使用 Localhost 作为服务器名称。

2）信任连接。信任连接（Trusted Connection）也称"SQL Server 集成安全性"，这种连接方式有助于在连接到 SQL Server 时提供安全保护，因为它不会在连接字符串中公开用户 ID 和密码，它是安全级别要求较高时推荐的数据库连接方法。对于集成 Windows 安全性的账号来说，其连接字符串的形式一般如下：

"Data Source=服务器名或地址；Initial Catalog=数据库名；Integrated Security=SSPI"

或者

"Server=服务器名或地址；Database=数据库名；Trusted_Connection=True"

使用 Windows 集成的安全性验证在访问数据库时安全性更高，但使用信任连接需要在 SQL Server 管理器中进行一些设置。下面以 SQL Server Express 数据库为例，介绍使用 Connection 对象和数据库连接的过程。

在 ADO.NET 中，连接数据库的基本步骤如下：

● 创建一个 Connection 类的实例，即声明一个新的 Connection 对象。
● 设置 Connection 对象的连接字符串属性 ConnectionString。
● 使用 Open()方法或 Close()方法打开或关闭连接。

【例 10-1】 建立与 SQL Server 数据库 student 的连接，要求使用 Connection 对象连接数据库。在标签控件 Label1 中始终显示当前数据库连接状态（Open 或 Close），用户单击"打开连接"或"关闭连接"按钮，可将连接改变到指定的状态。程序运行后如图 10-3 所示。

图 10-3 使用 Connection 对象连接数据库

（1）设计 Web 页面

新建一个网站，添加一个 Web 窗体，在页面设计选项中添加一个标签控件 Label1 和两个命令按钮控件 Button1、Button2。设置 Button 控件的 Text 属性分别为"打开连接"和"关闭连接"。

（2）编写程序代码

为连接 SQL Server 数据库添加命名空间的引用：

Using System.Data;
Using System.Data.SqlClient;

在所有事件过程之外，声明连接字符串 mycon 和 Sqlconnection 对象 conn，使 mycon 和 conn 在所有事件过程中均可使用。

    static string mycon="Data Source=stone-pc\\sqlexpress;Initial Catalog=student;Integrated Security=True";
    SqlConnection conn=new SqlConnection(mycon);

当页面装入时执行的事件代码如下：

    protected void Page_Load(object sender,EvenArgs e)
    {
    this.Title="连接 SQL Server 数据库";
    Button1.Text="打开连接";
    Button2.Text="关闭连接";
    Label1.Text="当前连接状态是： "+conn.State.ToString()+"<br>";
    }

"打开连接"按钮被单击时执行的事件代码如下：

    protected void Button1_Click(object sender,EvenArgs e)
    {
    conn.Open();
    Label1.Text="当前连接状态是： "+conn.State.ToString()+"<br>";
    }

"关闭连接"按钮被单击时执行的事件代码如下：

    protected void Button2_Click(object sender,EvenArgs e)
    {
    conn.Close();
    Label1.Text="当前连接状态是： "+conn.State.ToString()+"<br>";
    }

## 10.3 数据库操作的基本 SQL 命令

SQL 语言是结构化查询语言，它是一种通用的关系数据库语言。SQL 语言包括数据定义、数据操作、数据控制三部分，下面只介绍数据操作部分。

**1．数据查询**

数据查询是数据库的核心操作。从数据库中获取数据称为数据查询，数据查询使用 SELECT 语句，语法形式如下：

    SELECT[ALL|DISTINCT]<字段列表>
    FROM<表名>
    [WHERE<条件表达式>]
    [GROUP BY<列名>[HAVING<条件表达式>]
    [ORDER BY<列名>[ASC|DESC]]

按照 WHERE 子句的条件表达式，从 FROM 子句指定的表中查询数据。

ALL 表示值相同的记录也包含在结果中，是默认设置；DISTINCT 表示对于相同的记录只包含第一条记录;字段列表为*表示查询表中的所有字段;GROUP BY 用来指定按照哪些列分组,以便进行统计;HAVING 用来指定使用 GROUP BY 对记录分组后显示的记录;ASC 表示升序,DESC 表示降序,默认为升序。

【例 10-2】 在名为 student 的数据库中有两个关系表,一个是关于学生选课的 SC 数据表,另一个是关于教师信息的 Teacher 数据表,这两个关系表的结构和内容如表 10-4、表 10-5 所示。

表 10-4  SC 数据表

| SNO | SNAME | COURSE |
| --- | --- | --- |
| 001 | 张三 | 高等数学 |
| 002 | 李四 | 英语 |
| 003 | 王五 | 高等数学 |
| 004 | 赵六 | 高等数学 |

表 10-5  Teacher 数据表

| COURSE | TNAME |
| --- | --- |
| 高等数学 | 王美丽 |
| 英语 | 张顺利 |
| 计算机 | 李德胜 |
| 电子线路 | 赵未来 |

使用 SQL 语言返回相关记录如下。

1) 返回 SC 数据表中的所有记录。

  SELECT * FROM SC;

2) 从 SC 数据表中查询 SNAME 字段的值为"张三"的记录,但仅返回记录的 SNAME 字段。

  SELECT SNAME FROM SC WHERE SNAME='张三';

3) 从 SC 数据表中返回 SNAME 字段,条件为 COURSE 为"高等数学"

  SELECT SNAME FROM SC WHERE COURSE='高等数学';

4) 从 Teacher 数据表中返回主讲教师字段中含有"张"的所有记录。

  SELECT * FROM Teacher WHERE TNAME LIKE '张%';

5) 将两个表通过 COURSE 字段进行关联,返回一个多表查询数据集。要求其中包括 SNO、SNAME、COURSE 和 TNAME 四个字段。

  SELECT SC.SNO,SC.SNAME,SC.COURSE,Teacher.TNAME
  FROM Teacher, SC
  WHERETeacher.COURSE=SC.COURSE

**2. 插入记录**

插入记录使用 INSERT 语句,语法形式如下:

INSERT INTO<表名>[(字段列表)]VALUES（表达式列表）；

将表达式中的值插入指定的表中，其中"表达式列表"和"字段列表"相对应。

**【例 10-3】** 参照例 10-2 中的表结构，向 SC 数据表中插入一条记录，并填写 SNO 字段值为"005"，SNAME 字段值为"张晓晓"，COURSE 字段值为"计算机"。

```
INSERT INTO SC（SNO,SNAME,COURSE）
VALUES('005', '张晓晓', '计算机');
```

**3. 修改记录**

修改记录使用 UPDATE 语句，语法形式如下：

```
UPDATE<表名>
SET<字段名>=<表达式>…
[WHERE<条件表达式>]
```

修改表中满足 WHERE 子句条件表达式中条件的记录的属性值。若省略 WHERE 子句，则表示要修改所有属性列的值。

**【例 10-4】** 参照例 10-2 中的表结构，将 Teacher 数据表中计算机的任课教师由李德胜替换为张晓晓。

```
UPDATE Teacher
SET TNAME='张晓晓'
WHERE COURSE= '计算机';
```

**4. 删除记录**

删除记录使用 DELETE 语句，语法形式如下：

```
DELETE FORM<表名>[WHERE<条件表达式>]
```

从表中删除满足 WHERE 子句条件表达式中条件的记录，若省略 WHERE 子句，则表示要删除表中所有记录。

**【例 10-5】** 参照例 10-2 中的表结构，将 SC 数据表中张三的选课记录删掉。

```
DELETE FROM SC WHERE SNAME='张三';
```

## 10.4 数据访问

ASP.NET 对数据的访问是通过数据源控件来实现的。数据源控件就是一组.NET 框架类，是 ASP.NET 在 ADO.NET 的数据模型基础上进一步封装和抽象得到的。它使得程序员无需编码，系统自动实现数据存储和数据绑定控件之间的双向绑定。这些控件在 Visual Studio 工具箱的数据选项卡中可以找到。

### 10.4.1 数据源控件

ASP.NET 包含不同类型的数据源控件，这些数据源控件使用户可以访问不同类型的数据源，如数据库、XML 文件或中间层业务对象。数据源控件没有呈现形式，即在运行时是不可见的，但在后台可以用来表示特定的数据存储，例如数据库、业务对象、XML 文件或 XML Web 服务。数据源控件还支持对数据的各种处理（包括排序、分页、筛选、更新、删除和插入等）。表 10-6 描述了内置的数据源控件。

表 10-6 内置的数据源控件

| 数据源控件名称 | 描述 |
| --- | --- |
| LinqDataSource | 该控件通过 ASP.NET 数据源控件结构向 Web 开发人员公开语言集成查询（LINQ）。LINQ 提供一种用于在不同类型的数据源中查询和更新数据的统一编程模型，并将数据功能直接扩展到 C# 和 Visual Basic 语言中。LINQ 通过将面向对象编程的准则应用于关系数据，简化了面向对象编程与关系数据之间的交互。支持自动生成选择、更新、插入和删除命令。该控件还支持排序、筛选和分页 |
| EntityDataSource | 允许绑定到基于实体数据模型（EDM）的数据。支持自动生成更新、插入、删除和选择命令。该控件还支持排序、筛选和分页 |
| ObjectDataSource | 提供与业务对象或其他类的交互使用功能，以及创建依赖中间层对象管理数据的 Web 应用程序。支持对其他数据源控件不可用的高级排序和分页方案 |
| SqlDataSource | 提供对访问和操纵关系数据库的支持，如 Microsoft SQL Server、OLE DB、ODBC 或 Oracle 数据库。与 SQL Server 一起使用时支持高级缓存功能。当数据作为 DataSet 对象返回时，此控件还支持排序、筛选和分页 |
| AccessDataSource | 继承自 SqlDataSource，提供对使用 Microsoft Access 数据库的一种专门实现。只提供检索访问，不支持插入、更新或删除操作。当数据作为 DataSet 对象返回时，支持排序、筛选和分页 |
| XmlDataSource | 允许使用 XML 文件，特别适用于分层的 ASP.NET 服务器控件，如 TreeView 或 Menu 控件。支持使用 XPath 表达式来实现筛选功能，并允许对数据应用 XSLT 转换。XmlDataSource 允许通过保存更改后的整个 XML 文档来更新数据 |
| SiteMapDataSource | 结合 ASP.NET 站点导航使用。提供对由 Site Map 数据提供程序所管理数据的访问 |

## 10.4.2 SQLDataSource 控件

SqlDataSource 控件使用 ADO.NET 类与 ADO.NET 所支持的任何数据库进行交互。包括 Microsoft SQL Server（使用 System.Data.SqlClient 提供程序）、OLEDB（使用 System.Data.OleDb 提供程序）、ODBC（使用 System.Data.Odbc 提供程序）和 Oracle（使用 System.Data.OracleClient 提供程序）。使用 SqlDataSource 控件，可以在 ASP.NET 页中将其与数据绑定控件（如 GridView、FormView 和 DetailsView 控件）一起使用，用极少代码或不用代码访问和操作数据，而无需直接使用 ADO.NET 类。只需提供用于连接到数据库的连接字符串，并定义使用数据的 SQL 语句或存储过程即可。在运行时，SqlDataSource 控件会自动打开数据库连接，执行 SQL 语句或存储过程，返回选定数据（如果有），然后关闭连接。

**1．添加 SqlDataSource 控件**

双击工具箱数据选项卡中的 SqlDataSource 控件图标，将其添加到 Web 窗体上，由于该控件在程序运行时是不可见的，所以可以放置在页面的任何位置。

**2．配置 SqlDataSource 控件**

配置 SqlDataSource 控件时，将 ProviderName 属性设置为数据库类型（默认为 System.Data.SqlClient），并将 ConnectionString 属性设置为连接字符串，该字符串包含连接至数据库所需的信息。连接字符串的内容根据数据源控件访问数据库类型的不同而有所不同。例如，SqlDataSource 控件需要服务器名、数据库名，还需要在连接至 SQL Server 时对用户进行身份验证的相关信息。如果不在设计时将连接字符串设置为 SqlDataSource 控件中的属性设置，则可以使用 ConnectionStrings 配置元素将这些字符串集中作为应用程序配置设置的一部分进行存储。这样，就可以独立于 ASP.NET 代码来管理连接字符串，包括使用 Protected Configuration 对这些字符串进行加密。

【例 10-6】 使用 SqlDataSource 数据源控件连接 SQL Server 数据库，并显示 student 数据库中 SC 数据表中的数据。

1）首先，创建一个新的网站。
2）打开工具箱中的数据页，选择 SqlDataSource 控件，在 Web 窗体中插入该控件。
3）窗体中插入的 SqlDataSource 控件如图 10-4 所示，单击该控件的"配置数据源"任务。
4）单击"配置数据源"对话框中的"新建连接"按钮，将弹出"添加连接"对话框，如图 10-5 所示。

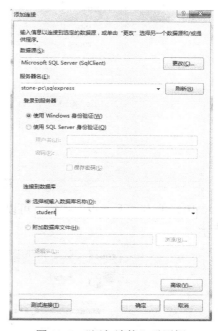

图 10-4 插入 SqlDataSource 控件      图 10-5 "添加连接"对话框

5）在图 10-5 所示的对话框中的"服务器名"一栏中填写"stone-pc\sqlexpress"，服务器名即是 SQL Server 所安装的计算机名称。然后在"选择或输入一个数据库名"一栏中填写或者下拉菜单选择 student 数据库。

6）单击"测试连接"按钮以确认已经连接到数据库。如果连接成功，将弹出如图 10-6 所示的对话框。

7）单击"确定"按钮返回配置数据源向导，这时，向导已自动生成了该数据源的连接字符串。单击向导对话框中的"+"号按钮，可以查看连接字符串，本例的连接字符串为"Data Source=stone-pc\sqlexpress;Initial Catalog=student;Integrated Security=True"，

图 10-6 测试连接对话框

该字符串表明数据源为 SQL Server 服务器（stone-pc\sqlexpress），初始连接的数据库为"student"，采用的登录方式为"Windows 集成登录"。

8）单击"下一步"按钮，确认将连接字符串保存在配置文件中且另存为 studentConnectionString，这样在下次连接时就可以直接使用该字符串了。

9）单击"下一步"按钮，在"配置 Select 语句"对话框中指定需要检索的数据表及其字段，如图 10-7 所示。本例选择 SC 数据表及其所有字段（*）。

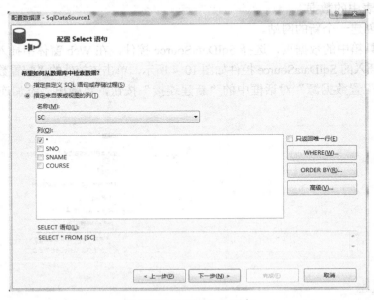

图 10-7　配置 Select 语句

10）单击"下一步"按钮，可以测试一下刚才配置 Select 语句的效果，其结果如图 10-8 所示。

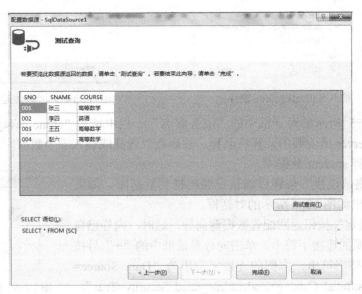

图 10-8　测试结果

11）单击"完成"按钮，完成数据源的配置。

通过上述步骤，很容易地就建立了一个数据源，并且与 SQL Server 连接起来。在整个过程中无需编写任何代码，这样大大简化了 Web 数据库编程的难度。

接下来，还必须在 Web 窗体中添加一个数据绑定控件，以显示该数据源控件检索的数据，否则将无法在浏览器中看到任何结果。

### 10.4.3 Gridview 控件

使用数据源控件可以将应用程序连接到不同的数据源，但是数据源控件不提供数据显示功能，不会将数据源中的数据显示到界面上，若想将数据源中的数据以不同的方式显示出来，还需要数据绑定控件。GridView 控件是一种数据绑定控件，该控件可以将数据以表或网格形式显示出来。表中的每列表示一个字段，每行表示一条记录。

GridView 控件支持如下功能。
- 绑定到数据源控件。
- 内置的排序功能。
- 内置的更新和删除功能。
- 内置的分页功能。
- 内置的行选择功能。
- 对 GridView 对象模型进行编程访问，以动态设置和处理事件。
- 诸如 CheckBoxField 和 ImageField 等新的列类型。
- 用于超链接的多个数据字段。
- 用于选择、更新和删除多个数据键字段。
- 可通过改变主题和样式自定义外观。
- 持多种类型的数据存储区。数据存储区可以保存简单的非类型化数据（如一维数组），也可以保存类型化数据（如DataSet）。
- 可以将许多类型的数据存储区用做数据源，也可以在没有绑定数据源的情况下操作 GridView 控件。

上述的功能都可以通过 GridView 控件的属性，或者通过编程方式来实现。表 10-7 列出了 GridView 控件的主要属性。

**表 10-7　GridView 控件的主要属性**

| 属性 | 描述 |
| --- | --- |
| AutoGenerateColumns | 获取或设置一个值，该值表明是否要为数据源中的每个字段自动创建绑定字段 |
| AutoGenerateDeleteButton | 获取或设置一个值，该值表明是否为每个数据行产生一列"删除"按钮，使得用户可以删除选择的记录 |
| AutoGenerateEditButton | 获取或设置一个值，该值表明是否为每个数据行产生一列"编辑"按钮，使得用户可以编辑选择的记录 |
| AutoGenerateSelectButton | 获取或设置一个值，该值表明是否为每个数据行产生一列"选择"按钮，使得用户可以选择所选一行的记录 |
| BottomPagerRow | 返回一个 GridViewRow 对象，该对象表示 GridView 控件中的底部页导行 |
| Columns | 获取表示 GridView 控件中列字段的 DataControlField 对象的集合。注意：如果自动生成的话，该集合总总是空的 |

(续)

| 属 性 | 描 述 |
|---|---|
| DataKeyNames | 获取或设置一个数组，该数组包含了显示在 GridView 控件中项的主键字段的名称。该属性扩展并替代了 DataKeyField 属性 |
| DataKeys | 获取一个 DataKey 对象集合，这些对象表示 GridView 控件中每一行的数据键值 |
| EmptyDataText | 获取或设置在 GridView 控件绑定到不包含任何记录的数据源时所呈现的空数据行中显示的文本 |
| EnableSortingAndPagingCallbacks | 获取或设置一个值，该值表示客户端回调是否用于排序和分页操作。默认值为 False |
| PagerSettings | 获取对 PagerSettings 对象的引用，使用该对象可以设置 GridView 控件中页导航按钮的属性。PagerSettings 对象把所有与分页相关的属性包含在了一起 |
| Rows | 获取表示 GridView 控件中数据行的 GiridViewRow 对象的集合。用来替代 DataGrid 中的 Items 属性 |
| SelectedDataKey | 返回 DataKey 对象，该对象包含 GridView 控件中当前选中行的数据键值 |
| SelectedRow | 获取对 GridViewRow 对象的引用，该对象表示控件中的选中行。替代 DataGrid 控件中的 SelectedItem 属性 |
| SelectedValue | 获取 GridVicw 控件中选中行的数据键值。类似于 SelectedDataKey |
| SortDirection | 获取正在排序的列的排序方向，是一个只读属性 |
| SortExpression | 获取与正在排序的列关联的排序表达式，是一个只读属性 |
| TopPagerRow | 获取一个 GridViewRow 对象，该对象表示 Grid View 控件中的顶部页导航行 |
| UseAccessibleHeader | 获取或设置一个值，该值指示 GridView 控件是否以适合访问的格式呈现其标题。提供此属性的目的是使辅助技术设备的用户更易于访问控件。确定是否用<TH>标记替换默认&<TD>标记 |

GridView 控件中的每一列都由一个 DataControlField 对象表示，默认情况下，AutoGeneratedColumns 属性被设置为 True，为数据源中的每一个字段创建一个 AutoGeneratedField 对象，然后每个字段作为 GridView 控件中的列呈现，其顺序同于每个字段在数据源中出现的顺序。

通过将 AutoGenerateColumns 属性数值设定为 False，可以定义自己的列字段集合，也可以手动控制那些列字段将其显示在 GridView 控件中。不同的列字段类型决定控件中各列的行为。表 10-8 列出了可以使用的不同列字段类型。

表 10-8　GridView 的控件列字段类型

| 列字段类型 | 说　明 |
|---|---|
| BoundField | 显示数据源中某个字段的值，这是 GirdView 控件的默认列类型 |
| ButtonField | 为 GirdView 控件中的每个项显示一个命令按钮，因此可以创建一列自定义按钮控件，如"添加"按钮或"移除"按钮 |
| CheckBoxField | 为 GirdView 控件中的每一项显示一个复选框，此字段类型通常用于显示具有布尔值的字段 |
| CommandField | 显示用来执行选择、编辑或删除操作的预定义命令按钮 |
| HypeLinkField | 将数据源中某个字段的值显示为超链接。此列字段类型允许将另一个字段绑定到超链接的 URL |
| ImageField | 为 GridView 控件中的每一项显示一个图像 |
| TemplateField | 根据指定的模板为 GridView 控件中的每一项显示用户定义的内容。此列字段类型允许创建自定义的列字段 |

若要以声明方式定义列字段集合，应该首先在 GridView 控件的开始和结束标记之间添加<Columns>开始和结束标记，接着，列出想包含在<Columns>之间的列字段，指定的列将

以所列出的顺序添加到 Columns 集合中。Columns 集合存储该控件中的所有列表，并允许以编辑方式管理 GridView 控件中的列字段。

显示声明的列字段可与自动生成的列字段结合在一起显示。两者同时使用时，先呈现显示声明的列字段，再呈现自动生成的列字段。不过自动生成的列字段不会添加到 Columns 集合中。

【例 10-7】 利用数据源控件（SqlDataSource 控件）配合 GridView 控件，实现对数据的浏览、编辑、删除操作。

（1）添加 Grid View 控件

数据源配置结束后，可继续向页面中添加用于显示和操作数据库的 GridView 控件。双击工具箱数据选项卡中的 GridView 控件图标，将其添加到页面中。在如图 10-9 所示的 GridView 任务菜单中单击"选择数据源"下拉列表框，并选择前面创建的数据源 SqlDataSourcel，在选择了数据源后 GridView 任务菜单中将多出若干选项。若希望程序具有分页、排序、编辑、删除等数据库操作功能，可选择相应的复选框。

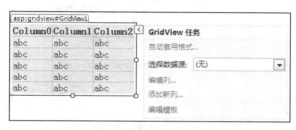

图 10-9　添加 GridView 控件

（2）设置 GridView 任务菜单中的"编辑列"

打开如图 10-10 所示的对话框。为了在 GridView 控件中显示中文的列标题，可在"选中的字段"列表中逐一选择各字段，并将其 HeaderText 属性设置为相应的中文名称（如学号、姓名、课程）。

图 10-10　设置中文名称

在选定的字段列表中选择学号（命令字段 SNO），设置 ItemStyle（行样式）属性集 Font（字体）子集中 Size（大小）属性为 Smaller（较小），将 HorzontalAlign（水平对齐）属性设置为 Center（居中），Wrap 是否允许换行为 False，设置后如图 10-11 所示。

图 10-11　设置字段属性

依次选择 SNAME、COURSE 等字段，将 HeaderStyle（标题样式）属性集 Font 子集中的 Size 属性设置为 Smaller，将 HorzontalAlign（水平对齐）属性设置为 Center（居中），Warp 属性设置为 False，设置后如图 10-12 所示。

在设计视图中选择 GridView 控件，在属性窗口中设置其 Caption 属性为"学生选课情况表"，为数据表添加标题。在实际应用中，GridView 控件的外观样式一般需要使用主题和外观文件配合，进行统一的设置。

图 10-12　外观显示

## 10.4.4　DetailsView 控件

当应用程序需要一次显示一条记录时，DetailsView 控件便起到作用。使用 DetailsView 控件，可以在表格中逐一显示、编辑、插入或删除其关联数据源中的记录。默认情况下，DetailsView 控件将逐行单独显示记录的各个字段。DetailsView 控件通常用于更新和插入新记录，并且通常在主/详细方案中与 GridView 控件一起使用，在这些方案中，主控件的选中记录决定了要在 DetailsView 控件中显示的记录。即使 DetailsView 控件的数据源公开了多条记录，该控件一次也仅显示一条数据记录。DetailsView 控件不支持排序。

DetailsView 控件与 GridView 控件的最大不同点是，GridView 控件是面向整个记录集合的，而 GridView 控件则是面向单条记录的。在 Details View 控件的界面中每次只能显示一条记录，而且内容按照垂直方向排列。在查询中若出现有多条符合条件的记录（例如，对应同一班级名称，可能有几十个不同的学生）时，DatailsView 控件将以分页显示的方法处理。

在实际应用中，DetailsView 控件通常与 GridView 控件或 DropDownnList 控件配合使用，在 GridView 控件或 DropDownnList 控件中显示父表数据，在 DetailsView 控件中显示子表的数据。

例如，在 student 数据库中包括存放学生选课信息的 SC 数据表和存放任课教师信息的 Teacher 数据表。使用 Teacher 数据表中 COURSE 字段与 SC 数据表中同名字段值相同的关系，两表建立了一对多（也可以多对多）的关系，即 Teacher 数据表中的一条记录，对应 SC 数据表中的多条记录。对于这种关系通常将 Teacher 数据表称为父表，而将 SC 数据表称为子表。

【例 10-8】 使用 Detailsview 控件配合 GridView 控件设计一个主表（GridView 控件）与详细表（Detailsview 控件）同步的 Web 应用程序。要求使用 student 数据库中的 Teacher 数据表作为父表，SC 数据表作为子表。程序运行时，单击父表中的一条课程记录，会在子表中将选择该课程的所有学生信息列出来。

（1）设计 Web 页面

新建一个 ASP.NET 网站，向网站中新添加一个 Web 窗体，切换到该网页的设计视图，在网页中添加两个 SqlDataSource 控件、一个 GridView 控件和一个 DetailsView 控件。适当调整控件的大小和位置。Web 页面设计如图 10-13 所示。

（2）配置数据源控件

参照例 10-6 将数据源 SqlDataSource1 配置为 student 数据库中 Teacher 数据表中的所有字段，将数据源 SqlDataSource2 配置为 student 数据库中 SC 数据表中的所有字段。但是为了使数据源 SqlDataSource2 返回的数据由 GridView1 控件中用户选择的 COURSE 数据作为筛选条件，仅返回 SC 数据表中 COURSE 字段值等于 GridView1 中用户选择值的数据记录，还需要对数据源 SqlDataSource2 控件进行进一步配置。单击"配置 Select 语句"对话框中的 WHERE 按钮，选择条件列为 COURSE，运算符选择"="，源选择 Control，控件 ID 指定为 GridView1，默认值为"高等数学"，设置完毕后单击"添加"按钮，将 WHERE 子句添加到 SQL 表达式中，单击"确定"按钮，如图 10-14 所示。

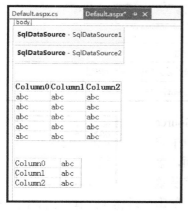

图 10-13　Web 页面设计

图 10-14　添加 WHERE 子句

(3) 设置 GridView 控件和 DetailsView 控件的属性

选择 GridView1 控件,选择数据源为 SqlDataSource1,选择"启用选定内容"复选框,在自动套用格式中选择一个外观样式。

接下来,配置 DetailsView 控件,使之能够对 GridView 控件的选择做出反应,在"DetailsView 任务"菜单中,选择其数据源为 SqlDataSource2,单击选择"启用分页",在自动套用格式中选择一个外观样式。

(4) 完成,运行网站

在运行中,可以单击 GridView 网格中"选择"链接,此时 DetailsView 中就会显示该选中记录的全部数据,如图 10-15 所示。

具体代码可以参考网上下载资源。

图 10-15 运行界面

### 10.4.5 FormView 控件

FormView 控件与前面介绍过的 GridView 控件相似,也是用于浏览或操作数据库的数据控件。它与 GridView 相比,主要的不同在于显示在 FormView 中的数据记录是分页的,即每页只显示一条记录。

DetailsView 和 FormView 之间的主要差异在于 DetailsView 具有内置的表格呈现方面,而 FormView 需要用户定义模板用于呈现 FormView 和 DetailsView 对象模型,但是在其他方面非常类似。

与 GridView 和 DetailsView 控件不同的是,FormView 没有自己默认的显示布局,同时,它的图形化布局完全是通过模板自定义的,因此,每个模板都包括特定记录需要的所有命令按钮,大多数模板是可选的,但是必须为该控件的配置模式创建的模板。例如,要插入记录的话,必须定义 InsertItem Template。表 10-9 列出了 FormView 控件可以创建的模板。

表 10-9 FormView 控件的模板

| 模板类型 | 说明 |
| --- | --- |
| EditItemTemplate | 编辑数据时的显示模板,此模板通常包含用户可以用来编辑现有记录的输入控件和命令按钮 |
| EmptyDataTemplate | 数据集为空时显示的模板,通常包含一些警告或提示信息,以告知用户数据源不包含任何内容 |
| FooterTemplate | 定义脚注行的内容 |
| HeaderTemplate | 定义标题行的内容 |
| ItemTemplate | 呈现只读数据时的模板,通常包含显示现有记录的值 |
| InsertItemTemplate | 插入记录时的模板,通常包含用户可以添加新记录的输入控件和命令按钮 |
| PagerTemplate | 启用分页功能时的模板,通常包含导航至另一个记录的控件 |

【例 10-9】 使用 FormView 数据控件并配合 SqlDataSource 控件,创建一个用于浏览和操作 student 数据库中 SC 数据表中记录的应用程序。程序运行后屏幕上显示如图 10-16 所示界面,单击页面下方数字可跳转到相应的记录页面。单击"删除"将从数据库中删除当前记录,单击"编辑"可编辑、修改数据,单击"新建"可输入一条新的数据记录,并插入到 student 数据库中。

图 10-16 使用 FormView 数据控件运行界面

（1）设计 Web 页面

新建一个 ASP.NET 网站，向网站中新添加一个 Web 窗体，切换到该网页的设计视图，在网页中添加一个 SqlDataSource 控件和一个 FormView 控件。适当调整控件的大小和位置。

（2）配置数据源控件

参照例 10-6，将数据源 SqlDataSource1 配置为 student 数据库中 SC 数据表中的所有字段。本例使应用程序具有编辑、删除、新建数据记录的功能，因此应当通过向导生成相应的 SQL 语句。在配置 SELECT 语句对话框中单击"高级"按钮，打开如图 10-17 所示对话框，选择生成 INSERT、UPDATE 和 DELETE 语句选项。

图 10-17 "高级 SQL 生成选项"对话框

（3）添加和设置 FormView 控件

双击工具箱数据选项卡，选择 FormView 控件图标并将其添加到页面中，通过 FormView 任务菜单选择前面配置完毕的 SqlDataSource1 为控件的数据源。一般情况下，FormView 默认样式可能不适合用户的需求，若要修改其样式可单击 FormView 任务菜单中的编辑模板，在如图 10-18 所示的模板编辑器中，通过显示下拉列表框分别对 ItemTemplate（浏览模板）、EditItemTemplate（编辑模板）和 InsertItemTemplate（插入模板）进行修改，也可以切换到页面的源视图直接编辑修改控件的 XHTML 代码。

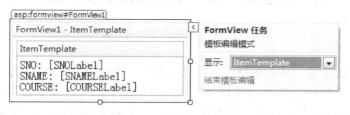

图 10-18 模板编辑器

为了页面整齐美观，可向模板中添加一个 HTML 表格用于页面定位。此外，页面中所有字段说明文字通常默认为英文的字段名，在模板编辑窗口中应注意将其改为中文显示（可切换到源视图直接编辑 XHTML 代码或配合主题、外观文件、CSS 样式表修改页面）。

三个模板修改后的外观样式如图 10-19 所示。在修改记录模板中，可以看到由于学生学号字段是数据表的主键，所以在修改记录时该字段值使用标签控件显示，不允许修改。

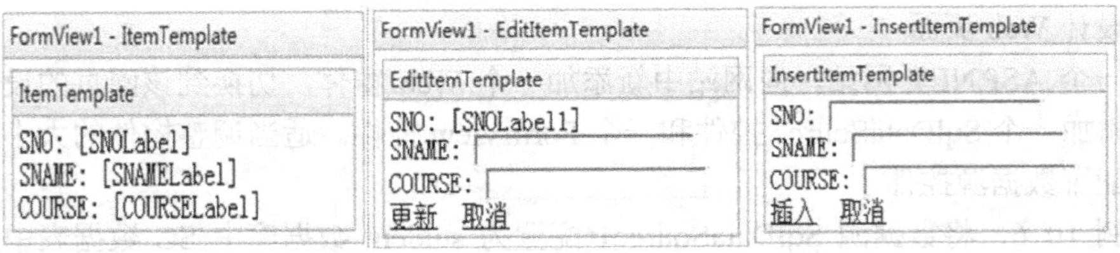

图 10-19　修改后的模板外观

模板修改完毕后，可单击 FormView 任务菜单中"结束模板编辑"，退出编辑。

### 10.4.6　数据绑定

数据绑定技术是一种将用户界面的界面控件与数据源的数据捆绑在一起的技术，使用数据绑定可以在界面控件中通过完成一些设置即可自动显示数据源中的数据，甚至可以在界面控件中直接编辑数据源中的数据，而不需要手动编程。

**1．数据绑定技术的发展**

在.NET 平台下，数据绑定技术有了进一步的发展，主要的改进包括：

- 数据源更为多样。除了支持传统数据源以外，还可以支持各种其他数据源，可以绑定几乎所有包含数据的结构，包括 ADO.NET 的各种数据对象、数组、支持 IList 接口的各种对象、实现了 IEnumerable 接口的各种对象（需要用到 BindingSource 控件）、甚至普通的.NET 对象。
- Web 开发中也支持数据绑定。不但 Windows 窗口应用程序支持数据绑定，在支持 Web 应用程序开发的 ASP.NET 技术中也支持数据绑定，使得 Web 应用的开发更容易、更快捷。
- 数据绑定可以绑定到控件的更多属性上。在传统的数据绑定中，通常都绑定数据到界面控件的显示属性（例如，TextBox 控件的 Text 属性）中，在.NET Framework 中，还可以通过绑定设置界面控件的其他属性，比如设置控件大小、控件可见属性、控件的背景色等。

**2．ASP.NET 中的数据绑定**

在 ASP.NET 中，引入了数据绑定语法，使用该语法可以轻松地将 Web 控件的属性绑定到数据源，语法如下：

```
<%# DataSource %>
```

这里的 DataSource 表示各种数据源，可以是变量、表达式、属性、列表、数据集、视图等。在指定了绑定数据源之后，通过调用控件的 DataBind()方法或者该控件所属父控件的 DataBind()方法，实现页面所有控件的数据绑定，从而在页面中显示出相应的绑定数据。DataBind()方法将控件及其所有子控件绑定到 DataSource 属性指定的数据源中。当在父控件上调用 DataBind()方法时，该控件及其所有的子控件都会调用 DataBind()方法。DataBind()方法是 ASP.NET 的 Page 对象和所有 Web 控件的成员方法。由于 Page 对象是该页上所有控件的父控件，所以在该页上调用 DataBind()方法将会使页面中的所有数据绑定都被处理。通常情况下，Page 对象的 DataBind()方法在 Page_Load 事件响应函数中调用。调用的方法如下：

```
protected void Page_Load(object sender, EventArgs e)
```

```
        {
            Page.DataBind();
        }
```

DataBind()方法通常是在数据源中数据更新后调用,用于同步数据源和数据控件中的数据,使得数据源中的任何更改都可以在数据控件中反映出来。

ASP.NET 中的数据绑定可以分为三种形式:简单绑定、复杂绑定、数据服务器控件。

(1)简单绑定

简单绑定是将一个用户界面控件的属性和一个类(对象)实例上的某个属性进行绑定的方法。当这两者的值有一个发生变化时,都会影响到另一个值的变化。例如,如果开发者编写了一个 Customer 类的实例,那么它就可以把 Customer 类的 Name 属性绑定到一个 TextBox 控件的 Text 属性上。绑定了这两个属性之后,对 TextBox 控件 Text 属性的更改将传递到 Customer 类的 Name 属性,而对 Customer 类 Name 属性的更改同样会传递到 TextBox 的 Text 属性。

(2)复杂绑定

复杂数据绑定是把一个基于列表的用户界面控件(如 ComboBox 控件、Grid 控件)绑定到一个数据集(如 DataTable)的方法。和简单数据绑定一样,当相互绑定的两个对象中一个对象的数据发生变化时,便会影响到另一个对象的数据。

(3)数据服务器控件

数据服务器控件就是把从数据源获得的数据发送给请求的客户端浏览器,然后将数据呈现在浏览器页面上。数据库绑定控件能够自动绑定到数据源中的数据,并在页请求生命周期中获取数据。常用的数据服务器控件如本节学习过的 GridView 控件、DetailsView 控件和 FormView 控件等。

## 10.5 数据库开发操作技巧

前面学习了很多 ASP.NET 的控件,利用这些控件可以快速开发 Web 应用程序。这些应用程序大部分都要访问或保存数据,而这些数据基本上都存放在数据库中,为了使客户能够访问服务器中的数据库,必须使用数据库访问的方法和技术。本节将 ASP.NET 中主要的数据库开发操作技巧做一归纳。

### 10.5.1 使用 ADO.NET 操作数据库

前面介绍了 ADO.NET 的基本概念、ADO.NET 的对象,以及如何使用 ADO.NET。使用 ADO.NET 能够极大地方便开发人员对数据库进行操作,而无需关心数据库底层之间的运行。ADO.NET 不仅包括多个对象,同样包括多种方法,这些方法都可以用来执行开发人员指定的 SQL 语句,但是这些方法实现过程又不尽相同,本节将介绍 ADO.NET 中数据的操作方法。

**1.使用 ExecuteReader()操作数据库**

ExecuteReader()方法返回的是一个 SqlDataReader 对象或 OleDbDataReader 对象。当使用 DataReader 对象时,不会像 DataSet 那样提供无连接的数据库副本,DataReader 类被设计为

产生只读、只进的数据流。这些数据流都是从数据库返回的。所以，每次的访问或操作只有一个记录保存在服务器的内存中。

相比于 DataSet 而言，DataReader 具有较快的访问能力，并且能够使用较少的服务器资源。DataReader 对象提供了游标形式的读取方法，当从结果中读取了一行，则游标会继续读取到下一行。通过 Read 方法可以判断数据是否还有下一行，如果存在数据，则继续运行并返回 true，否则返回 false。示例代码如下：

```
string str = "server='(local)';database='mytable';uid='sa';pwd='sa'";
SqlConnection con = new SqlConnection(str);
con.Open();                                               //打开连接
string strsql = "select * from mynews";                   //SQL 查询语句
SqlCommand cmd = new SqlCommand(strsql, con);             //初始化 Command 对象
SqlDataReader rd = cmd.ExecuteReader();                   //初始化 DataReader 对象
while (rd.Read())
{
    Response.Write(rd["title"].ToString());               //通过索引获取列
}
```

使用 ExecuteReader()操作数据库，通常情况下是使用 ExecuteReader()进行数据库查询操作，使用 ExecuteReader()查询数据库能够提升查询效率，而如果需要进行数据库事务处理的话，ExecuteReader()方法并不是理想的选择。

**2．使用 ExecuteNonQuery()操作数据库**

使用 ExecuteNonQuery()操作数据库时，ExecuteNonQuery()并不返回 DataReader 对象，返回的是一个整型的值，代表执行某个 SQL 语句后，在数据库中影响的行数，示例代码如下：

```
string str = "server='(local)';database='mytable';uid='sa';pwd='sa'";    //创建连接字串
SqlConnection con = new SqlConnection(str);                              //创建连接对象
con.Open();                                                              //打开连接
string strsql = "select top 5 * from mynews order by id desc";
SqlCommand cmd = new SqlCommand(strsql, con);                            //执行 SQL 语句并返回行
Label1.Text="该操作影响了"+cmd.ExecuteNonQuery()+"行";                      //使用 ExecuteNonQuery
```

上述代码使用了 SELECT 语句，并执行语句，返回受影响的行数。运行后，发现返回的结果为-1，说明当使用 SELECT 语句时，并没有对任何行有影响。

ExecuteNonQuery()操作主要进行数据库操作，包括更新、插入和删除等操作，并返回相应的行数。在进行数据库事务处理时，或不需要 DataSet 为数据库进行更新时，ExecuteNonQuery()方法是数据操作的首选。因为 ExecuteNonQuery()支持多种数据库语句的执行。

> 有些项目中，通过判断 ExecuteNonQuery()的返回值来判断 SQL 语句是否执行成功，这样是有失偏颇的，因为当使用创建表的语句时，就算执行成功也会返回-1。

**3．使用 ExecuteScalar()操作数据库**

ExecuteScalar()方法也用来执行 SQL 语句，但是 ExecuteScalar()执行 SQL 语句后的返回

值与 ExecuteNonQuery()的并不相同，ExecuteScalar()方法返回值的数据类型是 Object 类型。如果执行的 SQL 语句是一个查询语句（SELECT），则返回结果是查询后的第一行的第一列，如果执行的 SQL 语句不是一个查询语句，则会返回一个未实例化的对象，必须通过类型转换来显示，示例代码如下：

```
string str = "server='(local)';database='mytable';uid='sa';pwd='sa'";    //创建连接字串
SqlConnection con = new SqlConnection(str);                              //创建连接对象
con.Open();                                                              //打开连接
string strsql = "select * from mynews order by id desc";
SqlCommand cmd = new SqlCommand(strsql, con);
Label1.Text = "查询出了 Id 为" + cmd.ExecuteScalar();                    //使用 ExecuteScalar 查询
```

**4．使用 ExecuteXmlReader()操作数据库**

ExecuteXmlReader()方法用于操作 XML 数据库，并返回一个 XmlReader 对象，若需要使用 ExecuteXmlReader() 方法，则必须添加引用 System.Xml。XmlReader 类似于 DataReader，都需要通过 Command 对象的 ExecuteXmlReader()方法来创建 XmlReader 对象并初始化，示例代码如下：

```
XmlReader xdr = cmd.ExecuteXmlReader();              //创建 XmlReader 对象
```

## 10.5.2 使用 Command 对象更新记录

在 ADO.NET 中，执行 SQL 语句有很多方法，其中推荐使用 Command 命令的 ExecuteNonQuery()。执行 SQL 语句的命令的必要步骤如下。

1）打开数据连接。
2）创建一个新的 Command 对象。
3）定义一个 SQL 命令。
4）执行 SQL 命令。
5）关闭连接。

从上面的步骤可以发现执行 SQL 语句非常简单，首先必须要打开到数据库的连接，示例代码如下：

```
string str = "server='(local)';database='mytable';uid='sa';pwd='sa'";
SqlConnection con = new SqlConnection(str);                              //创建连接对象
con.Open();                                                              //打开连接
```

完成数据库连接后，需创建一个新的 Command 对象，示例代码如下：

```
SqlCommand cmd = new SqlCommand("insert into mynews value ('插入一条新数据')", con);
```

Command 对象的构造函数的参数有两个，一个是需要执行的 SQL 语句，另一个是数据库连接对象。创建 Command 对象后，就可以执行 SQL 命令，执行完 SQL 语句后并关闭数据库连接，示例代码如下：

```
cmd.ExecuteNonQuery();                               //执行 SQL 命令
con.Close();                                         //关闭数据库连接
```

上述代码使用了 ExecuteNonQuery()方法执行了 SQL 语句的操作，当执行完毕后，就需要关闭现有的数据库连接，以释放系统资源。

### 10.5.3 使用 DataSet 数据集更新记录

ADO.NET 的 DataSet 对象提供了更好的编程实现数据库的更新功能。因为 DataSet 对象与数据库始终不是连接的，开发人员可以向脱离数据库的 DataSet 对象中增加、删除或更新列。当完成修改后，则可以通过将 DataSet 对象连接到 DataAdapter 对象来将记录传输给数据库。DataSet 更新记录的步骤如下。

1）创建一个 Connection 对象。
2）创建一个 DataAdapter 对象。
3）初始化适配器。
4）使用数据适配器的 Fill 方法执行 SELECT 命令，并填充 DataSet。
5）执行 SqlCommandBuilder 方法生成 UpdataCommand 方法。
6）创建 DataTable 对象并指定相应的 DataSet 中的表。
7）创建 DataRow 对象并查找需要修改的相应行。
8）更改 DataRow 对象中列的值。
9）使用 Update 方法进行数据更新。

在更新记录前，首先需要查询出相应的数据，查询相应的数据后才能够填充 DataSet，示例代码如下：

```
string str = "server='(local)';database='mytable';uid='sa';pwd='sa'";   //创建连接字串
SqlConnection con = new SqlConnection(str);                              //创建连接对象
con.Open();                                                              //打开连接
string strsql = "select * from mynews";                                  //执行查询
SqlDataAdapter da = new SqlDataAdapter(strsql, con);                     //使用 DataAdapter
DataSet ds = new DataSet();                                              //使用 DataSet
da.Fill(ds, "datatable");                                                //使用 Fill 方法填充 DataSet
```

上述代码将查询出来的数据集保存在表名为 datatable 的 DataSet 记录集中，DataSet 记录集中表的名称可以按照开发人员的喜好来编写，从而区分内存中表的数据和真实的数据库的区别。当需要处理数据时，只需要处理相应名称的表即可，示例代码如下：

```
DataTable tb = ds.Tables["datatable"];
```

当需要执行更新时，可直接使用 DataSet 对象进行更新操作，修改其中的一行或多行记录，示例代码如下：

```
DataTable tb = ds.Tables["datatable"];
tb.PrimaryKey = new DataColumn[] { tb.Columns["id"] };
DataRow row = tb.Rows.Find(1);
row["title"] = "新标题";
```

当需要更新某个记录时，必须在更新之前查找到该行的记录。可以使用 Rows.Find 方法查找到相应的行，然后将数据集表中该行的列值进行更新。使用 DataAdapter 的 Update 方法可以更新 DataSet 数据集，并保持数据集和数据库中数据的一致性，示例代码如下：

  da.Update(ds, "datatable");

在执行以上代码，可能会抛出异常"当传递具有已修改行的 DataRow 集合时，更新要求有效的 UpdateCommand"。这是因为在更新时，并没有为 DataAdapter 对象配置 UpdateCommand 方法，可以通过 SqlCommandBuilder 对象配置 UpdateCommand 方法，示例代码如下：

  SqlCommandBuilder build = new SqlCommandBuilder(da);

上述代码为 DataAdapter 对象自动配置了 UpdateCommand、DeleteCommand 等方法，当执行更新时，无需手动配置 UpdateCommand 方法。

## 10.6 案例：数据绑定控件和数据源控件的使用

使用数据绑定控件（如 GridView 控件、FormView 控件）和数据源控件（如 SqlDataSource 控件）配合创建一个具有基本数据库管理功能（增、删、改、查）的 ASP.NET 应用程序。

### 10.6.1 案例设计

在 Default.aspx 页面中，使用 GridView 控件显示所有数据，当用户单击 GridView 控件某行首"修改"链接按钮时，页面跳转到 Edit.aspx 页面并在 FormView 控件中显示所选行的详细信息，单击 FormView 控件下方的"编辑"、"删除"或"新建"按钮，可完成对数据库的基本操作。

要求在 FormView 控件的查看记录模板中添加一个"返回"链接按钮，使用户单击该链接按钮时能返回到 Default.aspx 页面。要求在执行了删除记录的操作后，动态地向页面中添加一个超链接"记录已删除，请返回"，单击超链接可返回到 Default.aspx 页面。

### 10.6.2 案例实现

因为本例是实现一个简单的数据库应用系统，所以在程序编写之前，应该先设计具体应用的相关关系表，并在 SQL Server 数据库管理系统中创建相关的数据库。本例在 SQL Server 数据库管理系统中创建了一个通讯录数据库 addresslist，其中包含一个 Tel 表，该表有编号、姓名、单位、工作电话、移动电话、电子邮件 6 个字段。数据库及表创建完毕后，要求输入一些数据记录。

数据库及表建立完毕，开始编写应用程序，具体的页面设计及代码请参考网站上的源代码。

## 10.7 习题

**1．填空题**

1）对象中可以脱机处理数据的是（    ）。

2）（　　　）对象是服务器或脚本用来维护用户的信息。

3）（　　　）对象是用来建立应用程序与数据源之间的连接，数据源包括 SQL Server、Access 和可以通过 OLK DB 进行访问的其他数据源。

4）Connection 对象的连接字符串保存在（　　　）属性中。可以使用 ConnectionString 属性来获取或设置数据库的连接字符串。

5）SQL 语言是结构化查询语言，它是一种通用的关系数据库语言。SQL 语言包括（　　）、（　　）、（　　）三部分。

6）（　　　）控件是一种数据绑定控件，该控件可以将数据以表或网格形式显示出来。

7）用（　　　）控件，可以在表格中逐一显示、编辑、插入或删除其关联数据源中的记录。

8）（　　　）控件与前面介绍过的 GridView 控件相似，也是用于浏览或操作数据库的数据控件。

**2．简答题**

1）ADO.NET 中的常用对象有哪些？它们的功能分别是什么？

2）Connection 对象最常用的方法有哪些？它们的语法格式分别是什么？

3）在 ADO.NET 中，连接数据库的基本步骤是什么？

4）GridView 控件支持什么功能？

5）DetailsView 控件和 FormView 控件之间的主要差异是什么？

**3．程序设计题**

1）针对不同的数据库，使用不同的数据库连接对象进行数据库连接。以 SQL Server 数据库为例，ADO.NET 打开 SQL Server 连接的主要途径是使用 SqlConnection 对象的方法。

2）使用 Command 对象向数据库中添加记录，在文本框中输入花名，单击添加按钮，将输入内容添加到数据库中。

# 第 11 章 错误处理

在编程过程中，经常会发生各种错误或者异常，应该如何处理？如何应对错误或者采用什么措施能够尽量地绕过错误，使得少犯错误或者减少犯错的几率？这些问题都需要程序设计者解决。常见的编程错误可以分为语法错误和逻辑错误，而由于程序的最终用户对系统的操作可能并不是按照程序员的思路来进行，所以要采取措施进行编码的预防性处理。异常处理通常是提高程序可靠性的重要手段。

本章主要介绍常见的错误类型、程序纠错及跟踪调试的方法、.NET 的异常处理结构和.NET 类库中的主要异常类、Web 纠错防御的一些措施和方法，并且简单介绍了 Web 的常用策略和方法以及原则。

## 11.1 错误类型

错误一般分为两种：语法错误和逻辑错误。语法错误比较容易发现，处理起来也很简单，然而逻辑错误发现和处理起来就相对复杂一些。

### 11.1.1 语法错误

语法错误是指编写的程序没有按照 C#语法规则规定书写（C#语法具体规则详细说明可以参考 http://msdn.microsoft.com），这时系统就会报错，例如下面表达式：

    int i=0.5;

这是一个非常简单的声明变量的例子，很明显 int 数据类型赋值不正确，需要进行数据转换，那么单击运行程序，在 VS.NET 的"错误列表"中出现如图 11-1 所示的错误提示。

图 11-1 语法错误的错误提示

### 11.1.2 逻辑错误

不同于语法错误那么容易被发现和捕捉到，逻辑错误更难于被发现和捕获。逻辑错误在代码的语法上不会发现错误，但从实现的功能看，无法达到最终想要的结果。

下面的例子，仅从代码上看无法找到任何错误，但最终得到的结果却和预期想要的结果不一样。

【例 11-1】 使用控制台程序模拟显示一个含 4 个数据元素一维数组的每个元素。

    namespace example11_1

```
    {
        class Program
        {
            static void Main(string[] args)
            {
                int i;
                int[] a=new int[4]{1,2,3,4};
                for(i=0;i<=4;i++)
                {
                    Console.WriteLine(a[i]);
                }
            }
        }
    }
```

在 Visual Studio 2012 中单击"启动调试"按钮或按〈Ctrl+F5〉快捷键，可以得到如图 11-2 所示的错误提示。

图 11-2  例 11-1 的运行结果

程序说明如下：
1）C#中数组起始编号是从零开始。
2）第 9 行循环表示从 0 到 4，共计 5 次循环。
3）第 8 行定义一个新的一维数组表示含 4 个元素，分别是 1，2，3，4。
4）最后显示数组元素的值时只需要循环 4 次，但多了一次循环，最后系统就将报错："确保列表中的最大索引小于列表的大小"。
5）修改只需将循环改为从 0 到 3 共计 4 次循环就可以了。

> 最后运行结果实际上是将数组的 4 个元素都显示出来，只是在显示完 4 个元素以后才报错，这一点读者可自行实验体会。

## 11.2 防御性处理

所谓防御性处理是指在编写程序过程中，考虑到最终使用者的各种输入习惯和可能性，尽可能编写程序算法，使用户能够输入系统中满足需要的数据，得到尽可能友好的画面和提示信息，帮助用户正确使用程序。

**1．参数检查**

在程序的接口设计中，对于用于输入的数据以及函数的入口参数，需要进行有效性检查。如参数为日期型，则校验参数是否满足为有效的日期类型数据，并满足特定的要求（如录入日期必须是当前日期），这样尽可能保证输入接口参数的有效性。

**2．避免假设**

有些代码，或许已经成熟地应用于很多系统中很长时间，但并不能保证适用于新系统，尤其是当前提条件发生变化的时候，所以需要校验测试通过后才能使用。

**3．验证控件的使用**

ASP.NET 中提供的常用的校验控件以及自定义的校验控件，为程序员设计程序节省了宝贵的时间，是避免用户输入数据有效性的有力武器。

**4．提示信息**

在界面设计以及程序执行过程中，通过友好的界面提示信息，可以帮助用户在使用程序的过程中少走弯路，根据提示操作程序，减少发生错误的概率。

**5．自定义错误页面**

在系统出现错误的情况下，用户通常会看到令人困惑的各种出错提示信息。理想的情况下，希望向用户显示相比于栈跟踪等更友好更易懂的信息。首先，栈跟踪信息不是用户需要查看的内容；其次，栈跟踪信息会泄漏掉很多有关站点的信息，为系统带来不安全因素。除了异常，用户也不希望看到其他类型的错误，例如，当用户输入错误的页面名称，将会看到错误 404；指示找不到页面的错误号。

所以，可以配置 ASP.NET 应用程序，当发生错误或异常时，将用户重定向到其他页面，如统一的错误提示页面。

## 11.3 错误处理的方法

### 11.3.1 查找错误

了解了错误的类型以后，就会对错误有一个感性的认识。在实际项目应用中碰到的错误大部分都是逻辑错误。掌握了错误类型后就可以着手查找错误，下面介绍查找错误的一般步骤。

利用 Visuanl Studio 2012 查找错误一般分为 5 步：设置断点、逐语句调试、逐过程调试、跳出、停止调试。

**1．设置断点**

所谓断点是调试器的功能之一，可以让程序中断在需要的地方，从而方便其分析。也可以在一次调试中设置断点，下一次只需让程序自动运行到设置断点位置，便可在上次设置断点的位置中断下来，极大地方便了操作，同时节省了时间。

设置断点可以遵循一个原则：在可能出现错误的地方设置断点，当程序执行到断点的时候就会自动处于中断状态，然后就可以一步步进行下面的逐语句或者逐过程的调试了。如图 11-3 所示，程序左侧的红色点就是断点，即程序在该处中断，因此程序运行结果将得到一个空的 DOS 黑屏。

图 11-3　断点实例及运行结果

设置断点的方法主要有两种：
- 在需要设置断点的代码行的左侧（红点处）单击，在程序的左侧就出现一个红色的圆点，这就表示该行代码设有断点。
- 设置断点的代码，选择"断点"→"插入断点"命令。

**2．逐语句调试**

逐语句（Step Into）（快捷键〈F11〉）调试顾名思义，就是一句一句地调试，当遇到异常或者断点时候程序会暂停下来，提示错误。例如在函数调用时，黄色小箭头就会跟踪到函数内部单步执行，函数执行完以后箭头会跳出该函数，跳回到函数调用的位置，继续向下一条语句执行。

例如仍然用上面图 11-3 的例子，设置完断点后要进行逐语句调试，比较普通的启动调试（快捷键〈F5〉）和逐语句调试（快捷键〈F11〉）区别：如果使用普通的启动调试，程序将在断点处停止，结果如图 11-3 一样的结果；但如果使用逐语句调试，则程序将一句一句地调试，在断点处停下，然后继续调试将跳过断点，调试每一句后在 Visuanl Studio 2012 左下方的错误列表中都可以检测到局部变量、即时窗口、错误列表等信息。随机抽取调试过程中的一个程序截图（走到第二次循环），按〈F11〉键得到运行结果如图 11-4 所示。

图 11-4　逐语句调试实例及运行结果

如图 11-5 所示为逐语句调试过程的一个局部变量表。

| 名称 | 值 | 类型 |
|---|---|---|
| args | {string[0]} | string[] |
| i | 2 | int |
| j | 4 | int |

图 11-5　局部变量表

### 3．逐过程调试

逐过程（Step Over）调试允许单步执行代码，即一次执行代码。逐过程命令（快捷键〈F10〉）帮助保持焦点在当前过程而不进入任何调用的函数内部。也就是说，逐过程命令将会逐行执行代码而不会进入到任何被调用函数、构造函数或者属性函数的内部。

在遇到函数调用之前，执行效果和逐语句调试是完全一样的。一旦遇到函数，黄色箭头不会进入函数内部执行，而是直接执行函数，执行完函数则指向下一条语句，继续下一条语句的执行。

如图 11-6 所示，在这里，如果采用快捷键〈F10〉逐过程调试命令，调试器黄色箭头将会跳到第 19 行 Main 函数入口，直接执行 Tester()函数和 Run()函数，而不会进入其内部，也就是说直接执行这两个函数而忽略 11~18 行的这两个函数体代码。下一个将要执行的行将会是调用函数 test.Run()的下一行代码。当然，如果函数内部抛出异常，调试器仍然会进入代码异常处。

```
6  namespace Step_Over
7  {
8      public class Tester
9      {
10         public double num;
11         public void Run()
12         {
13             Console.WriteLine("num*2={0},num*3={1}", num * 2, num * 3);
14         }
15         public Tester(double num)
16         {
17             this.num = num;
18         }
19         static void Main()
20         {
21             Console.WriteLine("please input a number:");
22             double num1 = Convert.ToDouble(Console.ReadLine());
23             double num = num1;
24             Tester test = new Tester(num);
25             test.Run();
26             Console.ReadLine();
27         }
28     }
```

图 11-6　逐过程调试实例

### 4．跳出

跳出（Step Out）命令（快捷键〈Shift+F11〉）是另外一个有用的工具。它允许调试器执行完当前调用的方法后立即返回到中断模式。当调试到一个代码很长的方法中而又想跳出方法时，这个跳出命令将会带来很多方便。另外，当只想调试一个函数的一部分代码时，调试完想快速跳出也可以使用这个命令。

### 5．停止调试

停止调试会话有好几种方法。一种通常的做法是关闭当前可执行程序。对于一个 Web

程序可以通过关闭浏览器结束，而对于一个 Windows 程序可以单击关闭按钮。在代码中调用终止程序也可以结束一个调试会话。

在调试窗口中，还有很多其他的功能：全部终止是终止所有被调试器附加上的进程，并且结束调试会话；全部分离是简单地将调试器跟被调试进程分离而不中断进程，当操作者只是临时附加到一个运行中的进程，调试完后想让它继续运行时，这种功能是很有用的。

### 11.3.2 调试跟踪

Microsoft.NET Framework 中提供了用于调试和跟踪的类，其中 Debug 和 Trace 就是两个典型的调试和跟踪的类。这两个类都位于命名空间 System.Diagnostics 下。如果在软件开发中使用得当，可以帮助使用者提高调试开发程序的效率。其中，Debug 类仅在调试版本中有效，而 Trace 类在调试版本和正式版本中均有效。

【例 11-2】 使用 debug 类在控制台应用程序中输出信息。

```
namespace debug
{
    class TestDebug
    {
        public static void TestDebugMethod()
        {
            Debug.Listeners.Add(new TextWriterTraceListener(Console.Out));
            Debug.AutoFlush = true;
            Debug.Indent();
            Debug.WriteLine("Debug WriteLine()");
            Console.WriteLine("Console.WriteLine()");
            Debug.WriteLine("Debug WriteLine2()");
            Debug.Unindent();
            Console.Read();
        }
        static void Main(string[] args)
        {
            TestDebug.TestDebugMethod();
        }
    }
}
```

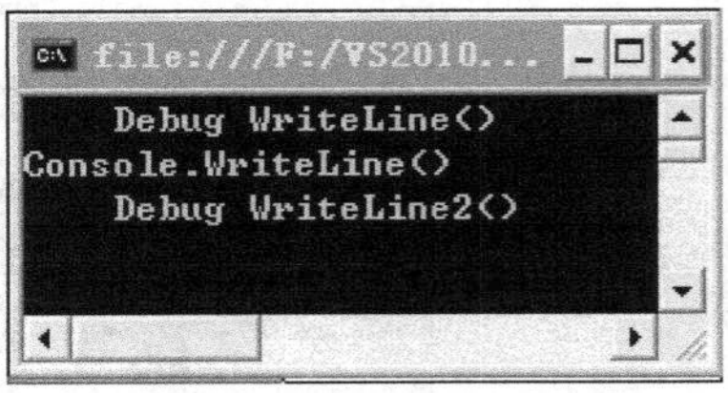

图 11-7 例 11-2 运行结果

按〈Ctrl+F5〉键，运行结果如图 11-7 所示。

从上面例子可以看出，Debug 可以向控制台显示信息。需要注意的是，在使用 Debug 时，需要引入 System.Diagnostics 命名空间。

- 第 7 行表示将 Debug 类输出定向到控制台输出。
- 第 8 行表示设置 Debug 为自动输出，即每次写入后都调用 Listeners 上 Flush。
- 第 9 行表示设置缩进。
- 第 10、12 行都表示用 Debug 输出 Debug WriteLine()。
- 第 13 行表示取消缩进。

> Debug 类是无法继承的。它的成员情况请参见：http://msdn2.microsoft.com/zh-cn/library/system.diagnostics.debug_members(VS.80).aspx。

实际上 Trace 类可以像 Debug 类一样输出信息到控制台，参见例 11-3。

【例 11-3】 使用 Trace 类在控制台应用程序中输出信息。

```
namespace traceTest
{
    public class TestTrace
    {
        public static void TheTrace()
        {
            Trace.Listeners.Add(new TextWriterTraceListener(Console.Out));
            Trace.WriteLine("Trace !!!");
            Console.ReadKey();
        }
    }
    class Program
    {
        static void Main(string[] args)
        {
            TestTrace.TheTrace();
        }
    }
}
```

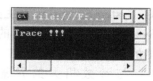

图 11-8　例 11-3 运行结果

按〈Ctrl+F5〉键，运行结果如图 11-8 所示。

由于 Trace 用法和 Debug 用法差不多，这里就不再赘述本例中 Trace 类的用法。

## 11.4　异常处理

通过上一节的学习，了解了错误的种类和处理的一般步骤。本节将深入讨论异常类以及捕捉这些异常类的语句。

异常处理通常是由 try 语句来处理的，try 语句提供了一种机制来捕捉块执行过程中发生的异常。

异常处理包括重复执行以下步骤，直到找到一个与该异常相匹配的 catch 子句。

1）由里层到外层执行每一个包围抛出点（异常被抛出的最初位置）的 try 语句。

2）如果当前的成员函数调用中没能定位异常处理，则调用终止。并且在该成员函数调用点将该异常抛给调用者，重复执行上一步。

3）如果该异常终止了当前线程或进程的所有成员函数调用，则说明该线程或进程中不存在对异常的处理，它将自行终止。

### 11.4.1　异常类

Exception 类是所有其他异常类的基类，它主要有两个派生类：ApplicationException 和

SystemException，如被除数为零、数组越界等错误，程序运行环境就会抛出 SystemException 相关的派生类。然而 ApplicationException 类由用户抛出，而不是由环境抛出的。大部分的异常都是来源于 SystemException 的派生类，如图 11-9 所示。

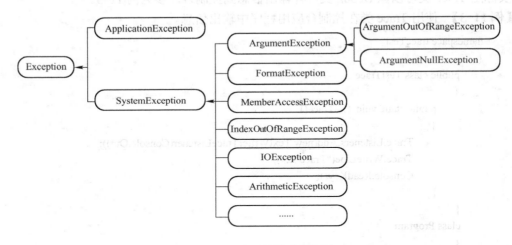

图 11-9　常用异常类结构图

**1．SystemException 派生类**

SystemException 类常用的派生类实现多种不同功能异常捕捉，其中主要有以下几种常见功能的异常捕捉类。

1）与参数相关的异常类：ArgumentException 类和 FormatException 类，其中 ArgumentException 是参数异常的基类，它有两个派生类：ArgumentOutOfRangeException 类和 ArgumentNullException 类。

- ArgumentOutOfRangeException，表示传递方法的参数值超出了可接受的范围。
- ArgumentNullException，由不允许空参数的方法抛出。

2）与成员访问相关的异常类：MemberAccessException 类，它有 3 个直接派生类。

- FieldAccessException，表示访问字符段成员失败所引发的异常。
- MethodAccessException，表示访问方法成员失败所引发的异常。
- MissingMemberException，表示访问成员不存在所引发的异常。

3）与数组相关的异常：IndexOutOfRangeException 表示访问的数组下标超过数组长度引发的异常；ArrayTypeMismatchException 表示在数组中存储类型不正确的元素；使用了维数错误的数组，将引发 RankException 异常。

4）与内存和磁盘相关的异常：如果程序的运行得不到足够的内存，将引发 OutOfMemoryException 异常；如果程序引用了内存中的空对象，那么将引发 NullReferenceException 异常；IOException 类表示在进行文件输入输出操作时所引发的异常，它有如下 5 个直接派生类。

- DirectoryNotFoundException，表示没有找到指定的目录而引发异常。
- FileNotFoundException，表示没有找到指定的文件而引发的异常。
- EndOfStreamException，表示已经到达流的末尾而引发的异常。

- FileLoadException，表示不能加载文件而引发的异常。
- PathTooLongException，表示文件或目录的路径名超出规定的长度而引发的异常。

5）与算术运算有关的异常。ArithmeticException 类表示与算术运算有关的所有异常类的基类。其派生类有。

- DivideByZeroException，表示整数或十进制数试图除以 0 时所引发的异常。
- NotFiniteNumberException，表示浮点数运算中出现正负无穷大或非数值时所引发的异常。
- OverflowException，表示运算溢出时所引发的异常。

6）其他常见异常。程序中经常遇到的类型还有：类型转换失败所引发的 InvalidCastException 异常，对当前对象进行了无效操作所引发的 InvalidOperationException 异常；试图合并两个不匹配的委托对象时所引发的 MulticastNotSupportedException 异常；操作系统堆栈溢出所引发的 StackOverflowException 异常，Win32 应用程序（非托管代码）所引发的 Win32Exception 等，更加详细的说明请参见 MSDN 使用手册中 Exception 的相关内容。

### 2. SystemException 属性

C# 中的异常处理机制是一种面向对象的技术。异常本身就是一个对象，System.Exception 是其他异常类的基类。Exception 类是.NET 类库中所有其他异常类的基类，是对所有异常的抽象。其构造函数可以不带参数，也可以指定一个字符串类型的参数作为描述异常的信息，.NET 还提供很多有用的 Exception 类属性，这些属性也有很多可以直接使用的。如表 11-1 所示为 Exception 类的属性。

表 11-1 Exceptiom 类的属性

| 属 性 | 说 明 |
| --- | --- |
| Data | 用于获取一个提供用户定义的其他异常信息的键/值对的集合 |
| HelpLink | 用于获取或设置指向此异常所关联帮助文件的链接 |
| InnerException | 用于获取导致当前异常的 Exception 实例 |
| Message | 用于获取描述当前异常的信息 |
| Source | 用户获取或设置导致错误的应用程序或对象名称 |
| StackTrace | 用于获取堆栈上方法调用的信息，有助于跟踪抛出异常的方法 |
| TargetSite | 用于获取引发当前异常的方法 |
| HRresult | 用于获取或设置 Hresult，它是分配给特定异常的编码数值 |

Exception 类的属性中可以进行堆栈跟踪，StackTrace 和 TargetSite 是由.NET 运行时自动提供的；Source 总是由.NET 运行时提供为产生异常的程序集名称（但可以在代码中修改属性）；Data、Message、HelpLink 和 InnerException 必须由抛出异常的代码提供，其方法是在抛出异常前设置这些属性。

【例 11-4】 抛出异常的应用。

```
namespace ExceptionAttribute
{
    class Program
    {
```

```
static void Main(string[] args)
{
    Exception myEx = new Exception("ASP.NET EXCEPTION");
    myEx.HelpLink = "Help me study ASP.NET!";
    myEx.Source = "asp.net content";
    myEx.Data["errordata"] = DateTime.Now;
    Console.WriteLine("程序异常情况： {0}",myEx.Message);
    Console.WriteLine("堆栈信息:{0}",myEx.StackTrace);
    Console.WriteLine("帮助信息:{0}",myEx.HelpLink);
    Console.Read();
}
```

上面程序段调用带字符串参数的构造函数，myEx 是实例化异常类名，然后引用了 HelpLink、Source、Data、StackTrace 属性，由于其中 HelpLink、Source、Data 都需要自定义或者初始化，而 StackTrace 可以使用.NET 自动提供，由于程序没有实际运行方法，因此 StackTrace 没有显示堆栈信息，运行结果如图 11-10 所示。

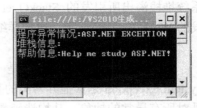

图 11-10　调用 Exception 属性运行结果

### 11.4.2　异常处理语句

在.NET Framework 中提供了很多处理异常的预定义基类对象。这其中包括 try 语句块和 throw 语句。将可能引发异常的代码块放在 try 块中，而将异常处理代码放在 catch 块中，catch 块可以嵌套，也可以并列多个 catch 块来捕捉不同异常，但无论是否有异常，都会执行 finally 语句块。

常用的异常处理语句有：try-catch 语句、try-catch-finally 语句和 try-finally 语句。通过这三种异常处理语句，可以对可能产生异常的程序代码进行监控。另外还有一种 throw 语句用来主动抛出异常。

**1．try-catch 语句**

try-catch 语句允许在 try 后面的大括号{}中放置可能发生异常情况的程序代码，并对这些程序代码进行监控，而 catch 后面的大括号{}中则放置处理错误的程序代码，以处理程序发生的异常。try-catch 语句的基本格式如下：

```
try
{
    监控代码
}
catch
{
    异常处理代码
}
……
```

📖 try 语句后面可以跟多个并列 catch 语句块，并列的多个 catch 块中每个 catch 块都可以跟一个异常类，且每个异常类都负责捕捉一种异常。

【例 11-5】 使用控制台应用程序计算表达式 $\dfrac{10}{(x-3)(y-4)}$ 的值。

```
namespace example11_2
{
    class Program
    {
        static void Main()
        {
            try
            {
                Console.Write("请输入整数 x：");
                int x = int.Parse(Console.ReadLine());
                Console.Write("请输入整数 y：");
                int y = int.Parse(Console.ReadLine());
                int result = 10 / (x - 3) / (y - 4);
                Console.WriteLine("10/(x - 3)/(y - 4) = {0}", result);
            }
            catch (FormatException)
            {
                Console.WriteLine("您的输入的格式不正确！");
            }
            catch (DivideByZeroException)
            {
                Console.WriteLine("分母不能为零。");
            }
            catch (Exception)
            {
                Console.WriteLine("程序运行过程中发生异常。");
            }
        }
    }
}
```

运行结果如图 11-11 所示。

图 11-11  try-catch 语句运行结果

本程序中 try 语句块后面跟了三个 catch 语句块，并且运行结果出现两个不同异常提示，这是由于：
- 第一个 catch 块捕捉的异常 FormatException 指的是传递方法的参数不正确而导致的异常。

- 第二个 catch 块捕捉的异常 DivideByZeroException 指的是进行整数或者十进制数除法时分母为零导致的异常。
- 第三个 catch 块捕捉的异常 Exception 是其他所有异常类的基类，因此适用于任何情况的异常，如果有前面两个派生类，后面这个基类不会被执行。
- 本例中运行结果出现两个异常分别由 FormatException 类和 DivideByZeroException 类产生。

**2. try-catch-finally 语句**

try-catch-finally 只是在 try-catch 后面增加了 finally 语句块，和 try-catch 语句一样，try 语句后面可以跟多个并列的 catch 语句块来捕捉异常，并且这些不同的 catch 块用来捕捉不同的异常，但是 finally 语句块只能有一个。无论异常是否发生，都会执行 finally 语句块。try-catch-finally 语句的基本格式如下：

```
try
{
    被监控代码
}
catch(异常类名 异常变量名)
{
    异常处理
}
…
finally
{
    正常程序代码
}
```

**【例 11-6】** 使用 try-catch-finally 语句在控制台应用程序模拟一个数值转换异常，并使用两个 catch 语句块来分别捕捉。

```
namespace example11_3
{
    class Program
    {
        static void Main(string[] args)
        {
            string str = "ASP.NET 程序设计";
            object obj = str;
            int s = 0, m;
            try
            {
                int i = (int)obj;
                m = i / s;
                Console.WriteLine(str);
            }
            catch (DivideByZeroException ex1)
```

```
            {
                Console.WriteLine(ex1.Message);
            }
            catch (InvalidCastException ex2)
            {
                Console.WriteLine(ex2.Message);
            }
            finally
            {
                Console.WriteLine("程序执行完毕！");
                Console.ReadLine();
            }
        }
    }
```

运行结果如图 11-12 所示。

本例中 try 语句后有两个 catch 语句块，但实际上执行的是第二个 catch 语句块，由于第一个 catch 语句块中 DivideByZeroException 类是捕捉被除数为零的异常，因此当程序执行到第一个 catch 语句块时，发现不是相匹配的异常就直接跳到第二个异常捕捉 catch 块，第二个 catch 语句块的 InvalidCastException 类就是捕捉转化数据错误的异常。但是无论程序执行哪个 catch 块，最终都会执行 finally 块中的输出"程序执行完毕"这句话。

**3. try-finally**

try-finally 就是将 try-catch-finally 中的 catch 块去掉，也就是不去捕捉异常，因此如果没有异常发生，按正常方式执行；但如果 try 语句块在程序执行过程中发生了异常，该异常将在执行了 finally 以后由系统抛出。try-finally 语句的基本格式如下：

```
try
{
    被监控代码
}
finally
{
    正常程序代码
}
```

仍以例 11-6 说明，将例中的 catch 语句注释掉，即得到 try-finally 语句，然后按〈Ctrl+F5〉键即开始执行程序，最后得到运行结果如图 11-13 所示。

图 11-12  try-catch-finally 语句运行结果

图 11-13  try-finally 语句运行结果

从上面的例子不难看出，try-finally 语句在不调试的情况下，如果 try 中出现异常可以先执行 finally 语句块，如本例中先执行了 finally 中的显示出"程序执行完毕！"这句话。

尽管 try-finally 语句也是异常处理结构的一种，但实际上它不能处理异常。当出现异常时，不能保证程序在异常以后继续运行。

> 本例中如果调试时使用〈F5〉即启动调试，将不会执行 finally 语句直接在 Visual Studio 2012 控制台弹出异常提示，读者可以自行验证。

**4. throw 语句**

前面三个 try 结构语句都是用于防止异常出现程序中止，而 throw 恰恰相反，它主要是主动引发一个异常，如果该异常不被捕捉将导致程序中止。throw 语句使用的格式是在关键字 throw 后面跟一个异常对象，throw 语句的基本格式如下：

throw ExObject

> ExObject 是所要抛出的异常对象，这个异常对象是派生自 System.Exception 类的类对象。

**【例 11-7】** 使用 throw 语句在控制台应用程序模拟两个数相除，并使用 throw 语句抛出 DivideByZeroException 异常。

```csharp
namespace example11_4
{
    class Program
    {
        public int MyDivide(string a, string b)
        {
            int int1, int2,num;
            int1 = int.Parse(a);
            int2 = int.Parse(b);
            if (int2 == 0)
            {   //抛出 DivideByZeroException
                throw new DivideByZeroException();
            }
            else
            {
                num = int1 / int2;   //计算 int1 除以 int2 的值
                return num;
            }
        }
        static void Main(string[] args)
        {
            while (true)
            {
                Console.WriteLine("请输入被除数：");
                string str1 = Console.ReadLine();
                Console.WriteLine("请输入除数：");
```

```
                string str2 = Console.ReadLine();
                Program t = new Program();        //实例化 Program 类
                Console.WriteLine("商是：" + t.MyDivide(str1, str2));
            }
        }
    }
}
```

按〈Ctrl+F5〉键，运行结果如图 11-14 所示。

图 11-14　throw 语句运行结果

程序说明：运行后输入被除数和除数，第一次正确输入，第二次输入除数为零，于是激发程序第 12 行的 DivideByZeroException 抛出除数为零异常。这里第 12 行程序的 throw 后面跟的是异常类 DivideByZeroException 类对象。

## 11.5　常用策略与方法

**1. 异常处理的基本原则**

异常处理在提高程序容错性的同时，也会造成性能下降；而且过多地使用异常处理会降低代码的可读性和可维护性，这就需要开发人员根据具体的情况进行权衡。以下是进行异常处理的一些基本原则。

（1）简化异常信息

程序发生异常时，.NET 框架提供的信息是比较丰富的，但通常不需要把这些内容直接显示给用户。特别是对于面向普通用户的应用程序，应尽量使用通俗易懂、简明扼要的文字把信息传达给用户。

（2）精确捕获异常

捕获的异常类型越靠近异常层次结构的顶层，对性能的损害就越大。虽然可以使用 Exception 捕获所有异常，但如果能够确定更准确的错误原因，就应该使用更具体的异常类型。

（3）限定异常范围

仅对可能发生异常的语句捕获异常，而不是把代码全部放到 try 代码段中，从而最大程度地减少性能损失。例如，常量和变量的定义、赋值语句通常都没有问题。

（4）使用"良性"异常

"良性"异常是指处理异常时，不仅仅报告或记录出错信息，而且要尽可能地解决问题。有时，异常虽然发生，但经过处理后可以很快排除异常，使程序恢复正常，这期间不需要用户干涉，甚至用户根本没有察觉异常的发生。比如，在访问网络的过程中，有时网络连接可能会中断，发生此异常的程序可以尝试重新建立网络连接，或者到脱机缓存中寻找所需要的内容，而不是时时报错，处处暂停，这就体现了程序的友好性。

**2．减少出错的策略**

（1）良好的编程总结习惯

好的编程习惯都是平时实际工作中总结出来的经验，并能提高工作效率，节省时间，不做重复工作。要善于总结，再遇到类似情况时就知道如何处理。

（2）良好的编程结构

从学习编程开始就要严格按照编码标准进行编码，不要图省事，或者按照自己的编码方式去编程，虽然可能最后能够达到相同的结果，但时间长了，养成了不规则的编码方式，就会产生两个弊端：一是读程序的人很难理解，二是遇到复杂问题就很容易出错。例如下面的例子，结构比较清晰的代码 A 如下：

```
class rectangleArea
    {
        public double width, length;
        public rectangleArea(double rWidth, double rlength)
        {
            this.length = rlength;
            this.width = rWidth;
        }
        public double getArea()
        {
            return length * width;
        }
    }
```

再看一个实现同样功能，但结构比较乱的代码 B，如下所示：

```
class rectangleArea{
public double width, length;
public rectangleArea(double rWidth, double rlength){
this.length = rlength;
this.width = rWidth;}
public double getArea(){
return length * width;}}
```

实际上 A 和 B 代码内容没什么区别，但 A 代码很简单也很清晰，容易让人读懂，而 B 代码看起来很吃力，因为它没有组织好代码结构。我们在编写代码时要尽量使用〈Tab〉键而不要使用空格键。

> 📖 缩进时尽量使用〈Tab〉键而不要使用空格键，这样会使代码结构清晰。

（3）良好的注释风格

好的注释风格可以让读者易读，而且对于复杂编码，时间长了对于自己日后读程序也比较方便,最主要的是出错时,可以根据注释中实现的功能模块去查错,也不失是一种好的方法。

同样还是求矩形面积的例子,看看有注释的风格。

```csharp
/// <summary>
/// 矩形
/// </summary>
class RectangleArea
{
    public double width, length;
    /// <summary>
    /// 构造函数
    /// </summary>
    /// <param name="rWidth">矩形的宽</param>
    /// <param name="rlength">矩形的长</param>
    public RectangleArea(double rWidth, double rLength)
    {
        this.length = rLength; this.width = rWidth;
    }
    /// <summary>
    /// 求矩形面积
    /// </summary>
    /// <returns>面积数值</returns>
    public double GetArea()
    {
        return length * width;
    }
}
```

非常明显,加了注释,使得程序代码更加容易理解了。

> 在代码中的类或方法前使用"///"添加注释时,VS.NET 会自动生成大量注释格式,只需在相应的位置填上注释项就可以了。另外使用"///"对类或方法注释时还有一样好处,那就是当引用这个类或方法时,会自动弹出注释内容。

(4) 良好的命名规范

在编码时,常常会使用到的命名规范有:
- Pascal 命名规范。每个单词首字母大写,如 StudentAge。
- Camel 命名规范。首个单词首字母小写,其余单词首字母都大写,如 newsLength。

在 C#中一般习惯的命名方法是:类和方法使用 Pascal 命名规范,而参数和变量使用 Camel 命名规范。例如上面的求矩形面积例子中:

```csharp
public class RectangleArea
{
......
    public RectangleArea(double rWidth, double rLength)
    {
```

```
            this.length = rLength; this.width = rWidth;
        }
        ......
    }
```

本例中,类名 RectangleArea 和函数(方法)都是用了 Pascal 命名规则,单词首字母大写,其余单词小写;而参数 rWidth、rLength 都是用了 Camel 命名规则。

另外,尽量使用要表达类、方法、变量等中文对应的英文去表示,而不要用一些不相关的字母或单词代替。例如,求矩形面积使用 GetArea()。这样做也是为了增强程序的可读性。

(5)避免文件过大

在写代码时,应该避免使用过长过大的文件。在一个类里的代码应该不超过 300~400 行,要考虑将代码分开到不同的类中。另外也避免写太长的方法,一个理想的方法尽量控制在 1~25 行之间,方法尽量体现其功能,比较下面两段代码。代码 C 如下:

```
public double width, length;
/// <summary>
/// 构造函数
/// </summary>
/// <param name="rWidth">矩形的宽</param>
/// <param name="rlength">矩形的长</param>
public RectangleArea(double rWidth, double rLength)
{
    this.length = rLength; this.width = rWidth;
}
/// <summary>
/// 求矩形面积
/// </summary>
/// <returns>面积数值</returns>
public double GetArea()
{
    return length * width;
}
/// <summary>
/// 求矩形周长
/// </summary>
/// <returns>周长数值</returns>
public double GetRoundLength()
{
    return 2 * (length + width);
}
}
```

再看下面的代码 D,将求周长和面积方法放在一起,如下所示:

```
public double width, length;
/// <summary>
/// 构造函数
```

```
/// </summary>
/// <param name="rWidth">矩形的宽</param>
/// <param name="rlength">矩形的长</param>
public RectangleArea(double rWidth, double rLength)
{
    this.length = rLength; this.width = rWidth;
}
/// <summary>
/// 求矩形面积和周长
/// </summary>
/// <returns>面积和周长数值</returns>
public double GetResult(out double Area,out double RoudLength)
{
    return Area = length * width;
    return RoudLength = 2 * (length + width);
}
}
```

显而易见，代码 C 的可读性比代码 D 要强，而且层次结构也要清楚一些。另外代码 D 的编码方式也容易出错。

## 11.6 习题

**1．填空题**

1）System.Exception 类的异常由运行时环境抛出，而 ApplicationException 类由（　　　）抛出。

2）在 C#中发生异常时，异常沿堆栈（　　　）传递，每个 catch 块都有机会处理它，catch 语句顺序很重要。

3）.NET 框架提供从根基类（　　　）派生的异常层次结构。也可以通过从（　　　）类派生来创建自己的类。

**2．选择题**

1）下面选项中能够捕获运算溢出的异常类型的有_____。

  A．Exception       B．SystemException

  C．ArithmeticException    D．OverflowException

2）下面的循环一共会被执行_____次。

```
int i=0;
while( i<10)
{
    try { throw new OverflowException(); }
    catch ( ArgumentException ) { i+=2;}
catch ( ArithmeticException ) { i+=4; }
catch ( Exception) {i+=6;}
finally { i—; }
```

}

  A. 10　　　　B. 5　　　　C. 4　　　　D. 2

3）下面的代码最终引发的异常有_____。

```
try{
    try { throw new FormatException(); }
    catch { throw new ArgumentNullException(); }
}
catch{
    try { throw new OverflowException(); }
    finally {throw new NullReferenceException(); }
}
finally {
    try { throw new ArgumentOutOfRangeException(); }
    catch { throw new ApplicationException(); }
}
```

  A. ArgumentNullException　　　　B. OverflowException
  C. NullReferenceException　　　　D. ApplicationException

4）下面关于异常处理形式描述，错误的是_____。

  A. try 语句块后面必须紧跟 catch 语句块
  B. try 语句块后面必须紧跟多个 catch 语句块
  C. 可以省略 catch 语句块或者 finally 语句块，但两者不能同时省略
  D. 如果有 catch 语句块的话，finally 语句块必须紧跟在最后一个 catch 语句块后面

5）在 ASP.NET 中启动单步执行调试，应该使用的快捷键是：_____。

  A. F5　　　　B. F11　　　　C. Shift+F5　　　　D. Shift+F11

**3. 程序设计题**

  编写程序，定义一个长度为 10 的员工数组。现在又新近一名员工，将新员工存到"第 11 个位置"，观察发生异常信息，然后修改程序使用 IndexOutOfRangeException 类进行捕捉。

# 第 12 章　综合案例：公众养老服务网上预订系统

本章以公众养老服务网上预订系统为例，介绍了基于 ASP.NET 的实际综合案例系统的设计实现过程。从需求分析，功能划分，数据库 ER 设计，数据表结构设计，系统架构设计一直到每一步的具体编码过程以及代码功能，都进行了详细的说明和分析。程序设计基本覆盖了 Web 程序设计的重要知识点，从页面设计、CSS 页面布局、页面导航，到数据库连接、应用和纠错机制等。从中读者可以学习 ASP.NET 相关的程序设计技术和技巧。

## 12.1　系统需求

系统要求使用面向对象建模方法，引入用例的概念来描述用户需求。需求阶段产生用例模型，用例模型是计算机工程人员从用户角度运用简单的图示描述的系统模型，同时它也是获取需求、规划和控制项目迭代过程的基本工具。公众养老服务网上预订系统设计必须达到以下技术指标。

- 信息的完整性：采用值约束、缺省等多种方法确保信息的完整性。一旦使用人员录入或修改导致数据错误，系统必须明确地给出警告信息，提示使用者。
- 系统实用性：公众养老服务网上预订系统是一个面向实际应用的软件系统。它的建成将取代手工的低效率工作，因此在进行系统建设的同时必须考虑到人员的使用习惯。
- 系统可扩展性：在系统开发完成后，系统必须保证在用户有新的需求时能方便地增加一些功能或模块，及时解决用户实际问题，同时还要与系统的其他部分保持风格一致，使得软件具有较好的可扩展性。
- 系统安全性：用户进入系统时，应先经过严格的身份验证，根据其权限级别，使用系统的相应功能和访问相关数据。

## 12.2　Web 系统设计

本系统采用 ASP.NET 语言和 SQL Server 2010 数据库，完成公众养老服务网上预订系统的设计与实现。其功能模块主要包括授权管理、服务机构信息管理、服务机构网上预订和用户查询时提供个性化推荐这四个模块。

### 12.2.1　系统实现功能模块设计

公众养老服务网上预订系统详细功能介绍如下。

**1．授权管理**

用户和公众养老服务机构的注册、登录、密码提示，用户和公众养老服务机构的分级管理、登录安全管理、修改个人信息，如图 12-1 所示。

**2. 服务机构信息管理**

公众养老服务机构随时更新必要信息和剩余资源情况，如图12-2所示。

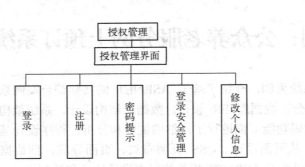

图12-1　客户端授权管理功能模块图

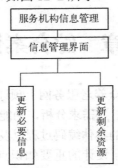

图12-2　服务机构信息管理功能模块图

**3. 服务机构网上预订**

用户通过系统查询服务机构详细信息、地理位置、以往评价、收费标准，用户预留资源操作，用户下订单流程，以及预留资源成功的回复，如图12-3所示。

**4. 用户查询时提供个性化推荐**

根据用户评价组建数据库，人气指数排榜，根据地理位置推荐，根据收费标准推荐。如图12-4所示为用户查询个性化推荐功能模块图。

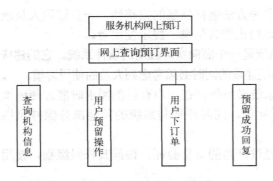

图12-3　服务机构网上预订功能模块图

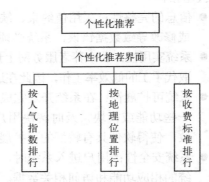

图12-4　用户查询时提供个性化推荐功能模块图

### 12.2.2　数据库ER设计

公众养老服务网上预订系统网状数据库的设计是要创建一个性能良好、能满足不同需求、又能被相应的数据库管理系统所实现的数据库建设方案，这要求数据库的设计要采用科学的方法，并遵循一定的规则。

关系模型的逻辑结构是一组关系模式的集合。而E-R图则是由实体、实体的属性和实体之间的联系三个要素组成。所以将E-R图转换为关系模型实际上就是要将实体、实体的属性和实体之间的联系转化为关系模式。本系统主要包含两个实体对象：用户实体和服务机构实体。如图12-5和图12-6为用户实体和服务机构实体的属性图；图12-7和图12-8为评论实体和预订实体的属性图；图12-9为整体E-R图。

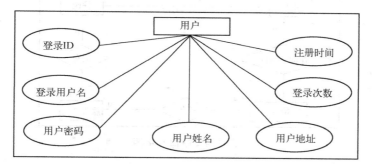

图 12-5　用户实体属性图

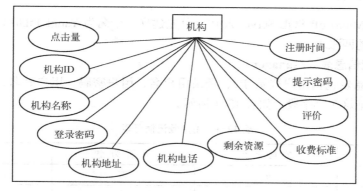

图 12-6　服务机构实体属性图

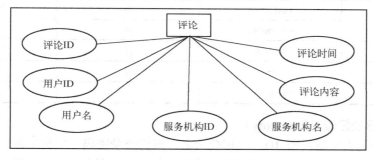

图 12-7　评论实体属性图

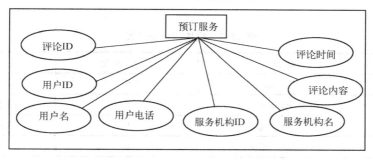

图 12-8　预订实体属性图

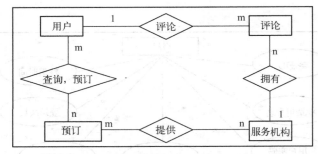

图 12-9 整体 E-R 图

## 12.2.3 数据表设计

本系统采用 Microsoft SQL Server 2010，首先建立一个名为 YangLaoDB 的数据库。以下是数据库中设计的四张表。

### 1．用户登记信息表（Manager）

用户登记信息表包括用户登录 ID、登录用户名、用户密码、用户姓名、注册时间、登录次数、用户地址这 7 个字段，如表 12-1 所示。

表 12-1 用户登记信息表

| 列 名 | 数据类型 | 是否为空 | 说 明 |
|---|---|---|---|
| ManagerID | int | 否 | 主键，自增列 |
| ManagerUser | varchar(50) | 是 | 登录用户名 |
| ManagerPwd | varchar(50) | 是 | 用户密码 |
| Title | varchar(50) | 是 | 用户姓名 |
| RegTime | datetime | 是 | 注册时间 |
| LoginCount | int | 是 | 登录次数 |
| Address | varchar(50) | 是 | 用户地址 |

### 2．机构信息登记表（Company）

机构信息登记表包括机构 ID、机构登录名、机构登录密码、机构地址、机构电话、剩余资源、收费标准、机构评论、密码提示、注册时间和单击量共 11 个字段。具体信息如表 12-2 所示。

表 12-2 机构信息登记表

| 列 名 | 数据类型 | 是否为空 | 说 明 |
|---|---|---|---|
| CompanyId | int | 否 | 主键，自增列 |
| CompanyName | varchar(50) | 是 | 机构登录名，唯一 |
| LoginPwd | varchar(50) | 是 | 机构登录密码 |
| Address | varchar(200) | 是 | 机构地址 |
| Tel | varchar(50) | 是 | 机构电话 |
| ShengYu | varchar(50) | 是 | 剩余资源 |

（续）

| 列 名 | 数据类型 | 是否为空 | 说 明 |
|---|---|---|---|
| ShouFei | varchar(50) | 是 | 收费标准 |
| Content | varchar(500) | 是 | 机构评论 |
| PwdTiShi | varchar(50) | 是 | 密码提示 |
| RegTime | datetime | 是 | 注册时间 |
| Hits | int | 是 | 单击量 |

### 3．用户评价信息表（Comment）

用户评价信息表主要包括评论 ID、用户 ID、用户名、机构 ID、服务机构名、评论内容和评论时间共 7 个字段。具体信息如表 12-3 所示。

表 12-3　用户评价信息表

| 列 名 | 数据类型 | 是否为空 | 说 明 |
|---|---|---|---|
| CommentId | int | 否 | 主键，自增列，评论 ID |
| UserId | varchar(50) | 是 | 用户 ID |
| UserName | varchar(50) | 是 | 用户名 |
| CompanyId | varchar(50) | 是 | 机构 ID |
| CompanyName | varchar(50) | 是 | 服务机构名 |
| Content | varchar(500) | 是 | 评论内容 |
| AddTime | datetime | 是 | 评论时间 |

### 4．用户预订服务信息表（Booking）

用户预订服务信息表主要包括预订 ID、用户 ID、用户名、用户预订电话、被预订服务机构 ID、机构名称、评论内容和评论时间共 8 个字段。具体信息如表 12-4 所示。

表 12-4　用户预订服务信息表

| 列 名 | 数据类型 | 是否为空 | 说 明 |
|---|---|---|---|
| BookingId | int | 否 | 主键，自增列，预订 ID |
| UserId | int | 是 | 用户 ID |
| UserName | varchar(50) | 是 | 用户名 |
| UserTel | varchar(50) | 是 | 用户预订电话 |
| CompanyId | int | 是 | 被预订服务机构 ID |
| CompanyName | varchar(50) | 是 | 机构名称 |
| Content | varchar(500) | 是 | 评论内容 |
| AddTime | datetime | 是 | 评论时间 |

## 12.2.4　数据关系图

根据数据库设计表可以得到数据库关系图如图 12-10 所示。

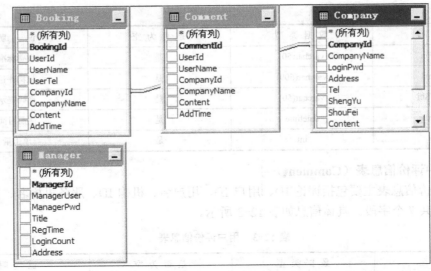

图 12-10 数据库关系图

## 12.3 Web 系统实现

本系统主要通过以下几个模块的编码,从而实现最终的效果。

### 12.3.1 公共模块

为了使系统能更好地移植和维护,本系统将各模块中共性的部分抽取出来,设计为系统公共公用模块,可在程序里重复使用,加快开发效率。

**1. 数据库连接和操作方法**

数据库连接公共类在 App_Code 文件夹下的 DB.cs 类中建立连接字符串,如下面代码所示:

```
public static SqlConnection sqlconnection;
public static readonly string cnstr = "Data Source=.;Initial Catalog=YangLaoDB;Integrated Security=True";
```

> 连接字符串中 Data Source 数据源使用点表示当前服务器(即本机),如果这里不是本机,则需要使用相应的服务器网络 IP 地址和 SQL Server 默认使用的端口 1433。同时本连接使用的为信任连接,这个与数据库连接设置有关,若数据库设置为需要用户名和密码验证,则这里连接字符串也需要添加相应的用户名和密码验证。

数据库操作方法的公共类是为了后面频繁地对数据库操作,而不用每次都重新写烦琐的操作方法,数据库操作方法也在 App_Code 文件夹下的 DB.cs 类中建立。

打开和关闭数据库方法 OpenConnection()和 DisposeConnection(SqlConnection Conn)的具体实现代码如下所示:

```
public static SqlConnection OpenConnection()
{
```

```csharp
        try
        {
            sqlconnection = new SqlConnection(cnstr);
            sqlconnection.Open();
            return sqlconnection;
        }
        catch (Exception ex)
        {
            throw new Exception(ex.Message);
        }
    }
    public static void DisposeConnection(SqlConnection Conn)
    {
        if (Conn != null)
        {
            Conn.Close();
            Conn.Dispose();
        }
    }
```

执行 SQL 语句方法 ExecuteSql(string strSQL)的具体实现代码如下所示：

```csharp
    public static int ExecuteSql(string strSQL)
    {
        SqlConnection conn = OpenConnection();
        try
        {
            SqlCommand comm = new SqlCommand(strSQL, conn);
            int val = comm.ExecuteNonQuery();
            DisposeConnection(conn);
            return val;
        }
        catch (Exception e)
        {
            DisposeConnection(conn);
            throw new Exception(e.Message);
        }
    }
```

返回指定 SQL 语句的 sqlDataReader，具体实现代码如下所示：

```csharp
    public static SqlDataReader getDataReader(string strSQL)
    {
        SqlConnection conn = OpenConnection();
        SqlDataReader dr = null;
        try
        {
            SqlCommand comm = new SqlCommand(strSQL, conn);
```

```
            dr = comm.ExecuteReader();
            return dr;
        }
        catch (Exception ex)
        {
            if (dr != null && !dr.IsClosed)
                dr.Close();
            DisposeConnection(conn);
            throw new Exception(ex.Message);
        }
    }
```

返回指定 SQL 语句的 DataTable，具体实现代码如下所示：

```
    public static DataTable getDataTable(string strSQL)
    {
        SqlConnection conn = OpenConnection();
        try
        {
            SqlCommand comm = new SqlCommand(strSQL, conn);
            SqlDataAdapter da = new SqlDataAdapter(comm);
            DataTable table = new DataTable();
            da.Fill(table);
            DisposeConnection(conn);
            return table;
        }
        catch (Exception ex)
        {
            DisposeConnection(conn);
            throw new Exception(ex.Message);
        }
    }
```

返回指定 SQL 语句的 DataSet，具体实现代码如下所示：

```
    public static DataSet getDataSet(string strSQL)
    {
        DataSet ds = new DataSet();
        SqlDataAdapter da = new SqlDataAdapter();
        SqlConnection conn = OpenConnection();
        try
        {
            SqlCommand comm = new SqlCommand(strSQL, conn);
            comm.CommandType = CommandType.Text;
            da.SelectCommand = comm;
            da.Fill(ds);
            DisposeConnection(conn);
            return ds;
```

```
        }
        catch (Exception e)
        {
            DisposeConnection(conn);
            throw new Exception(e.Message);
        }
    }
```

查询数据库中是否存在该条记录，存在返回 True，不存在返回 False，具体实现代码如下所示：

```
    public static bool isExists(string strSQL)
    {
        SqlConnection conn = OpenConnection();
        try
        {
            SqlCommand comm = new SqlCommand(strSQL,conn);
            SqlDataReader dr = comm.ExecuteReader();
            if (dr.HasRows) return true;
            DisposeConnection(conn);
            return false;
        }
        catch (Exception ex)
        {
            DisposeConnection(conn);
            throw new Exception(ex.Message);
        }
    }
```

查询记录时获取记录总数，具体实现代码如下所示：

```
    public static int getRowCount(string tableNm)
    {
        SqlConnection cn=OpenConnection();
        int intRowCount = 0;
        string str = "select count(*) from (" + tableNm + ")";
        SqlCommand cmd=new SqlCommand (str,cn);
        intRowCount = (int)cmd.ExecuteScalar();
        DisposeConnection(cn);
        return intRowCount;
    }
```

为 DropDownList 绑定数据，具体实现代码如下所示：

```
    public static void Bind_Dropdownlist(string sql,DropDownList ddl,string value,string textvalue)
    {
        ddl.DataSource = getDataTable(sql);
        ddl.DataTextField = textvalue;
        ddl.DataValueField = value;
```

```
            ddl.DataBind();
        }
```

为 Reapeater 绑定数据，具体实现代码如下所示：

```
        public static void Bind_Repeater(string sql, Repeater rpt,SqlConnection cn)
        {
            SqlDataReader dr = getDataReader(sql);
            rpt.DataSource = dr;
            rpt.DataBind();
            dr.Close();
            dr.Dispose();
        }
```

### 2．其他公共方法

其他公共方法统一放在 App_Code 文件夹下的 Common.cs 类中。

过滤字符串的 HTML 标签，其主要作用是去除掉 HTML 代码中的 HTML 标记，如 <img.../>，<p></p>等。具体实现代码如下所示：

```
        public static string checkStr(string text)
        {
            text = text.Trim();
            if (string.IsNullOrEmpty(text))
                return string.Empty;
            text = Regex.Replace(text, "[\\s]{2,}", " ");
            text = Regex.Replace(text, "(<[b|B][r|R]/*>)+|(<[p|P](.|\\n)*?>)", "\n");
            text = Regex.Replace(text, "(\\s*&[n|N][b|B][s|S][p|P];\\s*)+", " ");
            text = Regex.Replace(text, "<(.|\\n)*?>", string.Empty);
            text = text.Replace("'", "''");
            return text;
        }
```

安全哈希算法（Secure Hash Algorithm，SHA）主要适用于数字签名标准（Digital Signature Standard，DSS）里面定义的数字签名算法（Digital Signature Algorithm，DSA）。SHA1 加密函数主要是为了实现对用户登录密码的保护，通过加密措施，使得密码不被盗取。对于长度小于 $2^{64}$ 位的消息，SHA1 会产生一个 160 位的消息摘要。当接收到消息的时，这个消息摘要可以用来验证数据的完整性。在传输的过程中，数据很可能会发生变化，那么这时就会产生不同的消息摘要。通过下面的调用函数实现：

```
        public static string SHA1(string source)
        {
            return FormsAuthentication.HashPasswordForStoringInConfigFile(source, "SHA1");
        }
```

上传图片，若上传成功，返回文件在服务器的虚拟路径，否则返回指定字符串。具体实现代码如下所示：

```
        public static string UploadFile(FileUpload fld, Page pg, string ret_str)
```

```csharp
{
    string fname1 = "";
    string exName = System.IO.Path.GetExtension(fld.FileName).ToLower();
    if (fld.HasFile)
    {
        if (exName != ".jpg" && exName != ".jepg" && exName != ".gif" && exName != ".bmp")
        {
            Common.ShowMessage(pg, "图片格式不正确！", "kk");
            return ret_str;
        }
        else
        {
            if (fld.PostedFile.ContentLength > 1058820)
            {
                Common.ShowMessage(pg, "图片文件大小超过 200K 限制！", "kkk");
                return ret_str;
            }
            else
            {
                try
                {
                    fname1 = System.DateTime.Now.ToString("yyyyMMddHHmmssffff");
                    fname1 += exName;
                    fld.SaveAs(System.Web.HttpContext.Current.Server.MapPath("~/UpLoadImg/") + fname1);
                    fname1 = ("/UpLoadImg/" + fname1);
                    return fname1;
                }
                catch (Exception ex)
                {
                    System.Web.HttpContext.Current.Response.Write("<script>alert('" + ex + "')</script>");
                    return ret_str;
                }
            }
        }
    }
    else
    {
        Common.ShowMessage(pg, "请选择图片！", "kk");
        return ret_str;
    }
}
```

上传文件，若上传成功，返回文件在服务器的虚拟路径，否则返回指定字符串。具体实现代码如下所示：

```csharp
public static string UploadFile2(FileUpload fld, Page pg, string ret_str)
{
```

```csharp
        string fname1 = "";
        string exName = System.IO.Path.GetExtension(fld.FileName).ToLower();
        if (fld.HasFile)
        {
            try
            {
                fname1 = System.DateTime.Now.ToString("yyyyMMddHHmmssffff");
                fname1 += exName;
                fld.SaveAs(System.Web.HttpContext.Current.Server.MapPath("~/UpLoadImg/") + fname1);
                fname1 = ("/UpLoadImg/" + fname1);
                return fname1;
            }
            catch (Exception ex)
            {
                System.Web.HttpContext.Current.Response.Write("<script>alert('" + ex + "')</script>");
                return ret_str;
            }
        }
        else
        {
            Common.ShowMessage(pg, "请选择图片文件！", "kk");
            return ret_str;
        }
    }
```

弹出相应的信息提示的方法，如登录或者注册，无论信息正确或错误，都应该有友好的弹出提示信息。具体实现代码如下所示：

```csharp
    public static void ShowMessage(Page page, string msg, string key)
    {
        string strScript = "<script language=javascript>alert('" + msg + "');</script>";
        ClientScriptManager cs = page.ClientScript;
        Type type = page.GetType();
        if (!cs.IsStartupScriptRegistered(key))
        {
            cs.RegisterStartupScript(type, key, strScript);
        }
    }
    public static void ShowMessage(Page page, string msg, string key, string Redirect)
    {
        string strScript = "<script language=javascript>alert('" + msg + "');window.location.href='" + Redirect + "';</script>";
        ClientScriptManager cs = page.ClientScript;
        Type type = page.GetType();
        if (!cs.IsStartupScriptRegistered(key))
        {
            cs.RegisterStartupScript(type, key, strScript);
```

```
        }
    }
```

还有一些其他方法，如字符串截取方法等，由于创建和使用都比较简单，在这里就不再赘述，读者可参考本章内容的网上下载资源。

## 12.3.2 系统登录页面

为简单起见，系统将登录页面设为本系统的首页，任何用户或者服务机构要进入系统都要通过登录页面。由于这部分还有注册信息，因此登录页面也包含了用户和服务机构的注册功能。

首先登录页面需要两个文本框用来输入账号和密码，创建一个 RadioButtonList 控件用来选择用户或者服务机构，然后新建两个 Button 控件分别用作"登录"按钮和"取消"按钮，最后再创建两个 HTML 中的<a> 标签，利用它的 href 属性链接到用户注册页面和服务机构注册页面。

```
<head runat="server">
<title>公众养老服务网上预订系统</title>
<style type="text/css">
body
{
    margin:0;
    font-size:14px;
    color:#098ED0;
}
.textbox
{
    border:1px solid #ccc;
    margin-left:2px;
}
</style>
</head>
<body>
<form id="form1" runat="server">
<table style="WIDTH:100%; HEIGHT:100%">
    <tr>
        <td></td>
        <td style="height:100px"><br /><br /></td>
        <td></td>
    </tr>
    <tr>
        <td></td>
        <td valign="top" style="background-image:url(images/loginbg.gif); background-repeat:no-repeat; width: 432px; height: 283px;">
            <table style="WIDTH: 90%; margin-top:120px; margin-left:90px;">
                <tr>
                    <td style="height:24px" align="center">帐   号： </td>
```

```
                            <td><asp:TextBox ID="Txtuid" runat="server" CssClass="textbox"
Width="160px"></asp:TextBox></td>
                        </tr>
                        <tr>
                            <td style="height:24px" align="center">密   码</td>
                            <td><asp:TextBox ID="Txtpwd" runat="server" CssClass="textbox"
TextMode="Password" Width="160px"></asp:TextBox></td>
                        </tr>
                        <tr>
                            <td align="center" style="height:24px">类型：</td>
                            <td>
                                <asp:RadioButtonList ID="rblType" runat="server" RepeatDirection=
"Horizontal" RepeatLayout="Flow">
                                    <asp:ListItem Value="member" Selected="True">用户</asp:ListItem>
                                    <asp:ListItem Value="company">服务机构</asp:ListItem>
                                </asp:RadioButtonList>
                            </td>
                        </tr>
                        <tr>
                            <td>
                                <a href="memberreg.aspx">用户注册</a> <br />
                                <br />
                                <a href="companyreg.aspx">服务机构注册</a></td>
                            <td style="padding-top:10px;">
                                 <asp:ImageButton ID="btnLogin" runat="server" ImageUrl=
"images/btn_login.gif" OnClick="imbtnSubmit_Click" /> 
                                <input
onclick="javascript:window.opener=null;window.close();" type="image" src="images/btn_reset.gif">
                            </td>
                        </tr>
                        <tr>
                            <td></td>
                            <td style="color:#db0000;">
                                <asp:Literal ID="ltlMess" runat="server"></asp:Literal></td>
                        </tr>
                    </table>
                </td>
                <td></td>
            </tr>
            <tr>
                <td></td>
                <td style="height:50px; text-align:center;">
                           
                </td>
                <td></td>
            </tr>
```

```
            </table>
        </form>
    </body>
```

登录页面为了美观，还可以自行用其他绘图软件将界面做得更好看，更人性化一些，运行效果如图12-11所示。

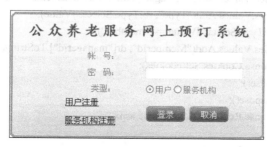

图12-11 登录页面运行效果

"登录"按钮和"取消"按钮ImageButton接收onclick事件，同时按照选定的类型（用户或者服务机构）进行选择性登录，登录密码使用MD5加密法与原始注册密码进行校对，以保证用户密码的安全性。同时需要记录下用户登录的次数。具体实现代码如下所示：

```
protected void imbtnSubmit_Click(object sender, EventArgs e)
{
    ltlMess.Text = "";
    string user = Common.UrnHtml(Txtuid.Text.Trim());
    string pwd = FormsAuthentication.HashPasswordForStoringInConfigFile(Txtpwd.Text, "MD5");
    string sql = string.Empty, sqlupdate = string.Empty;
    if (rblType.SelectedValue == "member")
    {
        sql = "select * from Manager where ManagerUser='" + user + "' and ManagerPwd='" + pwd + "'";
        sqlupdate = "update Manager set LoginCount=LoginCount+1 where ManagerUser='" + user + "' and ManagerPwd='" + pwd + "'";
    }
    else if (rblType.SelectedValue == "company")
    {
        sql = "select * from Company where CompanyName='" + user + "' and LoginPwd='" + Txtpwd.Text + "'";
        sqlupdate = "update Company set hits=hits+1 where CompanyName='" + user + "' and LoginPwd='" + Txtpwd.Text + "'";
    }
    SqlDataReader dr = DB.getDataReader(sql);
    if (dr.Read())
    {
        //更新登录次数
        SqlConnection cnupdate = DB.OpenConnection();
        SqlCommand cmdupdate = new SqlCommand(sqlupdate, cnupdate);
        cmdupdate.ExecuteNonQuery();
```

```csharp
                cnupdate.Close();
                cnupdate.Dispose();
                //Cookie 记录用户登录信息
                HttpCookie cookies;
                cookies = new HttpCookie("loginuser");
                cookies.Values.Add("Manager", HttpUtility.UrlEncode(Txtuid.Text.Trim()));
                cookies.Values.Add("Type", rblType.SelectedValue);
                if (rblType.SelectedValue == "member")
                cookies.Values.Add("MemberId", dr["managerid"].ToString());
                Response.Cookies.Set(cookies);
                dr.Close();
                dr.Dispose();
                Response.Redirect("MainFrame.aspx");
            }
            else
            {
                dr.Close();
                dr.Dispose();
                ltlMess.Text = "登录帐号密码错误！";
            }
        }
```

用户注册界面设计比较简单，只需要几个文本框、按钮控件就可以实现，实现效果如图 12-12 所示，为了美观，读者也可以自己增加漂亮的背景。

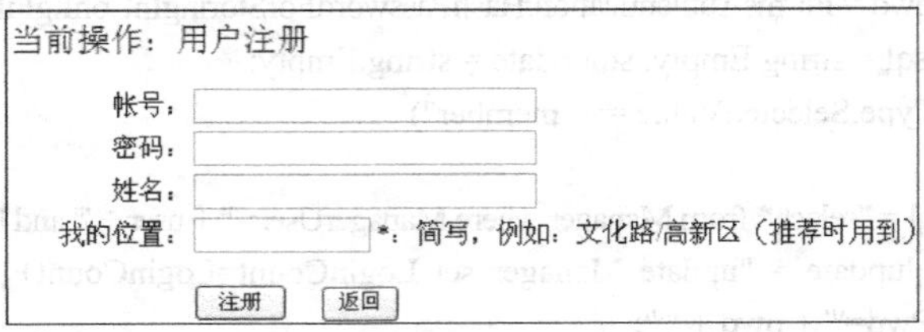

图 12-12　用户注册页面运行效果

双击注册按钮添加注册单击事件，在 btnSubmit_Click 中添加下面代码：

```csharp
protected void btnSubmit_Click(object sender, EventArgs e)
{
    try
    {
        string sql2 = string.Empty;
        string user = txtManagerUser.Text;
        string pwd = string.Empty;
        if (!string.IsNullOrEmpty(txtManagerPwd.Text))
        {
            pwd = FormsAuthentication.HashPasswordForStoringInConfigFile(txtManagerPwd.Text, "MD5");
        }
        if (DB.getDataTable("select * from Manager where ManagerUser='" + user +
```

```csharp
            "").Rows.Count > 0)
                        {
                            JavaScriptHelper.Alert("此帐号已存在！");
                            return;
                        }
                        else
                        {
                            sql2 = "insert into Manager(ManagerUser,ManagerPwd,Title,RegTime,LoginCount,Address) ";
                            sql2 += "values('" + user + "','" + pwd + "','" + txtTitle.Text + "',getdate(),0,'" + txtAddress.Text + "')";
                        }
                        SqlConnection cn = DB.OpenConnection();
                        SqlCommand cmd = new SqlCommand(sql2, cn);
                        cmd.ExecuteNonQuery();
                        cn.Close();
                        cn.Dispose();
                        Common.ShowMessage(this.Page, "用户注册成功,您可以马上登录！", "", "login.aspx");
            }
            catch (Exception ex)
            {
                Common.ShowMessage(this.Page, "用户注册失败,请稍候重试！", "");
                return;
            }
        }
```

同样，使用类似的方法创建服务机构注册界面设计，运行效果如图 12-13 所示。

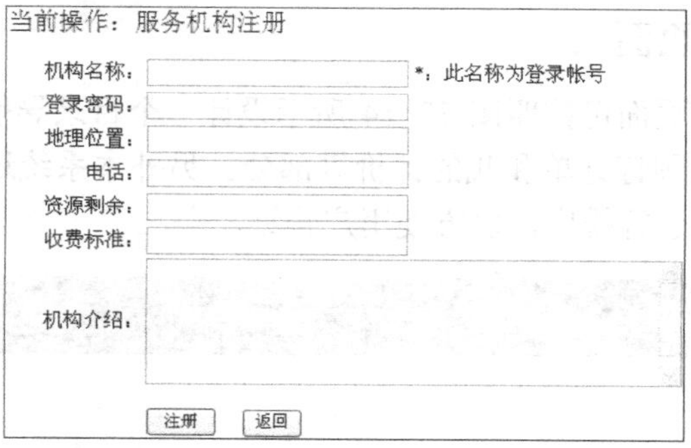

图 12-13 服务机构注册页面运行效果

类似用户注册代码，服务机构注册的 click 事件代码如下所示：

```csharp
        protected void btnSubmit_Click(object sender, EventArgs e)
        {
            try
            {
                string sql2 = string.Empty;
                if (DB.getDataTable("select * from Company where CompanyName='" + txtCompanyName.
```

```
                    Text + "'").Rows.Count > 0)
                    {
                        JavaScriptHelper.Alert("此服务机构已存在！");
                        return;
                    }
                    else
                    {
                        sql2 = "insert into Company(CompanyName,LoginPwd,Address,Tel, ShengYu, ShouFei,Content) ";
                        sql2 += "values('" + txtCompanyName.Text + "','" + txtLoginPwd.Text + "','" + txtAddress.Text + "','" + txtTel.Text + "','" + txtShengYu.Text + "','" + txtShouFei.Text + "','" + txtContent.Text + "')";
                    }
                    SqlConnection cn = DB.OpenConnection();
                    SqlCommand cmd = new SqlCommand(sql2, cn);
                    cmd.ExecuteNonQuery();
                    cn.Close();
                    cn.Dispose();
                    Common.ShowMessage(this.Page, "服务机构注册成功，您可以马上登录！", "", "login.aspx");
                }
                catch (Exception ex)
                {
                    Common.ShowMessage(this.Page, "服务机构注册失败，请稍候重试！", "");
                    return;
                }
```

### 12.3.3 用户进入系统页面

用户登录到系统后，页面可按照图12-14所示设计一个目录导航，此导航包括：修改资料、服务机构查询、我的预订订单和我的评价等部分。另外本系统还将机构分别按照人气指数、地理位置和收费标准进行排序，以方便用户预订。

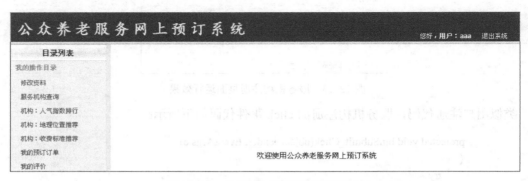

图 12-14 用户进入系统页面运行效果

对每一个实现的模块进行编码，修改资料模块主要通过对 SQL 语句更新来实现数据库更新，具体实现代码如下所示：

```csharp
protected void btnSubmit_Click(object sender, EventArgs e)
{
    try
    {
        string sql2 = string.Empty;
        string user = txtManagerUser.Text;
        string pwd = string.Empty;
        if (!string.IsNullOrEmpty(txtManagerPwd.Text))
        {
            pwd = FormsAuthentication.HashPasswordForStoringInConfigFile(txtManagerPwd.Text, "MD5");
        }
        if (!string.IsNullOrEmpty(pwd))
        {
            sql2 = "update Manager set Title='{0}',ManagerPwd='{1}',Address='{2}' where ManagerUser='" + id + "'";
            sql2 = string.Format(sql2, txtTitle.Text, pwd, txtAddress.Text);
        }
        else
        {
            sql2 = "update Manager set Title='{0}',Address='{1}' where ManagerUser='" + id + "'";
            sql2 = string.Format(sql2, txtTitle.Text, txtAddress.Text);
        }
        SqlConnection cn = DB.OpenConnection();
        SqlCommand cmd = new SqlCommand(sql2, cn);
        cmd.ExecuteNonQuery();
        cn.Close();
        cn.Dispose();
        Common.ShowMessage(this.Page, "信息保存成功！", "", Request.Url.AbsoluteUri);
    }
    catch (Exception ex)
    {
        Common.ShowMessage(this.Page, "信息保存失败，请稍候重试！", "");
        return;
    }
}
```

服务机构查询，包括普通查询、按照人气指数查询、按照地理位置查询和按照收费标准查询，其中按照不同方式查询所使用的主要是SQL语句排序功能，具体实现代码如下所示：

```csharp
public partial class SysManage_CompanyList : System.Web.UI.Page
{
    public string sqltxt = "select * from Company where 1=1 {0} order by {1}";
    string expcon = string.Empty, strorder = string.Empty;
    protected string act = string.Empty;
    protected void Page_Load(object sender, EventArgs e)
    {
```

```csharp
            act = Request.QueryString["act"];
            switch (act)
            {
                case "2":
                    expcon = "";
                    strorder = "hits desc";
                    ltlNavi.Text = "人气指数排行";
                    break;
                case "3":
                    expcon = " and address like '%" + DB.getDataTable("select top 1 address from Manager where ManagerUser='" + HttpUtility.UrlDecode(Request.Cookies["loginuser"]["Manager"]) + "'").Rows[0][0] + "%'";
                    strorder = "companyid desc";
                    ltlNavi.Text = "机构：地理位置推荐";
                    break;
                case "4":
                    expcon = "";
                    strorder = "shoufei asc";
                    ltlNavi.Text = "机构：收费标准推荐";
                    break;
                default:
                    expcon = "";
                    strorder = "companyid desc";
                    ltlNavi.Text = "服务机构查询";
                    break;
            }
            if (!IsPostBack)
            {
                Get_Data();
            }
        }
        void Get_Data()
        {
            this.rptList.DataSource = DB.getDataTable(string.Format(sqltxt, expcon, strorder));
            this.rptList.DataBind();
        }
        protected void btnSearch_Click(object sender, EventArgs e)
        {
            sqltxt = "select * from Company where (CompanyName like '%" + txtKey.Text.Trim() + "%') {0} order by {1}";
            Get_Data();
        }
        protected void btnShowAll_Click(object sender, EventArgs e)
        {
            txtKey.Text = "";
            sqltxt = "select * from Company where 1=1 {0} order by {1}";
```

```
            Get_Data();
        }
    }
```

用户进入查询页面后,可以看到如图12-15所示页面,可以查看自己感兴趣的服务机构。

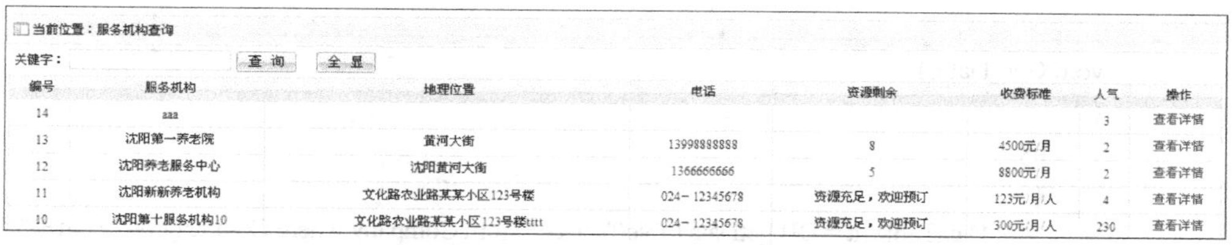

图 12-15　用户进入查询页面

若单击自己感兴趣的服务机构所对应的"查看详情"按钮,便可以进入机构预订和留言页面,如图12-16所示。

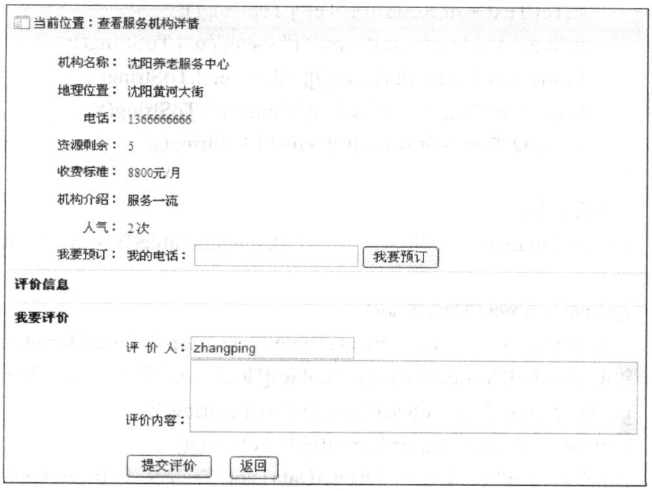

图 12-16　机构预订和留言页面

当用户进入机构预订和留言页面后,可以留下自己电话,单击"我要预订"按钮,进行预订,同时此条信息也将发送到用户登入系统的"我的预订订单"中以及服务机构登入页面的"用户预订记录"中。如果用户填写了评价内容,并且单击了"提交评价"按钮,相应的评价也会发送到用户登入系统的"我的评价"中以及服务机构登入系统页面的"查看评价"中。具体实现代码如下所示:

```
public partial class SysManage_CompanyShow : System.Web.UI.Page
{
    string id = string.Empty;
    protected void Page_Load(object sender, EventArgs e)
    {
        id = Request.QueryString["id"];
        if (!IsPostBack)
        {
```

```csharp
            if (!string.IsNullOrEmpty(id))
            {
                Get_Data();
            }
        }
    }
    void Get_Data()
    {
        try
        {
            DataTable dt = DB.getDataTable("select * from Company where CompanyId='" + id + "'");
            if (dt.Rows.Count == 1)
            {
                ltlCompanyName.Text = dt.Rows[0]["CompanyName"].ToString();
                ltlAddress.Text = dt.Rows[0]["Address"].ToString();
                ltlTel.Text = dt.Rows[0]["Tel"].ToString();
                ltlShengYu.Text = dt.Rows[0]["ShengYu"].ToString();
                ltlShouFei.Text = dt.Rows[0]["ShouFei"].ToString();
                ltlContent.Text = dt.Rows[0]["Content"].ToString();
                Literal2.Text = dt.Rows[0]["Hits"].ToString();
            }
            //评价信息
            rptListComment.DataSource = DB.getDataTable("select * from Comment where companyid='" + id);
            rptListComment.DataBind();
            DataTable dtuser = DB.getDataTable("select top 1 Title,ManagerId from Manager where ManagerUser='" + HttpUtility.UrlDecode(Request.Cookies["loginuser"]["Manager"]) + "'");
            txtUserName.Text = dtuser.Rows[0][0].ToString();
            hidUserId.Value = dtuser.Rows[0][1].ToString();
            DataTable dtbooking = DB.getDataTable("select * from booking where userid='" + dtuser.Rows[0][1].ToString() + "' and companyid='" + id + "'");
            if (dtbooking.Rows.Count <= 0)
            {
                ltlUserTel.Text = "我的电话：";
            }
            else
            {
                txtUserTel.Visible = false;
                btnYuDing.Visible = false;
                ltlIsYuDing.Text = "<font color=\"#db0000\">您已预订过此机构！</font>";
            }
        }
        catch (Exception ex)
        {
            Common.ShowMessage(this.Page, "页面加载出现异常！", "");
            return;
```

```csharp
        }
    }
//click 事件，提交评价信息
    protected void btnSubmit_Click(object sender, EventArgs e)
    {
        try
        {
            string sql2 = string.Empty;
            sql2 = "insert into Comment(UserId,UserName,CompanyId,CompanyName, Content, AddTime) ";
            sql2 += "values('" + hidUserId.Value + "','" + txtUserName.Text + "','" + id + "','" + ltlCompanyName.Text + "','" + txtContent.Text + "',getdate())";
            SqlConnection cn = DB.OpenConnection();
            SqlCommand cmd = new SqlCommand(sql2, cn);
            cmd.ExecuteNonQuery();
            cn.Close();
            cn.Dispose();
            Common.ShowMessage(this.Page, "评价成功！", "", Request.Url.AbsoluteUri);
        }
        catch (Exception ex)
        {
            Common.ShowMessage(this.Page, "评价失败，请稍候重试！", "");
            return;
        }
    }
//预订机构
    protected void btnYuDing_Click(object sender, EventArgs e)
    {
        string sql2 = string.Empty;
        sql2 = "insert into Booking(UserId,UserName,CompanyId,CompanyName,Content,AddTime, UserTel) ";
        sql2 += "values('" + hidUserId.Value + "','" + txtUserName.Text + "','" + id + "','" + ltlCompanyName.Text + "',',getdate(),'" + txtUserTel.Text + "')";
        SqlConnection cn = DB.OpenConnection();
        SqlCommand cmd = new SqlCommand(sql2, cn);
        cmd.ExecuteNonQuery();
        cn.Close();
        cn.Dispose();
        Common.ShowMessage(this.Page, "预订成功，稍候服务机构将与您联系！", "", Request.Url.AbsoluteUri);
    }
}
```

如果用户预订了某个服务机构，并且在留言区进行留言，那么在用户页面单击"我的预订订单"，就可以看到预订的详细内容，如图12-17所示。

图 12-17　用户进入"我的预订订单"页面

实现查看该订单的具体实现代码如下所示：

```csharp
public partial class SysManage_BookingListByMember : System.Web.UI.Page
{
    public string sqltxt = string.Empty;
    protected void Page_Load(object sender, EventArgs e)
    {
        sqltxt = "select * from Booking where userid='" + HttpUtility.UrlDecode(Request.Cookies["loginuser"]["MemberId"]) + "' order by BookingId desc";
        if (!IsPostBack)
        {
            Get_Data();
        }
    }
    void Get_Data()
    {
        this.rptList.DataSource = DB.getDataTable(sqltxt);
        this.rptList.DataBind();
    }
    protected void btnSearch_Click(object sender, EventArgs e)
    {
        sqltxt = "select * from Booking where (CompanyName like '%" + txtKey.Text.Trim() + "%') and userid= '" + HttpUtility.UrlDecode(Request.Cookies["loginuser"]["MemberId"]) + "' order by BookingId desc";
        Get_Data();
    }
    protected void btnShowAll_Click(object sender, EventArgs e)
    {
        txtKey.Text = "";
        sqltxt = "select * from Booking where userid='" + HttpUtility.UrlDecode(Request.Cookies["loginuser"]["MemberId"]) + "' order by BookingId desc";
        Get_Data();
    }
}
```

同样，当用户单击"我的评价"，也可以看到自己给服务机构的评价内容。实现效果如图 12-18 所示。

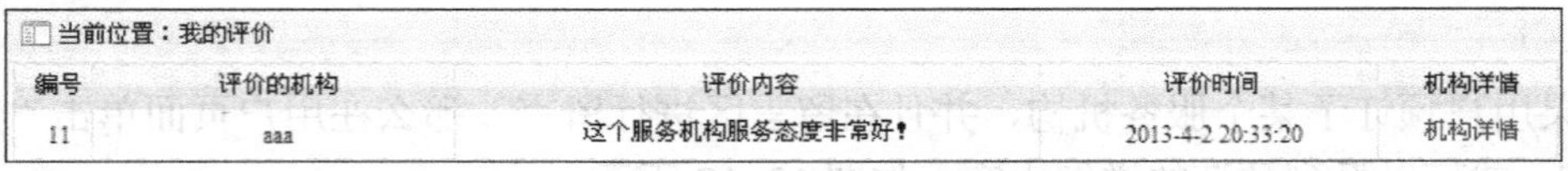

图 12-18　用户进入"我的评价"页面

实现查看该评价的具体实现代码如下所示：

```csharp
public partial class SysManage_CommentListByMember : System.Web.UI.Page
{
    public string sqltxt = string.Empty;
    protected void Page_Load(object sender, EventArgs e)
    {
        sqltxt = "select * from comment where userid='" + HttpUtility.UrlDecode(Request.Cookies["loginuser"]["MemberId"]) + "' order by commentId desc";
        if (!IsPostBack)
        {
            Get_Data();
        }
    }
    void Get_Data()
    {
        this.rptList.DataSource = DB.getDataTable(sqltxt);
        this.rptList.DataBind();
    }
}
```

用户进入系统的页面右上角还有一个退出系统功能，该功能在 12.2.4 节的服务机构进入系统的页面右上角也有，这两个页面退出时都返回到初始的登录页面，具体实现代码如下所示：

```csharp
public partial class SysManage_Logout : System.Web.UI.Page
{
    protected void Page_Load(object sender, EventArgs e)
    {
        HttpCookie cookie = Request.Cookies["loginuser"];
        if (cookie != null)
        {
            cookie.Expires = DateTime.Now.AddDays(-1);
            cookie.Values.Clear();
            System.Web.HttpContext.Current.Response.Cookies.Set(cookie);
            Response.Redirect("login.aspx");
        }
    }
}
```

## 12.3.4 服务机构进入系统页面

服务机构通过正确输入帐号和密码（如果是新的服务机构可以单击服务机构注册按钮）进入服务机构页面，可以进行修改资料、查看用户预订记录和查看评价，实现页面如图 12-19 所示。

图 12-19 服务机构进入系统页面

下面介绍实现服务机构进入系统页面后的功能，首先是服务机构修改资料，这个页面设计非常简单，几个文本框和按钮等控件就可以轻松实现，页面背景套用母版设计样式，实现效果如图 12-20 所示。

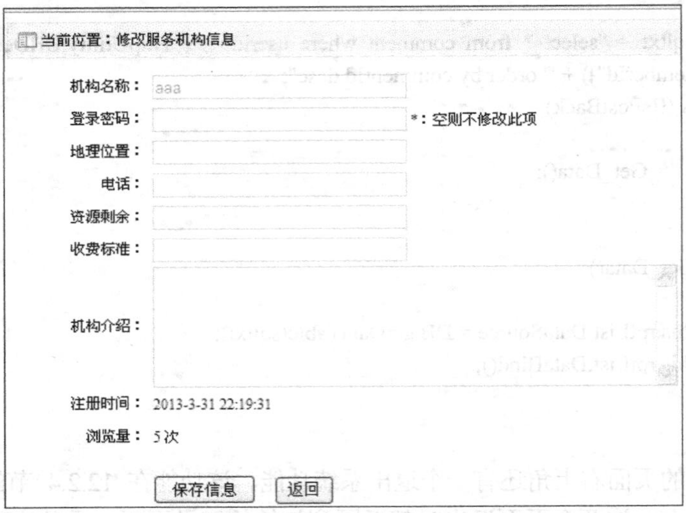

图 12-20 服务机构修改资料页面

服务机构修改资料和前面讲的用户修改资料非常相似，具体实现代码如下所示：

```
public partial class SysManage_CompanyOper : System.Web.UI.Page
{
    string id = string.Empty;
    protected void Page_Load(object sender, EventArgs e)
    {
        id = HttpUtility.UrlDecode(Request.Cookies["loginuser"]["Manager"]);
        if (!IsPostBack)
        {
            if (!string.IsNullOrEmpty(id))
            {
                ltlZhuShi.Text = "*：空则不修改此项";
                Get_Data();
            }
        }
    }
    void Get_Data()
    {
        try
        {
            DataTable dt = DB.getDataTable("select * from Company where CompanyName='" + id + "'");
            if (dt.Rows.Count == 1)
            {
                txtCompanyName.Enabled = false;
                txtCompanyName.Text = dt.Rows[0]["CompanyName"].ToString();
```

```csharp
                    txtAddress.Text = dt.Rows[0]["Address"].ToString();
                    txtTel.Text = dt.Rows[0]["Tel"].ToString();
                    txtShengYu.Text = dt.Rows[0]["ShengYu"].ToString();
                    txtShouFei.Text = dt.Rows[0]["ShouFei"].ToString();
                    txtContent.Text = dt.Rows[0]["Content"].ToString();
                    Literal1.Text = dt.Rows[0]["RegTime"].ToString();
                    Literal2.Text = dt.Rows[0]["Hits"].ToString();
                }
            }
            catch (Exception ex)
            {
                Common.ShowMessage(this.Page, "页面加载时出现异常！", "");
                return;
            }
        }
    }
    //提交信息
        protected void btnSubmit_Click(object sender, EventArgs e)
        {
            try
            {
                string sql2 = string.Empty;
                string pwd = string.Empty;
                if (!string.IsNullOrEmpty(txtLoginPwd.Text))
                    pwd = txtLoginPwd.Text;
                if (!string.IsNullOrEmpty(pwd))
                {
                    sql2 = "update Company set Address='{0}',Tel='{1}',ShengYu='{2}',ShouFei='{3}',Content='{4}',LoginPwd='{5}' where CompanyName='" + id + "'";
                    sql2 = string.Format(sql2, txtAddress.Text, txtTel.Text, txtShengYu.Text, txtShouFei.Text, txtContent.Text, pwd);
                }
                else
                {
                    sql2 = "update Company set Address='{0}',Tel='{1}',ShengYu='{2}',ShouFei='{3}',Content= '{4}' where CompanyName='" + id + "'";
                    sql2 = string.Format(sql2, txtAddress.Text, txtTel.Text, txtShengYu.Text, txtShouFei.Text, txtContent.Text);
                }
                SqlConnection cn = DB.OpenConnection();
                SqlCommand cmd = new SqlCommand(sql2, cn);
                cmd.ExecuteNonQuery();
                cn.Close();
                cn.Dispose();
                Common.ShowMessage(this.Page, "信息保存成功！", "", Request.Url.AbsoluteUri);
            }
            catch (Exception ex)
```

```
            {
                Common.ShowMessage(this.Page, "信息保存失败，请稍候重试！", "");
                return;
            }
        }
    }
```

查看用户预订记录模块的具体实现代码如下所示：

```
public partial class SysManage_BookingListByCompany : System.Web.UI.Page
{
    public string sqltxt = string.Empty;
    protected void Page_Load(object sender, EventArgs e)
    {
        sqltxt = "select * from Booking where CompanyName='" + HttpUtility.UrlDecode(Request.Cookies["loginuser"]["Manager"]) + "' order by BookingId desc";
        if (!IsPostBack)
        {
            Get_Data();
        }
    }
    //绑定数据库
    void Get_Data()
    {
        this.rptList.DataSource = DB.getDataTable(sqltxt);
        this.rptList.DataBind();
    }
    //搜索事件
    protected void btnSearch_Click(object sender, EventArgs e)
    {
        sqltxt = "select * from Booking where (username like '%" + txtKey.Text.Trim() + "%') and CompanyName='" + HttpUtility.UrlDecode(Request.Cookies["loginuser"]["Manager"]) + "' order by BookingId desc";
        Get_Data();
    }
    //全显示事件
    protected void btnShowAll_Click(object sender, EventArgs e)
    {
        txtKey.Text = "";
        sqltxt = "select * from Booking where CompanyName='" + HttpUtility.UrlDecode(Request.Cookies["loginuser"]["Manager"]) + "' order by BookingId desc";
        Get_Data();
    }
}
```

查看评价模块的具体实现代码如下所示：

```
public partial class SysManage_CommentListByCompany : System.Web.UI.Page
```

```csharp
{
    //列表 SQL
    public string sqltxt = string.Empty;
    protected void Page_Load(object sender, EventArgs e)
    {
        sqltxt = "select * from comment where CompanyName='" + HttpUtility.UrlDecode(Request.Cookies["loginuser"]["Manager"]) + "' order by commentId desc";
        if (!IsPostBack)
        {
            Get_Data();
        }
    }
    //绑定数据
    void Get_Data()
    {
        this.rptList.DataSource = DB.getDataTable(sqltxt);
        this.rptList.DataBind();
    }
}
```

## 12.4 习题

**1．程序设计题**

模仿本章的综合案例，开发一个企业人事管理系统。

# 参 考 文 献

[1] 崔淼，关六三，彭炜. ASP.NET 程序设计教程（C#版）[M]. 2 版. 北京：机械工业出版社.2010.

[2] 何俊斌. JavaScript 实例精通[M]. 北京：机械工业出版社，2009.

[3] 杨树林. ASP.NET 企业级架构开发技术与案例教程[M]. 北京：机械工业出版社，2012.

[4] 郭文夷，姜存理，等.WEB 程序设计案例教程[M].北京：机械工业出版社，2012.

[5] Bill Evjen, Scott Hanselman, 等. ASP.NET 3.5 SP1 高级编程[M]. 6 版. 姜奇平，译. 北京：清华大学出版社，2009.

[6] 王杰瑞，孙更新，宾晟. ASP.NET 3.5 从入门到精通[M]. 北京：科学出版社，2009.

[7] 岳学军，李晓黎. Web 应用程序开发教程——ASP.NET+SQL Server[M]. 北京：人民邮电出版社，2009.

[8] 文东，秦敬祥.ASP.NET 程序设计基础与项目实训[M].北京：中国人民大学出版社，2009.

[9] 刘志勇，王文强. JavaScript 从入门到精通[M]. 北京：化学工业出版社，2009.

[10] 张恒，廖志芳，刘艳丽. ASP.NET 网络程序设计教程[M]. 北京：人民邮电出版社，2009.

[11] 胡孟杰，郑延斌，岳明.JavaScript 动态网页开发案例指导[M]. 北京：电子工业出版社，2009.

[12] 蒋培，王笑梅. ASP.NET Web 程序设计[M]. 北京：清华大学出版社，2007.

[13] 崔永红. ASP.NET 程序设计[M].北京：中国铁道出版社，2007.

[14] 顾春华. WEB 程序设计[M]. 上海：华东理工大学出版社，2006.

[15] 漆昊晟，欧阳群. DIV+CSS 网页布局技术初探[J].科技广场，2009，7（3）：249-250.

[16] 张爱华. CSS 快速入门[M]. 青岛：青岛出版社，2000.

[17] 曾铮. CSS 实例教程[M]. 上海：浦东电子出版社，2001.

[18] 杨建军. ASP.NET 3.5 动态网站开发实用教程[M].北京：清华大学出版社，2010.

[19] 于国防，利剑. C#语言 Windows 程序设计[M].北京：清华大学出版社，2010.

[20] 越学军，李晓黎. Web 应用程序开发教程——ASP.NET+SQL Server[M]. 北京：人民邮电出版社，2011.

[21] 黄兴昌，李昌领，等. C#程序设计实用教程[M]. 北京：清华大学出版社，2009.

[22] 扶松柏. 深入体验 C#项目开发[M]. 北京：清华大学出版社，2011.

[23] Karli Watson,Christian Nagel. C#入门经典[M]. 5 版. 北京：清华大学出版社，2010.

[24] 李千目，严哲. ASP.NET 程序设计与应用开发[M]. 北京：清华大学出版社，2009.